家有妙招

生活零烦恼

谭阳春 ◎ 主编

辽宁科学技术出版社

·沈 阳·

本书编委会

主　编　谭阳春

编　委　廖名迪　李玉栋　贺梦瑶

图书在版编目（CIP）数据

家有妙招：生活零烦恼/谭阳春主编. —— 沈阳：辽宁
科学技术出版社，2013.2
ISBN 978-7-5381-7851-7

Ⅰ.①家…　Ⅱ.①谭…　Ⅲ.①家庭生活—基本知识

Ⅳ.①TS976.3

中国版本图书馆 CIP 数据核字（2013）第 013782 号

如有图书质量问题，请电话联系
湖南攀辰图书发行有限公司
地址：长沙市车站北路 236 号芙蓉国土局 B 栋 1401 室
邮编：410000
网址：www.penqen.cn
电话：0731-82276692　82276693

出版发行：辽宁科学技术出版社
　　　　　（地址：沈阳市和平区十一纬路 29 号　邮编：110003）
印　刷　者：长沙市永生彩印有限公司
经　销　者：各地新华书店
幅面尺寸：170mm × 237mm
印　　张：15
字　　数：330 千字
出版时间：2013 年 2 月第 1 版
印刷时间：2013 年 2 月第 1 次印刷
责任编辑：王玉宝　攀　辰
封面设计：飞鱼图文
版式设计：攀辰图书
责任校对：合　力

书　　号：ISBN 978-7-5381-7851-7
定　　价：29.80 元
联系电话：024-23284376
邮购热线：024-23284502
淘宝商城：http://lkjcbs.tmall.com
E-mail：lnkjc@126.com
http://www.lnkj.com.cn
本书网址：www.lnkj.cn/uri.sh/7851

前言 / Preface

　　科学饮食、健康生活、美丽时尚是人们不断追求的话题，那么如何获得这些生活秘方呢？面对日益多样化的饮食结构，我们如何才能吃得健康、吃得舒心、吃得放心？面对装修时尚的家，如何整理得井然有序，快捷地为自己的爱家打造一片温馨的天空？看着市场上琳琅满目的蔬菜、水果和肉食，我们怎样才能买到安心的必需品，对着买回的大堆食品，如何吃得更加合理，如何保存才能够让你称心如意呢？看着可爱的小宝宝，时刻担心他们的安全，家长怎样才能全面地呵护宝宝？打开网页看着旅游网上一条条美丽的旅游线路，如何在旅行中既安全又能享受这份甜蜜？针对以上多种疑问，我们精心策划了这本切实为人们解决困难的实用百科指南全书，在本书中我们为众多读者提供了既科学又简便的方式和方法。

　　全书主要从人们日常生活中极为关注和实用的生活细节出发，分为九大篇章，分别从日常食物的选购存储、食物相克、科学饮食、烹饪技巧、家庭清洁技巧、家庭收纳技巧、儿童安全、宝宝装扮、旅游技巧几个环节为突破点，以朴实的文字详细地告诉人们在生活中的多种窍门和各种妙招，这些窍门和妙招都是人们在长期生活中不断总结和提炼的精华，能帮助人们解决日常生活中的难题。

　　让人们热爱生活、科学生活、健康生活，从此书中找到简单而奇妙的方法，如果你还在为寻找生活中困扰你的日常小难题而烦恼，如果你还在为各种生活细节所迷惑，那么赶快拿起此书，为你打开困扰之门吧。

目录 / Contents

食物相克篇

科学饮食篇

家庭清洁技巧篇

家庭收纳技巧篇

儿童安全篇

漂亮孩子装扮篇

旅游技巧篇

食物选购存储篇

肉类选购小军师

如何选购新鲜猪肉

学会判断新鲜猪肉的肉质，要做到一看、二触、三嗅。

1.看，即看猪肉的表面，优质鲜猪肉脂肪洁白，肌肉有光泽，色泽均匀，外表湿润度适中。

2.触，即检查猪肉组织状态，新鲜猪肉纤维清晰，有坚韧性，表面微干或湿润，不粘手，指压后凹陷立即恢复。

3.嗅，即嗅新鲜猪肉的气味，新鲜猪肉具有鲜猪肉特有的正常气味，无异味，煮沸后肉汤透明澄清，脂肪团聚表面，有香味；病死猪的肉有血腥味、尿臊味、腐败味，肉汤极混浊，汤内漂浮着絮状的烂肉片，汤表面几乎无油滴，具有浓烈的腐败臭味。

做到四个认知，即认知变质肉、认知死猪肉、认知注水肉、认知公母猪肉。

1.认知变质。脂肪失去光泽，色灰黄甚至变绿，肌肉暗红，外表粘手，切面潮湿，弹性差或消失，指压凹陷不能很快恢复，常有腐败或不良气味。

2.认知死猪肉。非正常屠宰的死猪，全身皮肤淤血，呈紫红色，脂肪灰红，肌肉暗红，在较大的血管中充满黑色凝血，切断后可挤出黑色血栓，有腐败气味。

3.认知注水肉。肌肉色淡，新切面湿漉漉的，有的呈现许多白斑，俗语称"梅花肉"，触之滑手，指压有水渗出，切割刀口内可见渗水。

4.认知公母猪肉。公猪肉皮肤比较粗糙，松弛而缺乏弹性，多皱襞，且较厚，毛孔粗，并且其肉的色泽较深，呈深红色，肌纤维较粗，肌间夹杂的脂肪少，有较多的白色疏松结缔组织。母猪的皮与脂肪之间常见有一薄层呈粉红色，俗称"红线"。公猪肉一般有腥气味，且以脂肪和臀部肌肉明显，可以用嗅检的方法鉴别。

如何选购新鲜牛肉

对于牛肉的选购可以从颜色、气味、黏度、弹性等方面进行鉴别。具体可以从以下几个方面分析。

1.从颜色上看。新鲜肉肌肉呈均匀的红色，而且很有光泽，脂肪呈现洁白色或乳黄色状态。次鲜肉肌肉色泽稍转暗，切面尚有光泽，但脂肪无光泽。变质肉肌肉色泽暗红，无光泽，脂肪发暗甚至呈绿色。

2.从气味上看。新鲜肉具有鲜牛肉特有的正常气味。次鲜肉稍有氨味或酸味。变质肉有腐臭味。

3.从黏度上看。新鲜肉表面微干或有风干膜，触摸时不粘手。次鲜肉表面干燥或粘手，新的切面湿润。变质肉表面极度干燥或发黏，新切面也粘手。

4.从弹性上看。新鲜肉指压后的凹陷能立即恢复。次鲜肉指压后的凹陷恢复较慢，并且不能完全恢复。变质肉指压后的凹陷不能恢复，并且留有明显的痕迹。

→ 如何选购新鲜羊肉

1. 新鲜羊肉分为鲜羊肉和新鲜冻羊肉，两者在选择上也略有不同，但可以从颜色、状态和味道等方面来区分。

2. 鲜羊肉从颜色上看，肉色鲜红而且均匀，有光泽，肉细而紧密。

3. 从触觉上看，摸上去有点黏，能轻易粘住小纸条，而注过水或不新鲜的羊肉不会有黏的感觉，同时羊肉肌肉结构坚实而有弹性，切成较厚的片后也能立起来。

4. 新鲜的冻羊肉色彩鲜亮，应该呈现鲜红色。冻得颜色发白的羊肉，一般已经超过3个月了，而且风味比较差。而那些反复解冻的羊肉，也很不新鲜，往往呈现暗红色。

5. 羊肉是肥瘦相间的，其脂肪部分应该洁白细腻，如果变黄，就说明已经冻了很长时间，甚至可能超过一年。其次，在火锅店吃羊肉片的时候，可以观察一下，新鲜的羊肉吃完后盘底应该没有水。

6. 还可以对比一下羊肉的肌肉纤维，越细嫩紧密的，说明羊肉越好。

→ 如何选购活鸡

选择活鸡其实最重要的就是选择健康的鸡。鸡的健康状况一般通过观察以下几点就可以得出结论。

1. 抓住鸡的翅膀提起，如果挣扎有力，双脚收起，鸣声长而响亮，有一定重量，表明鸡活力强；如果挣扎无力，鸣声短促、

嘶哑，脚伸而不收，肉薄身轻，则是病鸡。

2. 在静止状态时，健康鸡呼吸不张嘴，眼睛干净且灵活有神，如果呼吸不时张嘴，眼红或眼球混浊不清，眼睑浮肿，则是病鸡。

3. 健康鸡鼻孔干净且无鼻水，头羽紧贴，脚爪的鳞片有光泽，皮肤有光泽，肛门黏膜呈肉色，鸡嗉或红囊触之无积水、无气体，嗉子柔软，口腔无白膜或红点，不流口水。病鸡则鼻孔有水，肛门有红点，流口水，鸡嗉囊膨胀有气体积食，发硬不软。

4. 健康鸡两翅膀紧抱贴鸡体，羽毛紧覆整齐，鸡胸肌肉丰满，有弹性；病鸡则羽毛蓬松，肌肉干瘪或僵硬，鸡胸呈深红或暗紫红色。

→ 如何选购鲜鱼

鱼是餐桌上一道必不可少的大菜，如何选择一条健康美味的鱼也成了值得我们研究的问题，那么就从下面几点来判断鱼的品质吧！

1. 看泳姿：健康鱼的泳姿应该是轻松流畅的。如果发现眼前的鱼有一头沉和倾斜的姿态，则说明该鱼不健康。

2. 看鱼身：健康鱼的身体应该是完整和匀称的。特点是鱼鳞外观紧密、排列整齐；鱼身无白斑、无伤痕、形态正常、无变形。

3. 看鱼眼：健康鱼的眼睛应该是清亮通透、饱满外凸的。如果发现鱼眼内有淤血或鱼眼内陷则说明该鱼已经不新鲜了。拿蒸鱼做比较，如果是活鱼现蒸的话，在将鱼蒸熟出锅后鱼眼应该是突出的。而死

了一段时间的鱼在蒸熟之后鱼眼依旧是内陷的。

4.看鱼鳃：新鲜的鱼鱼鳃鲜红无异味。如果鱼鳃呈现暗红或灰褐色则说明鱼已经不是很新鲜了。

5.看鱼腹：新鲜的鱼腹部不会十分膨胀，肛门也会内缩。而不新鲜的鱼由于微生物在腹腔内的繁殖产生了大量的气体，会使鱼腹膨胀、肛门外凸。

6.看鱼肉：健康鱼的肉体应该是紧实而有弹性的。用手指按一下，如果觉得鱼肉部分很紧，并且在放手之后按下的凹陷部位可以迅速回弹，则说明该鱼十分新鲜。反之，则说明该鱼已经死了一段时间了。

如何选购螃蟹

1.新鲜的螃蟹体表花纹清晰，黏液透明，甲壳坚硬而有光泽，颜色黑里透青，外表没有杂泥，脚毛长而挺，腹部和鳌足内侧呈乳白色，眼睛光亮，蟹鳃清晰干净，呈青白色，无异味，步足僵硬。

2.变质的螃蟹有异味，蟹腹中央沟两侧有灰斑、黑斑或黑点，步足松懈并与背面呈垂直状态。腐烂的螃蟹甲壳内可出现流动的黄色粒状物。

如何选购鲜虾

1.外形：新鲜的虾头、尾完整，与身体紧密相连，虾身硬挺，有一定的弯曲度；不新鲜的虾头与身体、壳与肉相连不紧密，头尾容易脱落或分离，不能保持原有的弯曲度。

2.色泽：新鲜的虾皮壳发亮，河虾呈青绿色，对虾、雌虾呈青白色，雄虾呈淡黄色；不新鲜的虾皮壳发暗，虾的颜色也变为红色或灰紫色。

3.气味：新鲜的虾气味正常，无异味；若有异臭味则为变质虾。

4.肉质：新鲜的虾肉质坚实、细嫩，手触摸时感觉硬，有弹性；不新鲜的虾肉质松软，弹性差。

蔬菜选购小参谋

蔬菜选购基本常识

1.不买颜色异常的蔬菜。新鲜蔬菜不是颜色越鲜艳越浓越好，如购买樱桃萝卜时要检查萝卜是否掉色；发现干豆角的颜色比其他的鲜艳时要慎选。深绿色叶菜以茎叶为主要食用部分，叶子颜色深绿的蔬菜，营养价值最高。比如菠菜、小油菜、小白菜、茼蒿、芥蓝等。大白菜和圆白菜都不算，因为它们叶子颜色太浅，意味着营养素含量达不到深绿色叶菜的标准。一些营养价值高、颜色深绿的花薹类蔬菜也属于深绿色叶菜，如绿菜花、油菜薹等。

2.不买形状异常的蔬菜。不新鲜的蔬菜有萎蔫、干枯、损伤、扭曲病变等异常形态；有的蔬菜由于使用了激素，会长成畸形。

3. 不买气味异常的蔬菜。不法商贩为使蔬菜更好看，用化学药剂进行浸泡，如硫、硝等，这些物质有异味，而且不容易被冲洗掉。

4. 认识食品标签。按照蔬菜的栽培管理和质量认证方式，可以分为普通蔬菜、无公害蔬菜、绿色食品蔬菜和有机蔬菜四类。其中有机蔬菜栽培中不用任何人工合成物质，绿色食品蔬菜不用任何中高毒物质，无公害蔬菜则承诺不会发生农药超标问题。是不是某一类蔬菜，要看有没有相应的产品质量认证标签，而不是仅仅看有没有保鲜膜。没有保鲜膜的蔬菜，如果知道品牌和产地，看起来很新鲜，也可以放心购买。

5. 买冷柜菜更放心。蔬菜贵在新鲜。采收后放在室温下，维生素的分解速度非常快，有毒物质亚硝酸盐的含量会迅速上升。所以，蔬菜应当储藏在冷柜当中而不是露天存放。保鲜膜可以延缓水分流失，降低营养素的损失。因此，冷柜中加保鲜膜的菜更加值得放心购买。

如果没有冷柜存放，则不妨到人流量大的超市购买，因为菜卖得快会相对新鲜。不要经常被处理的"特价菜"所吸引，风味、口感和营养都变差的蔬菜，其实是不值得购买的。

➡ 如何选购白菜

1. 大白菜有光菜（即剥光外叶的净菜）和毛菜（连外叶上市的菜），叶帮有白帮和青帮之分。

2. 选购后随时取用的，可选光菜；要贮藏的，应选青帮毛菜，青帮菜一般较耐藏，如青麻叶、城阳青，贮藏后组织软化，品质更佳。

3. 毛菜在贮藏过程中，外叶可以起保护作用，减少贮藏中的损耗。凡包心结实，无黄叶、无老帮、无灰心、无夹叶菜、无虫蛀，根削平，棵头均匀者，即为合格品。

➡ 如何选购青菜

1. 选购青菜主要看两点：一要看菜株高矮，即叶子的长短，在生产上叶子长的叫做长萁，叶子短的叫做矮萁。矮萁的品质好，吃口软糯；长萁的品质差，纤维多，口感不好。二要看叶色深浅。叶色淡绿的叫做"白叶"，叶色深绿的叫做"黑叶"。白叶品种质量好，黑叶品种质量差。

2. 青菜还有青梗、白梗之分。叶柄颜色淡绿的叫做青梗，叶柄颜色近似白色的叫做白梗。两者的差别在于：白梗味清淡，青梗味浓郁。

➡ 如何选购芹菜

芹菜主要有四种类型：青芹、黄心芹、白芹和美芹。要想买到优质的芹菜，就要先了解这四种芹菜的品质特点：青芹味浓；黄心芹味浓，嫩相；白芹味淡，不脆；美芹味淡，吃口脆。不管哪种类型的芹菜，叶色浓绿的不宜买，选购芹菜时，梗不宜太长，20～30厘米为宜，挑菜叶翠绿不枯黄，菜梗粗壮的。用手指掐一下，实心的比空心的好吃。

→ 如何选购香菜

香菜因味香而得到人们的青睐，吃香菜的人很多，但如何选购好的香菜也是极为重要的。在挑选香菜时应选苗壮、叶肥、新鲜、长短适中、香气浓郁、没有黄叶、没有虫害的，不要购买无香味及根须粗大的。

→ 如何选购土豆

1．要选择无皮损、外观完整的，尽量选圆的，越圆的越好削。

2．土豆的皮要选干的，不要有水泡，不然保存时间短，口感也不好。

3．不要有芽和绿色的，凡长出嫩芽的土豆已含毒素，不宜食用。如果发现土豆外皮变绿，即使很浅的绿色都不要食用。因为土豆变绿是有毒生物碱存在的标志，如果食用会中毒。

→ 如何选购韭菜

韭菜有宽叶和窄叶之分。叶子较宽的韭菜，看上去比较鲜嫩，而口感则比较清淡；而叶子较窄的韭菜虽然外观不如宽叶韭菜美观，但它却香味浓郁。需要注意的是，在选择叶片宽大的韭菜时要极为谨慎，因为栽培时很有可能使用了人工合成的植物激素。

→ 如何选购辣椒

辣椒的类型和品种较多，按食味不同有甜椒和辣椒两类。挑选鲜辣椒时要注意果形与颜色应符合该品种特点，如颜色有鲜绿、深绿、红、黄之分，其品质要求大小均匀，果皮坚实，肉厚质细，脆嫩新鲜，不裂口、无虫咬、无斑点、无搭叶，不软、不冻、不烂等。通常甜椒果实呈圆筒形或钝圆形，果肩大，果肉厚，味甜美或微辣。

→ 如何选购白萝卜

1．看外形，要选择大小均匀、根形完整的。

2．看萝卜缨，应选择带缨新鲜、无黄烂叶、无抽薹的白萝卜。白萝卜在储藏过程中，有时根头顶端发芽和生长，这就是白萝卜的抽薹。白萝卜抽薹后，由于肉质根中营养成分向薹部转移，故白萝卜养分含量下降，容易糠心，肉质变粗老，食味变劣。

3．看表皮，白萝卜应选择表皮光滑、皮色正常的。一般来说，皮光的往往肉细；若皮色起"油"，即上面有半透明的斑块，则不仅表明不新鲜，甚至有时可能是受冻的白萝卜（严重受冻的白萝卜，解冻后皮肉分离，极易识别），基本上失去了营养价值。

4．看有无开裂、分叉，白萝卜开裂、分叉是由于生长发育不良造成的，这种萝卜不仅外观不好，而且食用质量差，同时，开裂的白萝卜不易贮藏。

5．掂重量，白萝卜应选择密度大、分量较重、掂在手里沉甸甸的。这一条掌握好了，就可避免买到空心萝卜。

如何选购茄子

1.蔬菜市场上的茄子有紫红色、淡红色和绿色三种。紫红色的为条茄，淡红色的则为杭茄。在春季淡红色的先上市，随后紫红色茄子上市，绿色茄子又称落苏，俗称矮瓜。

2.茄子的老嫩对品质好坏影响很大。判断茄子老嫩有一个很简单的方法，就是看茄子眼睛的"大小"。茄子的"眼睛"长在哪里？在茄子的萼片与果实连接的地方，有一白色略带淡绿色的带状环，菜农把它叫茄子的"眼睛"。眼睛越大，表示茄子越嫩；眼睛越小，表示茄子越老。

如何选购莲藕

1.好的莲藕表面发黄，断口的地方有清香的味道。有的莲藕虽然看起来很白，但这种莲藕是使用工业用酸处理过，而且闻着有酸味。

2.选择藕身粗长较圆正，而且节比较短的。从藕尖开始数，数到第二节是最好的。

如何选购生姜

1.选生姜时在颜色上应挑颜色淡黄，用手捏肉质坚挺、不松软，姜芽鲜嫩的。

2.购买生姜的时候，一定要看清是否经过硫磺"美容"过。生姜一旦被硫磺熏烤过，其外表微黄，显得非常白嫩，看上去很好看，而且皮已经脱落。

3.工业用的硫磺含有铅、硫、砷等有害物质，在熏制过程中附着在生姜中，食

用后会对人体呼吸道产生危害，严重的甚至会直接侵害肝脏、肾脏。

如何选购莴笋

在选购莴笋时要以分量重、光泽好、无空心、身体短的为选择对象。带叶莴笋还以嫩叶多为上品，通常在选购莴笋时应该注意下面几点：

1.莴笋形状粗短条顺、不弯曲、大小整齐。

2.皮薄、质脆、水分充足，笋条不蔫萎、无空心，表面无锈色。

3.不带黄叶、烂叶。

4.整修洁净，基部不带毛根，上部叶片不超过五六片，全棵不带泥土。

如何选购番茄

蔬菜市场上的番茄主要有两类。一类是大红番茄，糖、酸含量都高，味浓；另一类是粉红番茄，糖、酸含量都低，味淡。

1.到市场上买番茄，首先要明确打算生吃还是熟吃。如果要生吃，当然买粉红的，因为这种番茄酸味淡，生吃较好。

2.要熟吃，就应尽可能买大红番茄。这种番茄味道浓郁，烧汤和炒食风味都好。果形与果肉关系密切，扁圆形的果肉薄，正圆形的果肉厚。

3.需要特别指出的是，不要买青番茄以及有"青肩"（果蒂部青色）的番茄，因为这种番茄营养差，而且含有的番茄苷有毒性。还有，不要购买着色不匀、花脸的番茄。因为这是感染了番茄病毒的果实，口味、营养均差。

如何选购苦瓜

1. 生长在苦瓜表皮上一粒一粒的果瘤，是判断苦瓜好坏的特征。颗粒越大越饱满，表示瓜肉越厚；颗粒越小，瓜肉越薄。

2. 选苦瓜除了要选果瘤大、果形直立的，还要选洁白漂亮的购买，如果苦瓜出现黄化，就代表已经过熟，果肉柔软不够脆，失去苦瓜应有的口感。

3. 购买苦瓜以幼瓜为好，过分成熟的苦瓜稍煮即软烂，吃不出其风味，以看上去果肉晶莹肥厚、末端带有黄色者为佳，整体发黄者不宜购买。

如何选购丝瓜

1. 选购丝瓜应选择鲜嫩、结实和光亮，皮色为嫩绿或淡绿色，果肉顶端比较饱满、无臃肿感的。

2. 同时还要掌握其他标准：如瓜条匀称、瓜身白毛茸完整，表示瓜嫩而新鲜；不要买大肚瓜，肚大的子多。

3. 若皮色枯黄或瓜皮干皱、瓜体肿大且局部有斑点和凹陷，则瓜过熟而不能食用。丝瓜易发黑，容易被氧化。

如何选购黄瓜

1. 市场上黄瓜的品种很多，基本上分为三大类型：无刺种，皮光无刺，颜色淡绿，口感清脆，水分多，是从国外引进的品种；少刺种，瓜面光滑少刺（刺多为黑色），皮薄肉厚，水分多，味道鲜美，带甜味；密刺种，果面瘤密刺多（刺多为白色），绿色，皮厚，口感清脆，味道香浓。

2. 三个类型的黄瓜，生食时口感不同。简单地说，无刺品种淡，少刺品种鲜美，密刺品种清香。

3. 无论哪种类型，都要选嫩的，最好是带花的。同时，任何品种都要选硬而挺拔的。因为黄瓜含水量高达96.2%，刚摘下来，瓜条总是硬的，失水后才会变软。所以软黄瓜必定失鲜。但硬而挺拔的不一定都是新鲜的。因为，把变软的黄瓜浸在水里就会复水变硬。只是瓜的脐部还有些软，瓜面无光泽，残留的花冠多已不复存在。

如何选购南瓜

1. 南瓜外形不完整，表面有损伤、虫害或斑点的不应购买。

2. 如果是瓜梗连着瓜身，这样的南瓜说明新鲜，可长时间保存。

3. 用手掐一下南瓜皮，如果表皮坚硬不留痕迹，说明南瓜老熟，这样的南瓜较甜。

4. 挑南瓜和挑冬瓜一样，表面带有白霜更好，这样的南瓜又面又甜。

5. 瓜棱越深，瓜瓣儿越鼓，说明瓜越老，甜而面。

6. 南瓜切开后，金黄色越深的南瓜越老越好，相反颜色越淡越浅的说明越嫩。

如何选购豆角

豆角也是人们餐桌上较为常见的家常菜，选购好的豆角也是需要技巧的。

不要购买霉烂、变质的。在选购豆角

时，以豆条粗细均匀、色泽鲜艳、透明有光泽、子粒饱满的为佳，而有裂口、皮皱、条过细无子、表皮有虫痕的豆角则不宜选购。

如何选购冬瓜

冬瓜的品种有很多，如黑皮、白皮、青皮，口感味道也各不相同。

1．选品种。黑、白、青三个品种是市场上常见的。黑皮冬瓜肉厚，口感好，可食率高；白皮冬瓜肉薄质松，容易入味，但是煮得时间长了容易破碎发软成水状，口感会比较差；青皮冬瓜则介于黑、白二者之间。所以一般来说，选购黑皮冬瓜为佳。

2．选外观。在选黑皮冬瓜时应注意，这种瓜形如炮弹，较好的黑皮冬瓜外形匀称，没有斑点，肉质较厚，瓜瓤少，可食率高。外形畸形或不匀称、肉质不均匀、可食率低的次之。

3．选感觉。对于小家庭买冬瓜，通常不会买整瓜，通常都是买切块的。在购买切块的冬瓜时，可以用手按冬瓜的瓜肉，以肉质坚实的冬瓜为佳，肉质松软的较差。

如何选购蒜苗

1．选购蒜苗时应以颜色深绿、有弹性、切口看起来鲜活的为佳品，叶子不黄、根部发白的是新蒜苗。

2．长短相等、没有白心儿的往往是好蒜苗。

3．蒜苗久放后会变老，营养物质流失，建议即买即食。蒜苗可炒、可烧，一般人

均可食用，有肝病的人过量食用会造成肝功能障碍。

如何选购木耳

1．视觉：从肉眼看上去质量好的木耳大而薄，朵面乌黑光润，背面呈灰色；掺假的木耳厚，朵面往往粘在一起。

2．触觉：无论黑白，优质木耳的含水量很低。拿在手里感觉很轻，用手捏易碎。

3．味觉：好木耳嘴尝，清香无怪味。要是有咸味，说明被盐水泡过，增加重量骗钱；有甜味是用糖稀拌过；有涩味是用矾水泡过，非常有害。

如何选购蘑菇

1．看成熟度。勿买过分成熟的蘑菇，七八成熟最好，否则蘑菇品质容易降低。

2．看外观。优质蘑菇外形整齐完整，颜色一般呈灰白色，因为品种不同，颜色略有差异，好的蘑菇菌褶呈白色，无杂质，最好购买表面没有腐烂、没有水渍、不发黏的蘑菇。

2．闻气味。优质而新鲜的蘑菇气味纯正，拿近时会闻到蘑菇独有的清香气味。

3．摸，观察含水量。有些商贩为了增加分量，会给菇类泡水，用手挤压就能发现，这样的蘑菇不但缺斤短两，储藏期限也更短，容易变质。优质蘑菇用手轻压有弹性，水分正常，轻挤蘑菇根会有少量的水分。

如何选购菜花

1．看花球的成熟度，以花球的周边未散开最好。

2．看花球的洁白度，以花球洁白微黄为好，无异色、无毛花的为佳品。

3．避免选购颜色青绿、花球不完整，而且有蛀虫的花菜。

水果
选购
小锦囊

选购水果的基本常识

1．同样大小的同种水果，重量较重的组织较细密，水分也比较多，所以比较好吃。

2．果形饱满较好，如芒果饱满则肉多核少，椰子饱满则汁多。

3．水果外观的纹路明显展开，且分布均匀较好，如哈密瓜。

4．选择硬度高的水果，如樱桃、莲雾、柳丁、葡萄等，选择硬些的水果品质较好。

5．色泽要鲜艳自然，不要死色。如柑橘类及木瓜要选橘红色，偏黄色的较差。

6．有绒毛的水果，要看绒毛长短。绒毛长的比短的好，如水蜜桃、奇异果、枇杷。

7．外皮细致光滑比粗糙的好，如柑橘类。

如何选购苹果

1．应选果皮光洁、颜色艳丽、大小适中、软硬适中、果皮无虫眼和损伤、肉质细腻、酸甜适度、气味芳香的。

2．用手握试苹果的硬软情况，太硬者未熟，太软者过熟，软硬适度为佳，用手掂量，如果重量轻则肉质松绵，一般认为质量不佳。

3．看苹果柄是否有同心圆，有同心圆说明日照充分，果实比较成熟。

4．看苹果身上是否有条纹，越多的说明果实越好。

如何选购梨

1．看皮色：梨皮细薄，没有虫蛀、破皮、疤斑和变色等。

2．看形状：果形饱满，大小适中，没有畸形和损伤。

3．看肉质：肉质细嫩、脆，果核较小。如口感粗硬、水分少、咀嚼如木渣，则质量较差。

4．看果味：香味浓郁，入口不涩。

如何选购荔枝

1．果皮色泽新鲜，轻捏饱满不软，表面没有水渍，最好带枝，因为不带枝的蒂部容易腐烂。

2．以果形圆而略尖，果皮具刺手感觉的为佳。果皮若变淤红或咖啡色，摸时有坚硬感觉，是不新鲜的货色。

如何选购香蕉

1. 看颜色。皮色鲜黄光亮、两端带青的为成熟适度果；果皮颜色全青的为过生果；果皮变黑的为过熟果。

2. 凭手感。用两指轻轻捏果身，富有弹性的为成熟适度果；果肉硬结的为过生果；易剥离的为过生果；剥皮粘带果肉的为过熟果。

3. 凭口感。入口柔软糯滑，甜香俱全的为成熟适度果；肉质硬实，缺少甜香的为过生果；涩味未脱的为夹生果，肉质软烂的为过熟果。

如何选购龙眼

鲜龙眼要求新鲜，成熟适度，果大肉厚，皮薄核小，味香多汁，果核完整。

1. 看表皮颜色，凡果壳大部分为黄褐色，略带青色，为成熟适度的果实。

2. 凭触觉，用三个手指捏果实，若果壳坚硬，则为生果；如感觉柔软而有弹性，是成熟的特征；软而无弹性，则是成熟过度，并即将变质。

3. 剥去果壳，若肉质较白，容易离核，果核乌黑，说明成熟适度；果肉不易剥离，果核带有红色，则表明果实偏生，风味较淡。

如何选购葡萄

1. 一般果穗大、果粒饱满、外有白霜者品质最佳，干柄、皱皮、脱粒者质次。

2. 要看果粒颜色，一般成熟度适中的果穗，果粒颜色较深、鲜艳；如玫瑰香为黑紫色，龙眼为紫红色，巨峰为黑紫色，

牛奶为黄白色等。

3. 要看果粒是否甜美。一般来讲，一穗葡萄，果粒紧密，生长时不透风，见光差，味较酸。反之，果粒较稀疏者，味较甜。

如何选购桃子

1. 看外形。果体大、形状端正、外皮无伤有桃毛、果色鲜亮为佳。

2. 凭手感。手感过硬的一般尚未成熟；过软的为过熟桃；肉质极易下陷的已腐烂变质。

3. 尝果味。以汁液丰富、味道甜酸适中、果香浓郁者为优。反之，汁液稀少、甜味不足、酸味较大、香味无或淡薄者为次。

如何选购柚子

1. 要选择比较重的柚子。

2. 要看柚子果实是否匀称，底部是否稳重。

3. 要看柚子的表皮，毛孔越细的柚子越好。

4. 从外形上看，柚子表皮须光滑细致，具有光泽。应选皮薄、上窄下宽、底平的果实。

5. 如果要马上吃，最好是挑选表面颜色较黄的，如果要放久一点再吃，则最好选择颜色较绿的。

如何选购杨梅

1. 杨梅有紫、红、白三种颜色，紫色的最佳，红色的次之，白色的最差。

2．杨梅以色泽鲜艳、果实饱满、果面干燥、成熟度适中、圆刺、汁多、味甜、核小者为佳。过熟或过生、肉质酥软、有出水现象者均属下品。

3．挑选杨梅时要多留意颜色，过于黑红的杨梅或盛器有很深的红色水印，应尽量避免选购。

如何选购西瓜

1．观色听声。瓜皮表面光滑、花纹清晰、纹路明显、底面发黄的，是熟瓜；表面有茸毛、光泽暗淡、花斑和纹路不清的，是不熟的瓜；用手指轻弹西瓜听到"嘭嘭"的声音，是熟瓜；听到"当当"的声音，是生瓜，听到"噗噗"的声音，是过熟的瓜。

2．观瓜柄。绿色的，是熟瓜；黑褐色、茸毛脱落、弯曲发脆、蜷须尖端变黄而枯萎的，是不熟就摘下的瓜；瓜柄已枯干，是"死藤瓜"。

3．看头尾。两端匀称、脐部和瓜蒂凹陷较深、四周饱满的是好瓜；头大尾小或头尖尾粗的，是质量较差的瓜。

4．比弹性。瓜皮较薄，用手指压易碎的，是熟瓜；用指甲一划要裂，瓜发软的，是过熟的瓜。

如何选购菠萝

1．观察果实外部形态。优质菠萝的果实呈圆柱形或两头稍尖的卵圆形，大小均匀适中，果形端正，芽眼数量少。成熟度好的菠萝表皮呈淡黄色或亮黄色，两端略带青绿色。芽呈青褐色；生菠萝的外皮色泽铁青或略带褐色。如果菠萝的果实顶部

充实，果皮变黄，果肉变软，呈橙黄色，说明它已达到九成熟。这样的菠萝果汁多、糖分高、香味浓、风味好。

2．观察果实硬度。用手轻轻按压菠萝，坚硬而无弹性的是生菠萝；挺实而微软的是成熟度好的。过陷甚至凹陷者为成熟过度的菠萝；如果有汁液溢出则说明果实已经变质，不可以再食用。

3．观察果肉组织。切开后，果肉浅而小，内部呈淡黄色，果肉厚而果芯细小的菠萝为优质品；劣质菠萝果肉深而多，内部组织空隙较大，果肉薄而果芯粗大；未成熟菠萝的果肉脆硬且呈白色。

4．凭嗅觉。通过香气的浓、淡也能判断出菠萝是否成熟。成熟度好的菠萝外皮上稍能闻到香味，果肉则香气馥郁；浓香扑鼻的为过熟果，时间放不长，且易腐烂；无香气的则多半是带生采摘果，所含糖分明显不足，吃起来没味道。

如何选购木瓜

1．木瓜分为两种：青木瓜和熟木瓜，青木瓜表皮为青色，颜色久放不变。瓤为乳白色，有少许珍珠状白色子；熟木瓜表皮为青色或橙黄色，放置室温下青色会转为橙黄色并伴有色斑出现。瓤为浅橙色或深橙色，子为黑色。

2．青木瓜比较容易挑选，表皮光滑、青色光亮、没有色斑即可。

3．熟木瓜要选手感较轻的，这样的木瓜果肉甘甜。手感沉的木瓜一般尚未成熟，口感有些苦。

4．木瓜的果皮一定要亮，橙色要均匀，不能有色斑。

5. 买回的木瓜如果当天就要吃，应选瓜身全都黄透的，轻轻地按瓜肚有点软的感觉，这样是比较成熟的木瓜。

6. 要选瓜肚较大的，瓜肚大说明木瓜肉厚。还可以看瓜蒂，如果是新鲜瓜，瓜蒂还会流出像牛奶一样的液汁。

如何选购椰子

1. 按表皮颜色分青椰子和黄椰子，青椰子适合喝水，黄椰子适合吃椰肉。

2. 挑选的时候要挑表皮完整的，表皮对内部起保护作用。

3. 然后把椰子晃一晃，有水声的话，证明椰子放的时间长了，建议换一个，没有水声最好，证明里面椰汁很多，椰子新鲜。

4. 要是你喜欢吃椰肉的话，那就选择手感重，摇起来比较沉的。

如何选购枇杷

1. 果实外形要匀称，畸形的枇杷可能发育不良，口感不好。

2. 表皮茸毛完整。这是鉴别枇杷是否新鲜的重要方法，如果茸毛脱落则说明枇杷不够新鲜。另外，如果表面颜色深浅不一则说明枇杷很有可能已变质。

3. 慎选过大或过小的。过大的枇杷往往糖度不够，而过小的会比较酸。

4. 尽量购买散装产品。散装枇杷质量好坏看得见，而整箱装的则可能有质量问题，如果要买整箱的，尽量买知名品牌。

5. 尽早食用。枇杷不易存放，购买后应尽早食用。如果一次吃不完放进冰箱，做成糖水冰镇枇杷也是不错的选择。

如何选购柠檬

1. 优质柠檬个头中等，果形椭圆，两端均突起而稍尖，似橄榄球，成熟者皮色鲜黄，具有浓郁的香气。

2. 要选择表皮偏绿一点的柠檬，因为表皮偏绿一般不会使用保鲜剂。

3. 表皮颜色要均匀，而且要富有弹性，表面光滑、富有光泽。

如何选购樱桃

1. 应该选择大颗粒、颜色较深而且有光泽、饱满、外表干燥、樱桃梗保持青绿的樱桃。

2. 避免买到碰伤、裂开和枯萎的樱桃。

3. 同时要选择沉重、有光泽、色鲜且梗青的。挑选时不要用力捏，不然娇弱的樱桃很容易受到损失。

如何选购猕猴桃

1. 选猕猴桃一定要选头尖的，像小鸡嘴巴，不要选择扁扁的像鸭子嘴巴的。

2. 像鸭嘴巴的是用激素催熟成长的，像鸡嘴巴的是没用过激素或用得较少的。

3. 成熟的猕猴桃果实比较软，因此，挑选时可以用手轻捏。

4. 应选择表皮颜色略深的，颜色接近土黄色的是比较好的猕猴桃。这种猕猴桃接受的日照充足，因此比较甜。

5. 挑选猕猴桃要挑结蒂处是嫩绿色的，果实整体要软硬一致。

如何选购哈密瓜

1. 观察表皮。如果表皮上有疤痕，则疤痕越老瓜越甜，如果疤痕裂开，虽然外表不美观，但这种瓜甜蜜度较高，口感好。

2. 凭嗅觉。如果瓜的味道闻起来清香，那么这种瓜质量较好。

3. 看颜色。如果瓜面的颜色呈现金黄色，用手摸上去不太软说明质量好；如果过软说明瓜熟得比较过。

其他食物
选购
小妙招

如何选购花生油

1. 观察油品的颜色。品质好的花生油淡黄透明，色泽清纯，没有沉淀物质，而色泽不正、混浊的为劣质花生油。

2. 凭油品的味道。品质较好的花生油气味清香扑鼻、味道纯正。香味浓郁而花生味不足、有异味的为劣质油。也可以滴1～2滴花生油到手心，搓至手心发热，

拿到鼻前闻，纯正花生油可以闻出浓郁的花生油香味，再次揉搓，纯正花生油依然保持较浓郁的花生油香味，而掺假的花生油香味越来越淡，且在这过程中可能会产生异味。

如何选购植物油

1. 看透明度。纯净的植物油呈透明状，地沟油在生产过程中由于混入了碱脂、蜡质、杂质等物，透明度会下降。

2. 闻气味。每种油都有各自独特的气味。可以在手掌上滴1～2滴油，双手合拢摩擦，发热时仔细闻其气味。有异味的油，说明质量有问题，有臭味的很可能就是地沟油；若有矿物油的气味更不能买。

3. 品尝。用筷子取1滴油，仔细品尝其味道。口感带酸味的油是不合格产品，有焦苦味的油已发生酸败，有异味的油可能是地沟油。

如何选购大米

1. 看硬度。硬度是由大米中蛋白质含量多少所决定的，大米的硬度越强，说明蛋白质含量越高，其透明度也会越好。一般情况下，新米比陈米硬、水分低的米比水分高的米硬、晚米比早米硬。

2. 看黄粒。米粒颜色变黄是因大米中某些营养成分在一定的条件下发生了化学反应，或是大米粒中微生物繁殖所引起的。这样的米煮出的饭香味不足。

3. 闻气味。手中取少量米粒，用手搓使其发热，然后立即嗅其气味，正宗的新大米有股扑鼻的清香味。而存放一年以上

的陈米，只有米糠味，没有清香味。如果发现米有异常味道，一般不是好米。现在市场上香米比较流行，有自然清香的米比较正常，如果是扑鼻的香味，就不正常。

如何选购面粉

1. 看水分。含水率正常的面粉，手捏有滑爽感，伸手插入阻力小，轻拍面粉即可飞扬；受潮含水多的面粉，捏而有形，不易散落。手插阻力较大，且内部有发热感，容易发霉结块。

2. 看颜色。面粉颜色越白，说明加工精度越高，但其维生素含量也越低。如果保管时间较长或受潮，面粉颜色就会加深，这说明品质也降低了。

3. 看面筋质量。水调后，面筋质量越高，一般品质就越好。但面筋质量过高，其他成分就相应减少，品质也不一定好。

4. 看新鲜度。新鲜的面粉有正常的气味，颜色较淡且清。如有腐败味、霉味，颜色发暗、发黑或有结块的现象，说明面粉储存时间过长，已经变质。

如何选购鸡蛋

1. 感官鉴别。用眼睛观察蛋的外观形状、色泽、清洁程度。优质鲜蛋，蛋壳干净、无光泽，壳上有一层白霜，色泽鲜明。劣质蛋，蛋壳表面的粉霜脱落，壳色油亮，呈乌灰色或暗黑色，有油样浸出，有较多或较大的霉斑。

2. 手摸鉴别。把蛋放在手掌心上翻转。优质鲜蛋的蛋壳粗糙，重量适当。劣质蛋，手掂重量轻，手摸有光滑感。

3. 耳听鉴别。优质鲜蛋相互碰击声音清脆，手握蛋摇动无声。劣质鲜蛋相互碰击发出嘎嘎声（孵化蛋）、空空声（水花蛋），手握蛋摇动时是晃荡声。

4. 鼻嗅鉴别。用嘴向蛋壳上轻轻哈一口热气，然后用鼻子嗅其气味。优质鲜蛋有轻微的生石灰味。

如何选购方便面

1. 看色泽。凡是面饼呈均匀乳白色或淡黄色，无焦、生现象即为合格方便面。

2. 闻气味。好的方便面气味正常，无霉味、哈喇味及其他异味。

3. 看外观。好的方便面外形整齐，花纹均匀。

4. 看复水。面条复水后无明显断条、并条，口感不夹生、不粘牙的为合格方便面。

5. 注意首选名牌产品。名牌产品的生产企业规模较大，多次国家监督抽查结果证明，大企业的产品质量较好。

6. 注意生产日期。尽量购买近期产品。过期产品会变质，如食用极可能引起呕吐、腹泻等情况。

如何选购食用盐

1. 看色泽。优质食用盐应为白色，呈透明或半透明状；劣质食用盐的色泽灰暗或呈黄褐色。

2. 看结晶。纯净的食用盐结晶很整齐，坚硬光滑，干燥、水分少，不易返卤吸潮；含杂质多的食用盐，结晶不规则，易返卤吸潮。

3．尝咸味。纯净的食用盐应有正常的咸味，而含钙、镁等水溶性杂质过多时，盐的咸味会稍带苦、涩味，含沙等杂质时会有牙碜的感觉。

如何选购白醋

1．观看体态和颜色。优质醋应透明澄清，浓度适当，没有悬浮物、霉花浮膜。食醋有红、白两种。优质食醋要求为琥珀色或红褐色或红棕色。

2．闻香味。优质食醋醋香浓郁，无其他异味。

3．尝味道。优质食醋酸度虽高而无刺激感，酸味柔和，稍有甜味，不涩，无其他异味。食醋从出厂时算起，瓶装醋12个月内不得有霉花浮膜等变质现象，散装的3个月不得有霉花浮膜等变质现象。

如何选购味精

1．应在正规的大型商场或超市购买味精。这些经销企业对经销的产品一般都有进货把关，经销的产品质量和售后服务有保证。

2．味精是食品生产许可证的发证产品，消费者选购时，应尽量选择包装袋上印有"QS"标志的味精，因为这些产品的生产企业已获得了食品生产许可证，产品质量有保障。

3．最好选购晶体的味精，不易掺假，味精晶体应洁白、均匀、无杂质、流动性好、无结块。正品味精为外观呈透明状的结晶体，含谷氨酸钠99%以上。

如何选购酱油

1．看标签。从酱油的原料表中可以看出其原料是大豆还是脱脂大豆，是小麦还是麸皮。看清标签上标注的是酿造酱油还是配制酱油。如果是酿造酱油应看清标注的是采用传统工艺酿造的高盐稀态酱油，还是采用低盐固态发酵的速酿酱油。酿造酱油通过看其氨基酸态氮的含量可区别其等级，含量越高，品质越好（氨基酸态氮含量 ≥ 0.8 克 /100 毫升为特级， ≥ 0.4 克 /100 毫升为三级，两者之间为一级或二级）。

2．看清用途。酱油上应标注供佐餐用或供烹调用，两者的卫生指标是不同的，所含菌落指数也不同。供佐餐用的可直接入口，卫生指标较好，如果是供烹调用的则千万别用于拌凉菜。

3．闻香气。传统工艺生产的酱油有一种独有的酯香气，香气丰富醇正。如果闻到的味道呈酸臭味、煳味、异味都是不正常的。

4．看颜色。正常的酱油颜色应为红褐色，品质好的颜色会稍深一些，但如果酱油颜色太深，则表明其中添加了焦糖色，香气、滋味相比会差一些，这类酱油仅仅适合红烧用。

如何选购花椒

1．观察。主要是观察花椒的色泽、椒粒的大小、开口的多少以及有无杂质。

2．轻捏。是指要去感受花椒是否干燥，干燥的花椒捏起来会发出沙沙的响声。另外，捏后放回花椒时，再观察手掌，你就能检查出花椒含泥灰杂质的程度。

3. 闻气味。质量好的花椒都带有天然的香味，而不是霉变的味道或者其他杂味。

4. 品尝。随便取1粒花椒，用牙齿轻轻咬开，再用舌尖去感触，然后轻咬几下吐出，这时你再仔细揣摩这花椒是否带苦味、涩味等异常味道，只有麻味纯正者才是上品。

➡ 如何选购桂皮

1. 桂皮又称肉桂，由桂树的树皮干制加工而成，桂皮是肉食烹饪的重要调味品。桂皮含有较多的芳香油，具有特异的香气和收敛性的辛辣味，并稍有甜味。

2. 优质桂皮，皮细肉厚，外皮灰褐色，断面平整，紫红色，油性大，香味浓，味甜微辛，嚼之少渣，凉味重。

3. 劣质桂皮，呈黑褐色，质地松酥，折断无响声，香气淡，凉味薄，若断面呈锯齿状可能是树皮冒充的。

➡ 如何选购鲜奶

1. 看颜色。品质良好的鲜奶，质地均匀，常呈不透明的乳白色或微带黄色；若色泽呈浅黄绿色或显黄色，奶液混浊，则为腐败奶；而加水的牛奶，色泽淡白，给人以稀薄感，且稍显透明。

2. 看黏稠度。品质优良的鲜奶，有一定的稠度，在透明的玻璃杯内来回滚动，内壁会留有薄层痕迹；若过于黏稠，多为加入了食用淀粉。

3. 闻气味。鲜奶有一种诱人的奶香味，不应有酸味、鱼腥味、饲料味、杂草味、酸臭味等，这种气味异常的鲜奶不能饮用。

肉类
存储
小军师

➡ 如何存储鲜肉

1. 新鲜的猪肉、牛肉、羊肉等在存储方式上一般具有相通之处，其通用的方法是将新鲜肉加上保鲜膜，放入冰箱冷藏柜。

2. 用浸过醋的湿布将鲜肉包起来，可以使肉保鲜一昼夜。

3. 将鲜肉煮熟，趁热放入熬过的猪油里，可保存较长时间。

4. 将鲜肉切成6.5厘米左右宽的块，在肉面上涂一层蜂蜜，用线串起挂在通风处，可存放一段时间。

5. 将鲜肉切块放入锅中走油，可短时间保存。

6. 用食用醋水溶液将鲜肉浸泡1小时，取出后放干净容器里，在常温下可保鲜两天。

➡ 如何存储鸡肉

鸡肉的做法不一样，其存储方式也

不同。

1．用于油炸的鸡肉，可以涂上盐和胡椒，再撒上酒，然后装入塑料袋内，放冰箱冷藏。

2．如果是拿来清炖的鸡肉，则只需喷少许酒，然后装进塑料袋内再放进冰箱里冷藏。

3．油炸的鸡肉之所以要涂盐和胡椒是为了让肉更入味，从而使油炸出来的味道更好；而清炖就不需要了，因为味道太浓就不适合清炖了。

如何存储螃蟹

1．用冰箱保存螃蟹。选活力旺盛的螃蟹，把螃蟹的脚捆起来以减少螃蟹体力消耗，然后放入冰箱的冷藏柜，温度保持5～10℃，盖上湿毛巾保存即可。

2．选活力旺盛的螃蟹，准备一个30～50厘米高的塑料桶或盆，把螃蟹放入其中，不能层叠，然后加水至螃蟹身体的一半高，主要是保湿，不能把螃蟹全部淹没。如果水太深螃蟹会缺氧窒息而死。

3．最好的保存办法是把浴缸做暂养池，因为浴缸四壁光滑，螃蟹无法逃跑，把螃蟹轻轻倒入浴缸中，注水到刚好淹没螃蟹，使螃蟹八足立起来就可以在水面呼吸，并根据储存时间和数量投放少量的小鱼小虾。

如何存储鲜虾

1．买来新鲜的虾，如果买得多，可以多分几个盒或几个塑料袋（如500克1份）。

2．再在容器内加水，水要没过虾，然

后将容器放入冷冻室，一般12小时后就冻实了。想吃虾仁时，拿出一份解冻后现剥皮。这种方法冻过的虾，即使是半年后拿出来食用也是新鲜可口的。

如何存储活鱼

1．在活鱼嘴里滴几滴白酒，放在阴凉黑暗之处，盖上透气的东西，鱼能存活3～5天。

2．用浸湿了的纸贴在鱼的双眼上，可使鱼存活3～5小时。

3．长途携带活鱼，可将鱼灌酒后装入有水的塑料袋中。

4．低温保鲜法。有时，鱼买多了，一时又吃不完，可采用低温保鲜法。只要将鱼洗净后装入塑料袋或放在塑料托盘上，放入冰箱冷冻室速冻，然后移放在低温室。

蔬菜
存储
小参谋

如何存储白菜

1．在购买白菜时，一定要保留白菜外面的部分残叶。因为在保存白菜时，这些残叶可以自然风干，成为一层保护膜。所以，在储存白菜时发现有干叶，也不要轻易摘去。

2. 在城市里没有地窖，首先将白菜的根部用刀挖一个坑，然后用沾满水的卫生纸填满，用保鲜膜包裹。

3. 冬季窄沟埋藏法。此法贮藏，损耗少，但挖沟较费工。白菜收获前在便于取用的地方，挖南北走向、深 40 ～ 50 厘米、比白菜高 4 ～ 5 厘米、宽 1 米的沟，大白菜收获后进行分级，剔去残叶。当气温降至 0℃ 左右时，将菜根朝下紧密排于沟内，上面菜头齐平，最后一棵根向上。上面覆盖 2 ～ 3 厘米的细土。以后气温降低时，要抢在每次强寒流到来之前，再覆盖轻微冻结的细土，最后一次盖土厚度达 30 ～ 40 厘米。

→ 如何存储萝卜

1. 萝卜类的贮存主要是防止干燥"发糠"，同时也要防止腐烂。

2. 防止"发糠"的办法是把萝卜装在不透气的塑料袋里，扎好口，放在温度较低的地方，以不冻为原则。开始时要把口打开，适当放放水汽，以免因水分太大而发生腐烂。

→ 如何存储芹菜

1. 将新鲜、整齐的芹菜捆好，用保鲜袋或保鲜膜将茎叶部分包严，然后将芹菜根部朝下竖直放入清水盆中，一周内不黄不蔫。

2. 将芹菜叶摘除，用清水洗净后切成大段，整齐地放入饭盒或干净的保鲜袋中，

封好盒盖或袋口，放入冰箱冷藏室，随吃随取。

→ 如何存储香菜

1. 买回来的香菜去根，清洗干净，然后直接切成碎末，切好后装入保鲜袋，放进冰箱的冷冻室。

2. 也可将鲜香菜择干净用报纸包好，放冰箱冷藏菜盒里，可以保存一星期。

3. 买回来的香菜，一次吃不完的话，全部洗净，放到一个容器里，用清水泡上，盖上盖子，再放到冰箱里，下次用的时候，随手挑出黄叶的扔掉，也不必经常换水，可以保存很多天都不会坏掉。

4. 挑选棵大、颜色鲜绿、带根的香菜，捆成 500 克左右的小捆，外包一层纸（不见绿叶为好），装入塑料袋中，松散地扎上袋口，让香菜根朝上，将袋置于阴凉处，随吃随取。用此法贮藏香菜，可使香菜在 7 ～ 10 天内菜叶鲜嫩如初。

→ 如何存储土豆

1. 利用苹果储存土豆。把需要储存的土豆放入纸箱内，里面同时放入几个青苹果，然后盖好放在阴凉处。由于苹果自身能散发出乙烯气体，故将其与土豆放在一起，可使土豆保持新鲜不烂。

2. 储藏土豆不宜受光线照射，要放在黑暗的角落，否则表皮变绿，受光线照射后的土豆食用后会中毒。土豆应在 2 ～ 4℃ 低温中储存。

如何存储韭菜

1．清水浸。用细绳将新鲜整齐的韭菜捆好，根部朝下放在清水盆中，可保鲜 3 ~ 5 天。

2．菜叶包。可将韭菜整理好后捆一下，再用大白菜叶包裹，放在阴凉处，可放 3 ~ 5 天。

如何存储番茄

1．选择皮青或成熟度不高、果实完整、无破损、无虫害的番茄。用干净的软布将其表皮上的水、污泥揩干净，把番茄果蒂朝上保存。

2．挑选品质好、五六成熟的番茄，取宽 15 厘米、长 20 厘米的塑料袋数个，每个塑料袋中装入 1500 克左右的番茄，扎紧袋口，放置于阴凉通风处。用此法可将番茄贮存 1 个月或更久。

3．挑选果实完整、品质好、七八成熟的番茄，放入冰箱、冷藏柜中储存。一般 0℃ 的温度最为适宜，相对湿度为 85% 左右，可储存一段时间。

如何存储茄子

1．茄子保鲜。茄子的表皮覆盖着一层蜡质，它不仅使茄子发出光泽，而且具有保护茄子的作用，一旦蜡质层被冲刷掉或受机械损害，就容易受微生物侵害而腐烂变质。因此，要保存的茄子一般不能用水冲洗，还要防雨淋、防磕碰、防受热，并存放在阴凉通风处。

2．茄子买回后，洗净削皮切成稍厚一点的大片；锅内放少许食用油，把茄子片依次码在锅内两面煎成金黄色，放盘内凉凉；凉透后按照每做一次的食用菜量装入食品袋搁冰箱速冻，随吃随取。

如何存储生菜

1．把水淋干后用保鲜纸包起来放入保鲜冰箱内。

2．用冷水泡，但要勤换水。

3．用稍厚一点的纸张，比如好一点的餐巾纸，包起来放入保鲜冰箱内。

4．装入菜筐，用湿毛巾盖上放入冰箱冷藏室。

如何存储黄瓜

1．在水桶里放入食盐水，把黄瓜浸泡在里面，这时如果从底部喷出许多细小的气泡，从而增加水中或气泡周围水域的含氧量，就可维持黄瓜的呼吸。如果水源充足，还可以使用流动水，如河水、溪水等。此法保存黄瓜在夏季 18 ~ 25℃ 的温度下，可使鲜度保持 20 天。

2．秋季，将完好无损的黄瓜摘下，放在大白菜心中，按白菜和黄瓜的大小，每棵白菜内放两三根黄瓜为宜，然后绑好白菜，放入菜窖中，保存到春节，黄瓜仍然新鲜，瓜味不改。

如何存储苦瓜

1．影响苦瓜储存的因素有苦瓜的成熟度、苦瓜受伤与否、环境乙烯含量及储存温度等。

2.苦瓜的最适储存温度为 12 ~ 13℃，10℃以下苦瓜成熟会释出乙烯，而且也会受环境乙烯的影响而加速后熟，并会出现冷害（即表面出现凹陷，进而感染溃烂）。苦瓜表皮呈珍珠状，极为柔嫩，采收运输稍有不慎易受压腐烂，增加乙烯释出的机会。

3.苦瓜采收时须注意其成熟度，欲短期储存者更不应迟收，七八分熟即可收获。采收后须立即降温，以减少瓜果后熟速率及乙烯的释出，影响周围苦瓜的后熟。

4.一般可以水冷或强力通风预冷。苦瓜采收处理应特别小心，采收后最好能以纸类或保鲜膜包裹储存，除可减少瓜果表面水分散失外，还可保护柔嫩的瓜果，避免擦伤，损害瓜的品质。

如何存储莲藕

1.莲藕较少时，可以用水桶储存。先把要存放的莲藕洗干净，放入盛清水的桶里，每星期换水 1 次，可存放 2 个月左右，并且能保持其白嫩鲜脆。

2.为使其保鲜也可以先将莲藕洗干净、去皮，然后再浸泡脱水，同时进行真空包装放入冰箱里冷藏。

如何存储辣椒

1.最适储存温度 7 ~ 13℃，相对湿度 90% ~ 95% 之间，冷害：6 ~ 7℃ 以下。

2.新鲜辣椒于 6 ~ 7℃ 以下的低温储存，会发生冷害。其表现为蒂头及椒身变软，甚至出现烂斑，于 0 ~ 5℃ 下约 1 个月出现症状。若存于 15℃ 以上，则因呼吸强、脱水及发霉严重，储存期不长。

3.新鲜辣椒最适合储存于 7 ~ 10℃ 条件下。储存温度 5℃、10℃、15℃、20℃，储存期限分别为 20 ~ 25 天、25 ~ 30 天、20 ~ 24 天、8 ~ 10 天。

如何存储生姜

将生姜洗净，切成厚 2 ~ 3 毫米的姜片，分别放置在质地较好的小塑料袋中，并将袋中的空气尽量排净、封口，迅速放入冰箱的冰冻室中速冻保存，即使没有真空，也可以保鲜 3 个月左右。

如何存储大蒜

1.可以用塑料袋装好放入冰箱里，大蒜最适储存温度：0℃，相对湿度：70% ~ 75%，可以放几个月，只要在结冰点以上（接近 0℃），温度越低，储存期限越长。

2.挂藏法。大蒜收获时，对准备挂藏的大蒜要严格挑选，去除那些过小、茎叶腐烂、受损伤和受潮的蒜头。然后摊在地上晾晒，至茎叶变软发黄，大蒜的外皮已干。最后选择大小一致的 50 ~ 100 头大蒜编辫，挂在阴凉通风遮雨的屋檐下，使其风干贮存。

3.用塑料袋保存的大蒜，应每隔一周开袋透气一次；如果发现干瘪、霉烂或发芽的蒜头，应及时取出，以防传染。

如何存储蘑菇

1.一般家庭可采用清水和盐水浸泡法

来保持蘑菇新鲜。这样可以隔绝空气，使蘑菇变色慢，体态丰满，适合短期贮存。

2. 注意不能使用铁质器皿及含铁量高的水浸泡，否则蘑菇容易变黑。将鲜蘑菇放入6%的盐水浸数分钟，捞出沥干，装在塑料袋里，可保鲜3～5天。

水果存储小锦囊

如何存储苹果

1. 苹果的存放一是防止腐烂，二是防止干瘪。

2. 为防止腐烂，要选择质量较好、没有烂点的苹果，并放在温度尽可能低的地方，当然不能上冻。

3. 防止干瘪的方法是，用一个不透气的塑料袋装好，并扎紧袋口，放入缸或桶里。隔一段时间要打开检查一次，有坏的一定要拿出来，以免影响好的。如果发现苹果变干，可以洒点儿凉水。

如何存储梨

挑选无伤、无烂疤、无虫蛀的鲜梨用软纸逐个包好，装入纸盒，放入冰箱下层

的蔬菜箱中，一星期后取出去掉包装纸，装入塑料袋中，不需扎口，再放入冰箱冷藏室上层，温度调在0℃左右，一般可存放两个月。

如何存储荔枝

1. 鲜荔枝适合在比较密封的容器内贮存。因为荔枝本身具有呼吸作用，吸收氧气，放出二氧化碳，容器内氧气少而二氧化碳多，就会形成一个自发的氧气含量低、二氧化碳含量高的贮藏环境。

2. 用较密封的容器贮存鲜荔枝的方法，在1～5℃的低温下，能使荔枝保鲜30天，在常温下能保存6天，而且品质变化不大，其中维生素C会有减少，但不影响口味。

如何存储香蕉

1. 只要将香蕉与苹果放在一起保存，不久之后，香蕉的颜色就会变黄，变得成熟、美味。另外，香蕉还有一种不失美味的保存方法：将成熟的香蕉剥去外皮之后，用保鲜膜包起来冷冻保存，想吃的时候，无须解冻直接食用，吃起来就像吃冰淇淋一样，味道更鲜美。

2. 香蕉保存在8～23℃之间最合适，高温容易过熟变色，而温度过低，易出现冻伤现象，因此天热时放在凉爽通风的地方，天冷时用报纸等物品包好保存。

3. 香蕉黄熟速度快。宜放在室内阴凉、干燥、通风处，悬空挂起效果将更好。冬天贮藏时，环境温度不能低于11℃，否则容易冻伤。注意绝不能把香蕉放进冰箱中

冷藏，否则果肉会变成暗褐色，口感不佳。

→ 如何存储龙眼

1. 将防腐保鲜剂溶于水后喷洒在龙眼表面，其能在龙眼果实表面迅速形成透明膜，有效地封闭气孔，延缓果实衰老，同时起到防腐杀菌作用，然后用聚乙烯薄膜或乙烯—乙酸乙烯酯薄膜袋包装，扎紧薄膜袋口，在 30 ± 2℃下贮藏 5 ～ 8 天，好果率可达 96%，比不用药物处理的鲜果多保鲜 4 ～ 5 天。

2. 新鲜龙眼宜低温存储，也可放冰箱冷藏室恒温存放。

3. 如果用纸巾将每一个龙眼单独包起来拧紧，然后装进保鲜盒再放进冰箱，保鲜时间会更久。另外，可以把新鲜龙眼去皮晒干后保存。

→ 如何存储桃子

冷藏保鲜法。由于桃子的特性，适宜冷藏温度为 -0.5 ～ 0℃，相对湿度为 90%。若要较长时间贮藏，必须严格控制冷藏的温度，-1℃以下就会有受冻的可能。在 2 ～ 5℃中贮藏的桃子比在 0℃以下贮藏的桃子更容易出现果肉变质现象。桃子冷藏时间过长，会淡而无味。因此，其贮藏期不宜过长。

→ 如何存储柚子

1. 柚子属于热带水果，比较怕冷，不适宜放在冰箱中冷藏。最好放在避光、阴凉的地方保存。

2. 贮藏时只要放在室内阴凉处即可。若一定要放入冰箱，应置于温度较高的蔬果槽中，且最好不超过两天。

3. 热带水果在冰箱冷藏取出后，在正常温度下会加速变质，因此从冰箱中取出的水果应尽早食用，以免风味品质改变。

→ 如何存储西瓜

1. 家用西瓜的存储。将整个西瓜用保鲜膜包裹好，因为西瓜皮也会和空气氧化，使西瓜变质，放入冰箱存储。

2. 切开后西瓜的短期储存。用保鲜膜包好切面，放冰箱保存。如果没有冰箱，用保鲜膜裹上可以存放 1 天左右。

→ 如何存储樱桃

就新鲜的樱桃而言，一般可保持 3 ～ 7 天，甚至 10 天，但不建议过长时间存放。樱桃非常怕热，要把樱桃放置在 -1 ～ 4℃的冰箱里储存。

→ 如何存储柠檬

1. 如长期贮存柠檬，可将柠檬的汁挤掉，把塑料吸管的一端斜剪变尖后，插入柠檬里，然后挤压柠檬，柠檬汁便顺管流出了。当柠檬汁挤出后，可用保鲜膜把柠檬包好，放进冰箱存储。

2. 在托盘上滴几滴醋，把切开的柠檬倒扣在托盘上，这样柠檬就可留作下次再用。

3. 将柠檬埋在食盐中，可以保存数日不变质。短时间内，已经切开的柠檬，余下的可在切口处撒少许食盐，就可以留作下次使用。

如何存储猕猴桃

1. 不可将猕猴桃拿出放置于通风处，这样水分流失，就会越来越硬。正确的方法是，放置于箱子中，挑选出已软的可食用的猕猴桃后要将箱子盖好。

2. 放置冰箱可保存 2 ～ 3 个月。要吃的时候提前几天拿出来，放置密封处变软就可以食用。

如何存储食用油

1. 食用油抗氧化能力较弱，其储存过程中易发生酸化，而氧化腐败的食用油会产生过氧化物等有害物质，食用后对人体健康危害极大。因此，选购食用油不宜一次性购买太多，在使用和储存过程中要注意防氧化。

2. 食用油储存要注意以下几点：购买的食用油要放置在阴凉干燥处，注意避光；每次用完后要将瓶盖拧紧，减少其与空气接触的时间；分装时要注意瓶子的干燥清洁；用过的油不要倒回瓶中与新油混合，且不要长期用一个油瓶放油，要常换新油瓶，或者买小包装的油以缩短存放时间。

如何存储大米

1. 根据季节适量保存，一般而言夏季气温高，空气湿度较大，大米容易受潮，存储难度大，因此应少量存储；秋冬季节温度较低，气候干燥，可以适当多存储一些大米。

2. 适时通风，防潮隔热。不论超市、家庭，在夏天对大米的保存都要注意防潮、隔热，尽可能放在阴凉、干燥、通风的地方。应注意三个方面的事项，即注意防潮、注意隔热、注意阴干。

3. 自然缺氧，注意防虫。家庭储米可以用塑料薄膜缺氧密封，采用自然脱氧的方法，既能达到防虫效果，又不会影响大米品质。

如何存储面粉

1. 保持通风。面粉有呼吸作用，必须使空气流通，使面粉有空气可吸收。

2. 保持适合的湿度。面粉会按环境温度及湿度而改变自身的含水量，湿度增大，面粉含水量增加，容易结块。湿度减小，面粉含水量也减小。理想的湿度为 60% ～ 70%。

3. 保持适合的温度，储藏的温度会影响面粉的熟成时间，温度愈高，熟成愈快。

但温度同样缩短面粉的保质期。面粉存储理想温度为 18 ～ 24℃。

4. 保持环境洁净，环境洁净可减少害虫的滋生、微生物的繁殖，进而降低面粉受污染的机会。

→ 如何存储茶叶

1. 防潮湿。茶叶经烘烤加工成成品后，自身含水量低、吸潮性强，受潮后很容易发霉变质，因此，贮存茶叶的容器要放在室内干燥的地方。

2. 防曝晒，太阳光直接曝晒会影响茶叶的外形与内质，造成质量下降，因此贮存茶叶的容器不要靠近门窗和墙壁，即使茶叶受潮也只可以用文火烘烤，不宜放在阳光下曝晒。

3. 防串味。茶叶千万不要与有异味的物品混放，特别是不要和海味、烟、酒、肥皂、药品、香水、化肥、农药混放在一起。因为和这些用品放在一起容易串味，导致茶叶质量下降，甚至失去饮用价值。

→ 如何存储蛋类

1. 鲜蛋。要保持较低的温度，要竖放，且大头在下，小头在上。由于蛋壳在鸡下蛋和在笼子里滚动的过程中，受到的污染与鸡粪的污染源一致，都可能含有沙门氏菌，造成食品污染。如果开冰箱时手接触蛋壳，又去碰切开的西瓜或其他食物，交叉污染在所难免。因此，生鸡蛋应该清洗干净后再放入冰箱保存。

2. 咸蛋。市场上购买的或自己腌渍的咸蛋，要洗净煮熟，放在盐水里，现吃现捞。

这样可避免越来越咸，蛋黄、蛋白也不会变硬。

3. 松花蛋。将泥洗去，放入坛内，将口用塑料包好。

→ 如何存储牛奶

1. 鲜牛奶应该立刻放置在阴凉的地方，最好是放在冰箱里。

2. 不要将牛奶放在阳光或灯光下，日光、灯光均会破坏牛奶中的数种维生素，同时也会使其丧失芳香。

3. 牛奶放在冰箱里，瓶盖要盖好，以免其他气味串入牛奶中。

4. 牛奶倒进杯子、茶壶等容器，如没有喝完，应盖好盖子放回冰箱，切不可倒回原来的瓶子。

5. 过冷对牛奶亦有不良影响。当牛奶冷冻成冰时，其品质会受损害。因此，牛奶不宜冷冻，放入冰箱冷藏即可。

→ 如何存储蜂蜜

1. 存储蜂蜜时要注意温度，包括水温和环境温度。水温过高破坏营养物质，所以蜂蜜应放在阴凉、干燥、清洁、通风的地方。

2. 存储蜂蜜时不要与金属容器接触，应采用非金属容器来储存蜂蜜，如陶瓷、玻璃瓶、无毒塑料桶等容器都可以用来储存蜂蜜。

3. 储存蜂蜜时最好放置在阴凉、无热源以及无直接阳光照射的地方储存，每次服用后容器一定要拧紧盖好，以防吸收空气中的水分或异味。

如何存储白酒

1．白酒存放的容器必须是陶瓷或玻璃的，存放的地点最好是地下，因为地下是温度变化不大的环境，基本保持常温，能保持白酒的原味，不易变质，存放的时间一般应不少于3年，这样的酒味道纯美，口感特别好。

2．瓶装白酒应选择较为干燥、清洁、光亮和通风较好的地方，相对温度在70%左右为宜，温度较高瓶盖易霉烂。白酒贮存的环境温度不宜超过30℃，严禁烟火靠近。容器封口要严密，防止漏酒和"跑度"。

如何存储花生米

1．家庭保管花生米，先将花生米摊晒干燥，扬去杂质，然后用无洞的塑料食品袋密封起来。

2．密封前，将几块剪碎的干辣椒片放入袋内，放置在干燥通风处。

3．将花生米放入开水中烫一下，迅速取出晒干。这样可以将表面细菌杀死，也能起到防虫防霉的效果。

4．在盛花生米的容器里放1～2支香烟，再将容器口密封，可防止虫蛀花生米。

如何存储各种调料

1．调味粉，干燥保存。十三香、五香粉、花椒粉、胡椒粉等都属于香辛料加工品，都由植物的茎、根、果实、叶等加工而成，有强烈的辛辣或芳香味，并含有大量的挥发油类，很容易生霉。因此，在保存调味粉时应将装调味粉的瓶子盖拧紧或是将袋口密封，注意干燥密闭保存，以防潮防霉。调味粉放置不当容易受潮，但稍有受潮并不影响食用。不过，最好购买小包装的，尽快用完。保存时远离潮湿的地方。

2．干货调料，远离灶台。花椒、八角、香叶、干辣椒这类干货调料也应防潮防霉。水分越多、温度越高，越易霉变，而厨房灶台处正是"危险地带"。因此这类调味料最好不要放在灶台附近。可干燥密闭保存，在需要的时候再拿出来。另外，在使用这类调味料前，最好能用清水冲洗一下。霉变的则不宜食用。

3．鸡精、味精、食盐，密闭通风。鸡精、味精、食盐要防止受潮，每次使用后最好能密闭并放在通风处。这些调味料受潮结块并不会影响食用，稍有结块并不影响内在质量。

如何存储豆腐

1．取豆腐重量1/10的盐水，用开水化开，冷却后将豆腐放入，这样可以防酸、防变质。

2．用50%的热碱水浸泡豆腐15分钟左右，清水漂净，可保鲜数日。

3．将整块豆腐放入开水中煮沸3～5分钟，然后浸在凉水中可以保鲜24小时。

4．将豆腐用沸水浸泡1分钟，再换干净沸水，装满容器后密封，将容器迅速浸在冷水中冷却，这样可以保持豆腐几天不会变酸。

5．豆腐泡在泡菜里，能保鲜4～5个月左右，但不能使泡菜发霉。

如何存储酱油

1. 在酱油中放入少许花椒、茴香、蒜瓣或少量大葱白，能起到杀菌防腐的作用。

2. 将酱油煮沸后再装瓶，放在干燥通风处，每隔3天在阳光下曝晒20分钟左右。

3. 在酱油里倒入少量熟油或麻油，隔绝空气，也可以防止变质。

4. 用小纱布袋装上芥子，置入酱油瓶中，可以防止酱油变质，延长保存期。

 ## 如何存储香肠

1. 将香肠置入新鲜的花生油中，可以使香肠保鲜半年。

2. 在香肠的表面涂上一层白酒，放入容器中盖紧密封，放在阴凉处，可以保持数月不变质。

3. 将风干的香肠放在用竹架垫好底部的缸内，每层喷一层白酒，盖上盖子用牛皮纸封好，可以保存半年。

 ## 如何存储面包

1. 在装有面包的塑料袋中，放入1小束新鲜芹菜，可以保持面包新鲜。

2. 面包放在不加盖的容器里容易变干硬，加盖又容易发霉。可在容器底部放一块生土豆或一把盐，然后盖上盖子就可以防止面包变硬和发霉，如果再放入点新鲜水果会更好。

 ## 如何存储蛋糕

1. 一般蛋糕的保质期很短，所以最好放冰箱冷藏。还可以用保鲜盒，将蛋糕放入保鲜盒内，保鲜效果也非常好。

2. 用保鲜膜包好，然后放入冰箱，也可以短时间保鲜。

3. 用厨房专用纸巾（普通纸巾干净亦可）将蛋糕盖住，在纸巾上喷些水，不需太多，潮湿即可，把蛋糕放入原包装盒中，然后放入冰箱冷藏。

家有妙招 生活零烦恼

食物相克篇

食物相克
基础知识

食物相克的研究属于药理学及营养卫生学范畴。目的在于深入探讨食物之间存在的各种制约关系，以便于人们在安排膳食中趋利避害；提倡合理配餐，避免食物相克，防止食物中毒，提高食物营养素在人体内的生物利用率，对确保身体的健康，有着极其重要的意义。

食物相克的定义

在我国东汉时代的大医学家张仲景的《金匮要略》一书中，提到有48对食物不能放在一起吃，如螃蟹与柿子、葱与蜂蜜、甲鱼与苋菜等。这些说法并非完全没有道理，比如说螃蟹与柿子都属寒性食物，二者同食，双倍的寒凉易损伤脾胃，特别是素质虚寒者反应明显。从营养学角度来说，螃蟹中的蛋白质是比较多的，而柿子中的鞣酸也很多。蛋白质碰到鞣酸就会凝固变成鞣酸蛋白，不易被机体消化并且使食物滞留于肠内发酵，继而出现呕吐、腹痛、腹泻等类似食物中毒现象，古人即根据这种现象作出了螃蟹与柿子相克的结论。

因而所谓食物相克，其实是由于混食两种或两种以上性状相畏、相反的食物所产生的一种胃肠道不良反应。

食物相克产生的原因

单纯并且大量食用两种性状相反的食物，可能产生以下几种情况：

1. 营养物质在吸收代谢过程中发生拮抗作用互相排斥，使一方阻碍另一方的吸收或存留。如钙与磷、钙与锌、草酸与铁等。又如豆腐不宜与菠菜同食，这是因为菠菜中含有草酸较多，易与豆腐中钙结合生成不溶性钙盐，不能被人体吸收，但并无临床症状出现。

2. 在消化吸收或代谢过程中，进行不利于机体的分解、化合，产生有害物质或有毒物质。如维生素C或富含维生素C的食物与河虾同食过量，可能使河虾体内本来无毒的五价砷，还原为有毒的三价砷，而引起一定的砷中毒现象。

3. 在机体内共同产生寒凉之性、温热之性、滋腻之性或火燥之性。如大量食用大寒与大热、滋阴与壮阳的食物，较易引起机体不良的生理反应。

食物相克其实就是一种食物拮抗作用，从各种食物所表现不同化学性状分析，食物的拮抗作用在消化吸收与代谢过程中，将会降低食物中营养物质的吸收利用率，久而久之导致体内某些营养素的缺乏，产生相应的营养缺乏症，继而影响到机体的正常功能及其新陈代谢。而引起食物拮抗作用的原理不外乎以下三种情况：

（1）化学缔合。使食物中的某些营养素形成不易被机体吸收的物质，如植酸与磷、锌、铜、铁等形成金属缔合物；脂肪与钙作用产生不溶性钙皂等。

（2）相互作用物争夺配位体。食物在体内代谢过程中同属一个转移系统的矿物元素，由于彼此争夺配位体，以及它们与配位体的亲和力不同，就会发生拮抗作用。即进入体内的某一种元素特多时，将使另一种元素从同种配位体的结合点上被排斥出去，同时阻碍了被排斥元素的吸收。

（3）肠道外因素。如高蛋白抑制铜在肝中的贮积；高浓度无机硫酸盐能阻止钼透过肾小管膜，限制了钼的再吸收，因而增加了尿钼的排出。

（4）从中医上食物的"四气五味"角度来说，如果两种大寒食物同食就会把人吃倒，大热食物吃多了就会上火，只有四气食物搭配着吃，才不致使人寒热失衡。

家庭常食
肉类
相克

→ **猪肉**

猪肉又名豚肉，是主要家畜肉类之一。

主要营养功效：含有丰富的蛋白质及脂肪、碳水化合物、钙、磷、铁等成分。猪肉是日常生活的主要副食品，具有补虚强身、滋阴润燥、丰肌泽肤的作用。

猪肉与羊肝相克

羊肝属于一种富含维生素 A 和磷的食品。

主要营养功效：养肝、明目、补血、清虚热。

相克原因：羊肝有膻气，与猪肉共同烹炒，则易生怪味，从烹饪角度来看，也不相宜。

猪肉与鸽子肉相克

鸽子肉不但营养丰富，且还有一定的保健功效，能防治多种疾病。

主要营养功效：鸽肉的蛋白质含量在 15% 以上，鸽肉消化率可达 97%。此外，鸽肉所含的钙、铁、铜等元素及维生素 A、B 族维生素、维生素 E 等都比鸡、鱼、牛、羊肉含量高。鸽肝中含有最佳的胆素，可帮助人体很好地利用胆固醇，防治动脉硬化。

相克原因：同食可能会使人滞气。

猪肉与田螺相克

田螺泛指田螺科的软体动物，可以食用，可食部分主要是它的肉质足。

主要营养功效：从中药属性讲它有清热利水、除湿解毒的作用。含有蛋白质、钙、铁、维生素 A 等成分。

相克原因：田螺大寒，猪肉酸冷寒腻，两者都属于凉性食物，如果同食，容易伤害人体肠胃功能，影响消化。

猪肉与香菜相克

香菜是常用的提味蔬菜，俗称"芫荽"，状似芹菜，叶小且嫩，茎纤细，味郁香。

主要营养功效：香菜内含维生素C、胡萝卜素、维生素B$_1$、维生素B$_2$等，同时还含有丰富的矿物质，如钙、铁、磷、镁等。

相克原因：香菜辛温，香窜，其性散发，耗气伤神。猪肉滋腻，助湿热而生痰。韩愈曰："凡肉有补，唯猪肉无补。"一耗气，一无补，故二者配食，于身体有损害而无益，不宜于大量食用。

猪肉与大豆相克

大豆，中国古称菽，是一种其种子含有丰富蛋白质的豆科植物。

主要营养功效：大豆含有大量的不饱和脂肪酸、多种微量元素、维生素及优质蛋白质。有健脾益气宽中、润燥消水等作用。

相克原因：大豆中含酸量很高，60%～80%的磷是以植酸形式存在的。它常与蛋白质和矿物质元素形成复合物，从而影响二者的可利用性，降低利用效率；豆类与瘦肉荤食中的矿物质如钙、铁等结合，从而干扰和降低人体对这些元素的吸收。

牛肉

牛肉是多数人的第二大肉类食品，仅次于猪肉。

主要营养功效：牛肉富含蛋白质、矿物质和B族维生素（包括烟酸、维生素B$_1$和核黄素），且是铁的最佳来源。牛肉味甘、性平，归脾、胃经，具有补脾胃、益气血、强筋骨、消水肿等功效。

牛肉与田螺相克

相克原因：田螺与牛肉气味相悖，同时食用对胃肠道的刺激较大，极易导致腹痛、腹泻和消化不良。

牛肉与栗子相克

栗子是山毛榉科栗属中的乔木或灌木的香甜果实，有7～9种。

主要营养功效：栗子中不仅含有大量淀粉，而且含有丰富的蛋白质、脂肪、维生素等多种营养成分。

相克原因：栗子中的维生素易与牛肉中的微量元素发生反应，削弱栗子营养价值。而且，二者同食不易消化，还可能会引起呕吐。

牛肉和生姜相克

生姜指姜属植物的块根茎。

主要营养功效：含有辛辣和芳香成分。辛辣成分为一种芳香性挥发油脂"姜油酮"。其中主要成分为姜油萜、水茴香、樟脑萜、姜酚、桉叶油精、淀粉、黏液等。芳香性辛辣健胃，有温暖、兴奋、发汗、止呕、解毒、温肺止咳等作用。

相克原因：过量同食牛肉与生姜容易引起牙龈炎症、牙龈肿痛、口疮等口腔疾病。

牛肉和红糖相克

红糖的原料是甘蔗，含有95%左右的蔗糖。

主要营养功效：红糖含有很多杂质，但是营养成分保留很好。具有益气、缓中、助脾、化食、补血、破瘀之功效。

相克原因：牛肉中含有丰富的蛋白质

而红糖含有多种有机酸和营养物质，同时食用会影响蛋白质的吸收。

 羊肉

羊肉古时称为羝肉、羯肉，为全世界普遍的肉品之一。

主要营养功效：羊肉含蛋白质、脂肪、碳水化合物、钙、磷、铁，还含有维生素等。它能助元阳、补精血、疗肺虚、益劳损，有温中去寒、温补气血、通乳治带等功效。

羊肉和乳酪相克

乳酪是用原料乳经乳酸发酵或加酶使它凝固并除去乳清制成的食品。

主要营养功效：其主要成分是蛋白质、脂肪、乳糖、丰富的维生素和少量的无机盐。乳酪是含钙最多的乳制品，而且这些钙很容易被吸收。营养价值高，且易消化。

相克原因：乳酪味甘酸，性寒，羊肉大热，而且乳酪中含酶，遇到羊肉可能有不良反应，所以不宜同食。

羊肉和豆酱相克

豆酱是豆类熟后发酵加盐水制成的，是潮汕地区传统调味品。

主要营养功效：豆酱含蛋白质、脂肪、碳水化合物、维生素、氨基酸和钙、磷、铁等元素。豆酱性味寒咸，能解除热毒。

相克原因：豆酱性味寒，能解除热毒，而羊肉大热动火，二者功能相反，所以不宜同食。

羊肉和醋相克

醋是一种发酵的酸味液态调味品，烹调菜肴时可增加菜肴的鲜、甜、香等味道。

主要营养功效：醋中含有蛋白质和丰富的氨基酸，其中含有人体不能自身合成必须由食物供给的 8 种氨基酸。醋中的有机酸含量较多，这些有机酸对人体皮肤有柔和的刺激作用，促使小血管扩张，增强皮肤血液循环，使皮肤光润。

相克原因：醋宜与寒性食物相配，而羊肉大热，不宜搭配。

羊肉和荞麦相克

荞麦是人们主要粮食之一，原产于中国北方内蒙古。

主要营养功效：荞麦的营养成分主要是丰富的蛋白质、B 族维生素、芦丁类强化血管物质、矿物营养素、丰富的植物纤维素等。对高血压和心脏病有重要的辅助作用。

相克原因：荞麦味甘、性寒，能降压止血、清热敛汗，而羊肉大热，功能与此相反，故不宜同食。

 鸡肉

鸡肉肉质细嫩，滋味鲜美，适合多种烹调方法。

主要营养功效：鸡肉中含有蛋白质、脂类物质，是几乎不含脂肪的高蛋白食品，也是磷、铁、铜与锌的良好来源，并且富含维生素 B_{12}、维生素 B_6、维生素 A、维生素 D、维生素 K 等。含有较多的不饱和脂肪酸，能够降低对人体健康不利的低密度脂蛋白胆固醇。具有温中益气、强筋健骨、活血调经的作用，对病后虚弱、产妇补养等也有显著疗效。鸡皮中含有大量胶原蛋白，能够美颜防皱、延缓皮肤衰老。

鸡肉和芥末相克

芥末为芥菜成熟种子碾磨成的一种辣味调料。芥末辛辣蕴香，辣味独特，芥末粉润湿后有香气溢出，具有强烈的刺激性辣味。

主要营养功效：芥末的主要辣味成分是芥油，其辣味强烈，可刺激唾液和胃液的分泌，辛热无毒，具有温中散寒、通利五脏、利膈开胃的作用。

相克原因：这两种食物同食后，会伤元气。因芥末是热性之物，鸡属温补之品，恐助火热，无益于健康。

鸡肉和大蒜相克

大蒜为百合科植物蒜的鳞茎，是餐桌菜肴中一种最常见的食物，可以生吃，也可以调味。

主要营养功效：大蒜含有 400 多种有益身体健康的物质。富含碳水化合物、蛋白质、磷、B 族维生素。据营养学家研究，新鲜大蒜中，微量元素硒的含量在蔬菜中是最高的，大蒜中约含 0.276 微克／克，而一般蔬菜的含硒量仅为 0.01 微克／克。硒具有抗氧化功能和抗癌作用。

相克原因：大蒜味辛性温，主下气消谷，除风、杀毒。而鸡肉甘酸温补，两者功用相佐，且蒜气熏臭，从调味角度讲，也与鸡不合。

→ 鸭肉

鸭肉是餐桌上的上乘佳肴，也是人们进补的优良食品，它的营养价值与鸡肉相仿。

主要营养功效：鸭肉中所含 B 族维生素和维生素 E 较其他肉类多，能有效抵抗脚气病、神经炎和多种炎症，还能抗衰老。鸭肉性寒，味甘、咸，滋五脏之阴、清虚劳之热，补血行水、养胃生津，止咳自惊。尤其适合体热、上火、虚弱、食少、便秘、水肿、心脏病、癌症患者和放疗、化疗后的病人食用。

鸭肉和栗子相克

相克原因：栗子中含有维生素 C，能和脂肪反应使其降低营养价值，建议不要同时食用。

鸭肉和鳖肉相克

鳖肉是中华鳖的肉，可煮食或入丸剂，味甘、性平，无毒。鳖肉又名团鱼肉、甲鱼肉、元鱼肉等。

主要营养功效：鳖肉含水分、蛋白质、脂肪、糖类、灰分、钙、磷、铁、维生素 B_1、维生素 B_2、烟酸、维生素 A 等。有滋阴凉血、益气升提的功效。

相克原因：鳖肉为鳖科动物甲鱼的肉。味甘，性平，入肝经。具有滋阴凉血之功效。鸭肉与鳖肉皆属寒性，所以不宜配食。

鸭肉和兔肉相克

兔肉不但营养丰富，而且是对人体十分有益的药用补品，有"荤中之素"之称。

主要营养功效：兔肉的瘦肉占 95%以上，含优质蛋白质，兔肉中的维生素含量较高，尤以烟酸较多，兔肉中矿物质含量也多，钙含量丰富，因而是孕妇、儿童的营养食品。兔肉的胆固醇含量每百克仅

60～80毫克，兔肉还含有丰富的卵磷脂，卵磷脂有抑制血小板凝聚和防止血栓形成的作用，还有保护血管壁、防止动脉硬化的功效。卵磷脂中的胆碱，能改善人的记忆力，防止脑功能衰退。

相克原因：二者同食，容易引起腹泻。

鹅肉

鹅是鸟纲雁形目鸭科动物的一种。鹅是食草动物，鹅肉是理想的高蛋白、低脂肪、低胆固醇的营养健康食品。

主要营养功效：鹅肉含蛋白质、脂肪、维生素A、B族维生素、糖类。鹅肉蛋白质的含量很高，富含人体必需的多种氨基酸、多种维生素及微量元素，并且脂肪含量很低，鹅肉性平、味甘，具有益气补虚、暖胃生津、利五脏、解铅毒、治虚羸消渴的功效。

鹅肉与鸭梨相克

鸭梨：鸭梨为河北省古老地方水果品种。适应性强，丰产性好，果实大而美，肉质细脆多汁，香甜，较耐贮。

主要营养功效：梨中含有丰富的B族维生素和糖类物质，梨味甘、微酸，性凉，入肺、胃经。具有生津、润燥、清热、化痰、解酒的功效。

相克原因：两者同食会伤肾脏，鹅肉性平、味甘，鸭梨性味酸凉，二者同食，功效相克。

鹅肉与鸡蛋相克

鸡蛋，又名鸡卵、鸡子，是母鸡所产的卵，其外有一层硬壳，内则有气室、卵白及卵黄部分，它富含各类营养，是人类常食用的食品之一。

主要营养功效：鸡蛋中含有大量的维生素和矿物质及有高生物价值的蛋白质。对人而言，鸡蛋的蛋白质品质最佳，鸡蛋味甘、性平，归脾、胃经，可补肺养血、滋阴润燥，用于气血不足、热病烦渴、胎动不安等，是扶助正气的常用食品。

相克原因：两者同食会有损脾胃，伤元气。

鹅肉与柿子相克

柿子，果实扁圆，不同的品种颜色从浅橘黄色到深橘红色不等，直径为2～10厘米，重量为100～350克。

主要营养功效：柿果味甘涩，性寒，无毒；柿蒂味涩，性平，入肺、脾、胃、大肠经；有清热去燥、润肺化痰、软坚、止渴生津、健脾、治痢、止血等功能，可以缓解大便干结、痔疮疼痛或出血、干咳、喉痛、高血压等症。所以，柿子是慢性支气管炎、高血压、动脉硬化、内外痔疮患者的天然保健食品。

相克原因：二者同食，会降低营养价值，同时会发生化合反应，生成危害人体的有毒物质，并出现中毒症状。

驴肉

"天上龙肉，地上驴肉"，是人们对驴肉的最高褒扬。鲁西、鲁东南、皖北、皖西、豫西北、晋东南、晋西北、陕北、河北一带许多地方形成了独具特色的传统食品和地方名吃。

主要营养功效：驴肉中氨基酸构成十

分全面，8 种人体必需氨基酸和 10 种非必需氨基酸的含量都十分丰富，驴肉的不饱和脂肪酸含量，尤其是生物价值特高的亚油酸、亚麻酸的含量都远远高于猪肉、牛肉。驴肉是一种高蛋白、低脂肪、低胆固醇肉类。中医认为，驴肉性味甘凉，有补气养血、滋阴壮阳、安神去烦的功效。

驴肉和金针菇相克

金针菇的菌盖小巧细腻，为黄褐色或淡黄色，干部形似金针，故名金针菇。金针菇不仅味道鲜美，而且营养丰富，是拌凉菜和火锅食品的原料之一。

主要营养功效：金针菇含有人体必需的氨基酸成分，还含有一种叫朴菇素的物质，含锌量比较高，有增强儿童身高与智力发育、降胆固醇、促进体内新陈代谢、抑制血脂升高、防治心脑血管疾病、抵抗疲劳、抗菌消炎、清除重金属盐类物质、抗肿瘤的作用。而且也适合高血压患者、肥胖者和中老年人食用，因为它是一种高钾低钠食品。

相克原因：驴肉的营养非常丰富，金针菇含有多种生物活性物质，两者同食可能会引起心痛。

🡒 狗肉

狗肉，在中国某些地区，又叫"香肉"或"地羊"。

主要营养功效：狗肉的一般化学组成，与其他兽肉类似，狗肉含嘌呤类、肌肽。狗肉含有极高的蛋白质，可以补中益气、温肾助阳。治脾肾气虚、胸腹胀满、鼓胀、浮肿、腰膝软弱、寒疟、败疮久不收敛。

狗肉和绿豆相克

绿豆具有粮食、蔬菜、绿肥和医药等用途，是我国人民的传统豆类食物。它不但具有良好的食用价值，还具有非常好的药用价值。

主要营养功效：含有蛋白质、脂肪、碳水化合物、维生素 B_1、维生素 B_2、胡萝卜素、菸硷酸、叶酸、矿物质钙、磷、铁。绿豆性味甘凉，有清热解毒之功效。

相克原因：两者同食会发生氧化作用，生成不利于人体吸收的物质，引起胃肠不适，导致腹胀。

狗肉和大蒜相克

相克原因：两者同食助火，火热阳盛体质的人更应忌食。

狗肉和姜相克

相克原因：两者同食会上火，同时刺激胃肠，引起腹痛。

🡒 鹌鹑肉

鹌鹑又简称鹑，味道鲜美，营养丰富，可与补药之王人参相媲美，被誉为"动物人参"。

主要营养功效：适于营养不良、体虚乏力、贫血头晕患者食用。鹌鹑肉性味甘平，能补五脏、益中气、实筋骨、消热结。

鹌鹑肉和蘑菇相克

蘑菇是理想的天然食品或多功能食品。目前在全世界食用最多的通称为蘑菇，学名为双孢蘑菇。

主要营养功效：蘑菇含有人体所需要的多种营养元素和人体所必需的微量元素，可以提高机体免疫力。

相克原因：蘑菇含有多种复合酶和多种游离氨基酸、生物素等，鹌鹑亦含多种酶和激素，二者合食必会导致引发疾病的物质产生。

 ## 猪肝

肝脏是动物体内储存养料和解毒的重要器官，含有丰富的营养成分，具有营养保健功能。

主要营养功效：猪肝含有丰富的维生素 A、维生素 C，同时含有大量蛋白质、脂肪以及钙、磷、铁等矿物质，中医认为，猪肝味甘苦，性温，具有补肝、养血及明目作用。

猪肝与雀肉相克

雀肉，顾名思义麻雀身上的肉。

主要营养功效：麻雀肉含有蛋白质、脂肪、碳水化合物、无机盐及维生素 B_1、维生素 B_2 等，中医认为，雀肉能补阴精，是壮阳益精的佳品。

相克原因：猪肝与雀肉二者同食会引起消化不良。

猪肝与豆芽相克

豆芽也称芽苗菜，是各种豆类的种子培育出的可以食用的"芽菜"，也称"活体蔬菜"。

主要营养功效：豆芽中含有丰富的维生素 C，芽苗菜营养丰富、风味独特，而且清香脆嫩适口，并有特殊的医疗保健功能。

相克原因：猪肝中含有铜元素，会加速豆芽中维生素 C 的氧化，导致其失去营养价值。

 ## 香肠

香肠是一种传统食物生产和肉食保存技术，指将动物的肉绞碎成泥状，再灌入肠衣制成的长圆柱状食品。

主要营养功效：香肠含有大量填充剂，从而降低了蛋白质的含量，通常香肠配制时增加了钠的含量，含有多种调味剂，所以不宜经常食用。

香肠与奶茶相克

奶茶也叫蒙古茶，是蒙古族牧民日常生活中不可缺少的饮料。

主要营养功效：奶茶可以去油腻、助消化、益思提神、利尿解毒、消除疲劳。

相克原因：奶茶中含有二烯酸防腐剂，如果二者同吃，有可能致癌。

 ## 马肉

马肉在枪弹问世以前曾是游牧民族经常食用的肉食之一。我国已有 5000 多年的食用史。

主要营养功效：马肉含有丰富的蛋白质、维生素及钙、磷、铁、镁、锌、硒等矿物质，具有恢复肝脏机能并有防止贫血、促进血液循环、预防动脉硬化、增强人体免疫力的功效。

马肉与生姜相克

相克原因：马肉与生姜同食易咳嗽。

马肉与木耳相克

木耳，别名黑木耳、光木耳。真菌学分类属担子菌纲木耳目木耳科。

主要营养功效：木耳中铁的含量极为丰富，同时含有维生素K和其他营养成分，能够补气养血、润肺止咳、抗凝血、降压、抗癌、运血。

相克原因：同食易得霍乱。

家庭常食
水产
相克

➜ 鲤鱼

别名鲤拐子、鲤子。鲤鱼属于底栖杂食性鱼类，荤素兼食。

主要营养功效：鲤鱼的蛋白质不但含量高，而且质量也佳，人体消化吸收率可达96%，并能供给人体必需的氨基酸、矿物质、维生素A和维生素D；每100克肉中含蛋白质17.6克、脂肪4.1克、钙50毫克、磷204毫克及多种维生素。

鲤鱼与鸡蛋相克

相克原因：鲤鱼有腥味，二者同食，容易产生异味，从而影响食欲。

鲤鱼与鸡肉相克

相克原因：鸡肉补中助阳，鲤鱼可以下气利水，二者的功效相悖，不适宜共同食用。

➜ 鲫鱼

又称鲋鱼、鲫瓜子、鲫皮子、肚米鱼。鲫鱼是杂食性鱼，但成鱼主要以植物性食料为主。因为植物性食料在水体中蕴藏丰富、品种繁多，供采食的面广。

主要营养功效：鲫鱼含有丰富的蛋白质，容易为人体所消化，味甘，性平，入脾、胃、大肠经；具有健脾、开胃、益气、利水、通乳、除湿之功效。

鲫鱼与蜂蜜相克

蜂蜜是昆虫蜜蜂从开花植物的花中采得的花蜜在蜂巢中酿制的蜜。

主要营养功效：蜂蜜是一种营养丰富的食品。蜂蜜中的果糖和葡萄糖容易被人体吸收，具有护肤美容、抗菌消炎、促进组织再生、促消化、提高免疫力的功效。

相克原因：二者共食会中毒，可以用黑豆、甘草熬汁解毒。

鲫鱼与猪肝相克

相克原因：同食具有刺激作用，疮痈热病者忌食。

鲫鱼与芥菜相克

芥菜是芸薹属一年生或二年生草本植物，是一种有名的特产蔬菜。

主要营养功效：芥菜含有丰富的维生

素 A、B 族维生素、维生素 C 和维生素 D，有提神醒脑、解除疲劳的作用。

相克原因：芥菜与鲫鱼同食，生化反应中会产生某些刺激性物质，进入肺、肾，特别是肾，使二脏宣导失常，也可引发水肿。

鲫鱼与葡萄相克

葡萄是葡萄属葡萄科植物葡萄的果，为落叶藤本植物，是世界最古老植物之一。

主要营养功效：葡萄含糖量高达 10% ～ 30%，以葡萄糖为主。葡萄中的多量果酸有助于消化，适当多吃些葡萄，能健脾和胃。

相克原因：如果两者同食产生的物质会刺激胃肠，引起胃肠不适。

 鲢鱼

鲢鱼又名水鲢、白鲢，适宜内热、荨麻疹患者食用。

主要营养功效：鲢鱼含有丰富的蛋白质、糖类和脂肪，同时含有钙、磷、铁、B 族维生素等多种营养成分。性温味甘，具有补脾益气、润肤和暖胃的功效。

鲢鱼与番茄相克

番茄别名西红柿、洋柿子，古名六月柿、喜报三元。果实营养丰富，具特殊风味，可以生食。

主要营养功效：番茄含有丰富的胡萝卜素、维生素 C 和 B 族维生素。味甘、酸，性凉、微寒。具有生津止渴、健胃消食、清热解毒、凉血平肝、补血养血和增进食欲的功效。

相克原因：番茄中的维生素对鲢鱼中营养成分的吸收有抑制作用。

 带鱼

带鱼又叫刀鱼、牙带鱼，是鱼纲鲈形目带鱼科动物，带鱼的体型正如其名，侧扁如带，呈银灰色。

主要营养功效：含有较高的脂肪，多为不饱和脂肪酸，具有降低胆固醇的作用，同时带鱼含有丰富的镁元素，对心血管还有很好的保护作用。

带鱼与葡萄相克

相克原因：共同食用会降低二者的营养价值，不利于人体对营养成分的吸收。

带鱼与南瓜相克

相克原因：二者共同食用可以引起腹泻。

 鳗鱼

鳗鱼别名白鳗、白鳝、青鳝。分为海鳗和河鳗，为名贵食用鱼类。

主要营养功效：滋补价值较高，含有蛋白质、脂肪、钙、铁、钾、维生素等营养元素，具有润泽皮肤、软化血管、保护心血管的作用。

鳗鱼与牛肝相克

牛肝即牛的肝脏，洗净再用。

主要营养功效：味甘，性平。能补肝明目、养血。用于肝血不足、视物不清、夜盲症及血虚萎黄等症。

相克原因：如果二者同食，易产生某些生化反应，不利于人体健康。

鳕鱼

鳕鱼又名鳘鱼，是主要食用鱼类之一。鳕鱼原产自从北欧至加拿大及美国东部的北大西洋寒冷水域。

主要营养功效：鳕鱼富含丰富的蛋白质、维生素 A、维生素 D、钙、镁、硒等营养元素，含有丰富的镁元素，对心血管系统有很好的保护作用，有利于预防高血压、心肌梗死等心血管疾病。

鳕鱼与香肠相克

相克原因：鳕鱼中含有胺类物质，香肠含有亚硝酸，二者同食会产生亚硝酸铵，对肝脏有不利的影响。

鱿鱼

鱿鱼属软体动物，是乌贼的一种，身体呈圆锥形。鱿鱼，虽然习惯上称它们为鱼，其实它们并不是鱼，而是生活在海洋中的软体动物。

主要营养功效：鱿鱼含有丰富的蛋白质，同时含有人体所需的氨基酸，又是含有大量牛磺酸的低热量食物，可以抑制血液中的胆固醇含量，具有缓解疲劳、改善肝脏功能的功效。

鱿鱼与碱相克

碱是指有别于工业用碱的纯碱（碳酸钠）和小苏打（碳酸氢钠）。

主要营养功效：食碱性热，味苦涩，

具有去湿热、化食滞、解毒制酸的作用。

相克原因：二者同食可以产生化学反应，产生一种具有不良气味的谷氨酸二钠，对身体健康不利。

三文鱼

三文鱼也叫撒蒙鱼或萨门鱼，学名鲑鱼，是世界著名的淡水鱼类之一。

主要营养功效：含有丰富的不饱和脂肪酸，能有效降低血液中的胆固醇，对防止心血管疾病有一定作用，同时能有效预防糖尿病，促进机体的吸收。

三文鱼与大枣相克

大枣又名红枣、干枣、枣子，起源于中国。

主要营养功效：大枣含有机酸、三萜苷类、生物碱类、黄酮类、糖类、维生素类以及谷甾醇、豆甾醇、链甾醇，亦含有 cAMP 和 cGMP。具有补脾和胃、益气生津、调营卫、解药毒的功效。

相克原因：二者共同食用容易引起消化不良，会导致肠胃受损。

螃蟹

螃蟹属动物界节肢动物门甲壳纲十足目爬行亚目。螃蟹是甲壳类动物，它们的身体被硬壳保护着。螃蟹靠鳃呼吸。

主要营养功效：螃蟹含有丰富的蛋白质及微量元素，对身体有很好的滋补作用。螃蟹还有抗结核作用，吃蟹对结核病的康复大有补益。

螃蟹与番茄相克

相克原因：螃蟹与番茄二者同食不利于身体健康，有可能导致中毒。

螃蟹与樱桃相克

樱桃属于蔷薇科落叶乔木果树，樱桃成熟时颜色鲜红、玲珑剔透、味美形娇、营养丰富。

主要营养功效：含糖、枸橼酸、酒石酸、胡萝卜素、维生素C、铁、钙、磷等成分，味甘、酸，性微温。能益脾胃、滋养肝肾、涩精、止泻。

相克原因：两者同食会造成钙质沉淀，从而影响营养成分的吸收。

螃蟹与泥鳅相克

泥鳅，身体细长，前段略呈圆筒形。后部侧扁，腹部圆，头小、口小、下位，马蹄形。

主要营养功效：泥鳅肉质鲜美，营养丰富，富含蛋白质和多种维生素，并具有药用价值，其味甘，性平，有补中益气、养肾生精之功效，同时具有抗菌消炎的作用。

相克原因：二者同吃可能会引起中毒，不利于身体健康。

➡️ 对虾

对虾属于节肢动物门有鳃亚门甲壳纲软甲亚纲十足目游泳亚目对虾科对虾属。中国对虾是对虾属的主要种类之一，俗称"对虾"。

主要营养功效：对虾营养丰富，且其肉质松软，易消化，对身体虚弱以及病后需要调养的人是极好的食物；对虾中含有丰富的镁，镁对心脏活动具有重要的调节作用，能很好地保护心血管系统，它可以减少血液中胆固醇含量，防止动脉硬化，同时还能扩张冠状动脉，有利于预防高血压及心肌梗死。

对虾与果汁相克

果汁是以水果为原料经过物理方法如压榨、离心、萃取等得到的汁液产品，一般是指纯果汁或100%果汁。

主要营养功效：果汁中保留有水果中相当一部分营养成分，例如维生素、矿物质、糖分和膳食纤维中的果胶等。

相克原因：二者同食，会使腥味加重，不利于海鲜味道的喷发。

对虾与葡萄相克

相克原因：葡萄中含有鞣酸，虾中含有比较丰富的蛋白质和钙等营养物质，两者同食降低蛋白质的营养价值，而且鞣酸和钙离子结合形成不溶性结合物刺激肠胃，引起人体不适。

➡️ 田螺

田螺泛指田螺科的软体动物，属于软体动物门腹足纲前鳃亚纲田螺科。

主要营养功效：田螺含有丰富的蛋白质、维生素和人体必需的氨基酸和微量元素，还含有丰富的B族维生素，是典型的高蛋白、低脂肪、高钙质的天然保健食物。

田螺与胡萝卜相克

胡萝卜又称甘荀，是伞形科胡萝卜属

二年生草本植物，以肉质根作蔬菜食用。

主要营养功效：胡萝卜含蛋白质、脂肪、糖类、铁、维生素 A（胡萝卜素）、B 族维生素、维生素 C。另含果胶、淀粉、无机盐和多种氨基酸。中医认为胡萝卜味甘，性平，有健脾和胃、补肝明目、清热解毒、壮阳补肾、透疹、降气止咳等功效。

相克原因：如果两者共同食用会降低两种食物的营养价值，不利于人体的营养吸收。

田螺与黑木耳相克

相克原因：两者同食可能会引起中毒反应。

牡蛎

牡蛎又名生蚝，属牡蛎科（真牡蛎）或燕蛤科（珍珠牡蛎），双壳类软体动物。

主要营养功效：牡蛎中含有丰富的糖原，是人体进行新陈代谢的直接能量来源，可以被快速吸收，从而改善心脏和血液循环功能。

牡蛎与带鱼相克

相克原因：二者共同食用会大大降低人体对锌的吸收能力。

牡蛎与柠檬相克

柠檬，又称柠果、洋柠檬、益母果等。因其味道极酸，肝虚孕妇最喜食，故称益母果或益母子。

主要营养功效：柠檬含有烟酸和丰富的有机酸，同时含有维生素 C，其味极酸，柠檬酸汁有很强的杀菌作用，柠檬味酸甘，性平，入肝，有化痰止咳、生津、健脾的功效。

相克原因：两者同食容易引起中毒，维生素 C 和牡蛎中无毒的五价砷化合物容易转化为砒霜。

牡蛎与糖相克

相克原因：两者同食会使身体不适，容易导致胸闷、气短。

海带

海带，别名昆布、江白菜，是一种营养价值很高的蔬菜。

主要营养功效：海带含有磷、钙、铁、胡萝卜素及大量的膳食纤维，具有化痰、清热利尿的功效。经常吃海带可以降低血液中的胆固醇。

海带与茶相克

茶原为中国南方的嘉木，茶叶是种著名的保健饮品。

主要营养功效：强心、利尿、醒脑提神、减肥。

相克原因：吃海带后不适宜马上饮茶，会阻碍铁的吸收。

家庭常食蔬菜相克

 茄子

茄子，江浙人称为六蔬，广东人称为矮瓜，是茄科茄属一年生草本植物。

主要营养功效：茄子含有蛋白质、脂肪、碳水化合物、维生素以及钙、磷、铁等多种营养成分，特别是维生素P的含量很高，能提高微血管的抵抗力，可以有效防止小血管出血，还具有清热止血、消肿止痛的功效。

茄子与毛蟹相克

毛蟹即螃蟹的一种。

相克原因：同食会中毒，可以用藕解毒。

 黄瓜

黄瓜，也称胡瓜、青瓜，属葫芦科植物。

主要营养功效：黄瓜所含的热量在所有蔬菜中是比较低的，而且能够占据胃的空间，使摄入的热量减少，所以对减肥有一定帮助，经常食用或用来敷面能防止皮

肤老化，减少皱纹的产生。

黄瓜与花生相克

花生又名金果、长寿果、长果、番豆、金果花生、无花果、地果、地豆、唐人豆、花生豆、落花生和长生果。

主要营养功效：花生果具有很高的营养价值，内含丰富的脂肪和蛋白质，具有降低胆固醇、延缓人体衰老、促进儿童骨骼发育的功效。

相克原因：二者同食，容易导致腹内饥寒、腹泻。

黄瓜和花椰菜相克

花椰菜，又称花菜、菜花、椰菜花，是一种蔬菜。

主要营养功效：花椰菜营养丰富，含有蛋白质、脂肪、磷、铁、胡萝卜素、维生素B_1、维生素B_2和维生素C、维生素A等，尤以维生素C最为丰富，可以提高肝脏解毒能力、增强人体免疫力、维护血管韧性，还可以起到预防癌症的作用。

相克原因：由于花菜中含有丰富的维生素C，而黄瓜中含有维生素C的分解物质，会降低黄瓜的营养价值。

黄瓜与芹菜相克

相克原因：二者同食会降低营养成分的吸收，特别是维生素C的吸收。

 苦瓜

苦瓜又名凉瓜，是葫芦科植物，为一年生攀缘草本。

主要营养功效：苦瓜的蛋白质成分及

食物相克篇

大量维生素 C 能提高机体的免疫功能，苦瓜气味苦、无毒、性寒，入心、肝、脾、肺经，具有清热祛暑、明目解毒、降压降糖、利尿凉血、解劳清心、益气壮阳之功效。

苦瓜和沙丁鱼相克

沙丁鱼，香港人称沙甸鱼，又称萨丁鱼、鰛和。

主要营养功效：沙丁鱼富有惊人的营养价值，富含磷脂即 OMEGA−3 脂肪酸、蛋白质和钙。可防止血栓形成，对治疗心脏病有特效。

相克原因：二者同食会引发荨麻疹，不利于身体健康。

苦瓜与牛奶相克

牛奶，是最古老的天然饮料之一。

主要营养功效：牛奶的营养成分很高，牛奶中的矿物质种类也非常丰富，除了我们所熟知的钙以外，磷、铁、锌、铜、锰、钼的含量都很多。牛奶味甘、性平、微寒，入心、肺、胃经。具有补虚损、益肺胃、生津润肠之功效。

相克原因：苦瓜中含有草酸不适合与含钙丰富的牛奶同食，二者容易发生化学反应，容易形成不利于人体吸收的草酸钙，从而失去了营养物质。

➜ 土豆

土豆学名马铃薯，是茄科茄属一年生草本。其块茎可供食用，是重要的粮食、蔬菜兼用作物。

主要营养功效：马铃薯具有很高的营养价值和药用价值，含淀粉 9% ~ 20%、蛋白质 1.5% ~ 2.3%、脂肪 0.1% ~ 1.1%、粗纤维 0.6% ~ 0.8%。味甘，性平。能补脾益气、缓急止痛、通利大便。

土豆与石榴相克

石榴，别名安石榴、海榴，石榴科石榴属。

主要营养功效：石榴性温，味甘酸涩，入肺、肾、大肠经，具有生津止渴、收敛固涩、止泻止血的功效。

相克原因：二者同食，可能会引起中毒。

土豆与番茄相克

相克原因：土豆会在胃中形成酸性物质，而番茄在酸性条件下会产生不溶于水的沉淀，从而导致食欲不振、消化不良。

土豆与香蕉相克

相克原因：二者同食可能会引起面部生斑。

➜ 莴笋

莴笋别名茎用莴苣、莴苣笋、莴菜、香莴笋、千金菜、莴苣菜等。

主要营养功效：莴笋含有多种人体所需微量元素，包括锌、铁，尤其是铁元素，很容易为人体所吸收，对缺铁性贫血有一定帮助。

莴笋与蜂蜜相克

相克原因：蜂蜜的食物药性属凉性，莴笋性冷，两者同食，不利于肠胃，会导致腹泻。

→ 芹菜

芹菜，属伞形科植物。有水芹、旱芹两种。

主要营养功效：芹菜中含有多种营养成分，其味甘辛，无毒；入肺、胃、肝经，具有清热解毒、养血补虚、镇静安神、促进消化的作用。

芹菜与蛤蜊相克

蛤蜊不仅味道鲜美，而且它的营养也比较全面，实属物美价廉的海产品。

主要营养功效：蛤蜊含有蛋白质、脂肪、碳水化合物、铁、钙、磷、碘、维生素、氨基酸和牛磺酸等多种成分，是一种低热能、高蛋白，能防治中老年人慢性病的理想食品。

相克原因：蛤蜊中含有 B 族维生素分解酶，二者同食会破坏芹菜中的 B 族维生素。

芹菜与鸡肉相克

相克原因：两者同食会伤害元气，而且不利于人体对营养成分的吸收。

芹菜与黄瓜相克

相克原因：两者同食会破坏维生素 C，从而降低营养价值。

芹菜与醋相克

醋是以米、麦、高粱、甜高粱或酒、酒糟等酿成的含乙酸的液体。

主要营养功效：醋的成分通常含有 3% ～ 5% 的醋酸，有的还有少量的酒石酸、柠檬酸等。具有开胃、消除疲劳的养生作用。

相克原因：二者同食会损伤牙齿。

→ 韭菜

韭菜，属百合科多年生草本植物，以种子和叶等入药。韭菜还叫草钟乳、起阳草、长生草，又称扁菜，是一种人们常吃的蔬菜。

主要营养功效：韭菜是调味的佳品，含有挥发油及硫化物、蛋白质、脂肪、糖类、B 族维生素、维生素 C 等，具健胃、提神、止汗固涩、补肾助阳、固精等功效。

韭菜与牛奶相克

相克原因：牛奶中含有多种草酸，与韭菜共同食用会降低人体对钙质的吸收。

韭菜与白酒相克

白酒由淀粉或糖质原料制成酒醅或发酵醪经蒸馏而得，又称烧酒、老白干、烧刀子等。

主要营养功效：白酒的主要成分是乙醇和水（占总量的 98% ～ 99%），而溶于其中的还有酸、酯、醇、醛等种类众多的微量有机化合物。

相克原因：白酒甘辛味苦，韭菜辛温，吃韭菜时喝白酒，会使身体燥热。

韭菜与菠菜相克

相克原因：两者同食会引起滑肠，容易引发肠胃疾病。

韭菜与红酒相克

红酒的成分相当复杂，是经自然发酵酿造出来的果酒。

主要营养功效：红酒是以葡萄为原料的葡萄酒，是一种营养丰富的饮料。它含有人体维持生命活动所需的 3 大营养素：维生素、糖类及蛋白质，可以促进消化、增加食欲、降低血脂、软化血管，对治疗和预防多种疾病都有作用。

相克原因：两者同食容易引起肠胃疾病，也会影响红酒的口感。

菠菜

菠菜，藜科菠菜属一年生或二年生草本植物，又称波斯草。

主要营养功效：菠菜中含有丰富的维生素，含锌 56 ~ 68 毫克／千克、叶酸 1.22 微克／克、氨基酸和叶黄素、β－胡萝卜素，具有通肠导便、促进生长发育、增强抗病能力、促进人体新陈代谢的功效。

菠菜与瘦肉相克

相克原因：瘦肉中含有锌，而菠菜中含铜，二者共同食用会降低人体对铜的吸收，而铜是制造红细胞的重要物质之一。

菠菜与牛奶相克

相克原因：两者共同食用容易引起腹泻，可以用绿豆解毒。

菠菜与乳酪相克

相克原因：乳酪中含有丰富的钙质，菠菜中含有草酸，两者混合容易产生沉淀，从而影响钙的吸收。

白菜

白菜原产于我国北方，是十字花科芸薹属叶用蔬菜，通常指大白菜，也包括小白菜以及由甘蓝栽培变种的结球甘蓝，即"圆白菜"或"洋白菜"。

主要营养功效：白菜含有丰富的维生素和粗纤维，不但能起到护肤养颜润肠、促进排毒的作用，又有刺激肠胃蠕动、促进大便排泄、帮助消化的功能。

白菜与兔肉相克

相克原因：二者共食，会降低白菜的营养价值。

白菜与甘草相克

甘草是一种补益中草药。药用部位是根及根茎。

主要营养功效：甘草能补脾益气、清热解毒、祛痰止咳、缓急止痛、调和诸药，用于脾胃虚弱、倦怠乏力、心悸气短。

相克原因：二者同食可能会引起身体不适，从而影响机体负担。

白菜与白术相克

白术为多年生草本植物，喜凉爽气候，以根茎入药。

主要营养功效：有健脾益气、燥湿利水、止汗、安胎的功效。

相克原因：二者同食会降低各种营养成分的吸收。

蒜薹

蒜薹是大蒜长出的花莛，是人们喜欢

吃的蔬菜之一，容易被误写为"蒜苔"。

主要营养功效：蒜薹含有丰富的维生素C，有预防动脉硬化和冠心病的作用，可以防止血栓的形成，能保护肝脏。

蒜薹与蜂蜜相克

相克原因：两者共食容易上火，耗血而影响视力。

白萝卜

白萝卜，根茎类蔬菜，十字花科萝卜属植物。

主要营养功效：白萝卜含有丰富的维生素C和微量元素锌，同时含有消化酶素淀粉，能够防止胃酸过多，萝卜味甘、辛，性凉，入肺、胃，具有清热生津、下气宽中、消食化滞、开胃健脾、顺气化痰的功效。

白萝卜与胡萝卜相克

相克原因：胡萝卜中的某些元素会破坏白萝卜中的维生素C，降低两者的营养价值。

白萝卜与橘皮相克

橘皮，又称为陈皮，为芸香科植物橘及其栽培变种的成熟果皮。

主要营养功效：橘皮一般被作为中药药材，中医认为对理气、调中、燥湿、化痰有功效。治胸腹胀满、不思饮食、呕吐哕逆、咳嗽痰多，也对解鱼、蟹毒有一定的辅助功效。

相克原因：二者同食可能会导致甲状腺肿大，不利于机体健康，可能会产生危害，因此不适宜共同食用。

胡萝卜

胡萝卜，又称甘荀，是伞形科胡萝卜属二年生草本植物，以肉质根作蔬菜食用。

主要营养功效：胡萝卜是一种质脆味美、营养丰富的家常蔬菜，素有"小人参"之称。胡萝卜富含糖类、脂肪、挥发油、胡萝卜素、维生素A、维生素B_1、维生素B_2、花青素、钙、铁等营养成分。能够增强人体免疫力，有抗癌的作用。

胡萝卜与白萝卜相克

相克原因：见白萝卜中的介绍。

胡萝卜与山楂相克

山楂，可食用植物，质硬，果肉薄，味微酸涩。

主要营养功效：山楂中含有一种叫牡荆素的化合物，具有防癌、抗癌作用。日常生活，可把山楂当成零食，也可在汤、菜中加入几块山楂，味道更加鲜美。

相克原因：胡萝卜中含有维生素分解酶，如果二者同食，容易将维生素C分解破坏，从而降低营养价值。

胡萝卜与人参相克

人参，多年生草本植物，喜阴凉、湿润的气候，多生长于昼夜温差小的海拔500～1100米山地缓坡或斜坡地的针阔混交林或杂木林中。

主要营养功效：人参能大补元气、复脉固脱、补脾益肺、生津止渴、安神益智。

相克原因：二者同食可能会引起腹胀、

腹痛加剧，也不利于两者各自营养成分的吸收。

辣椒

辣椒，又叫番椒、海椒、辣子、辣角、秦椒等，是一种茄科辣椒属植物。

主要营养功效：辣椒中含有多种营养成分，有丰富的维生素C，同时含有抗氧化物质，能增强人体的体力，缓解疲劳，可以控制心脏病，降低胆固醇。

辣椒与胡萝卜相克
相克原因：胡萝卜中含有维生素C分解酶，会降低辣椒的营养价值。

辣椒与黄瓜相克
相克原因：黄瓜中含有维生素分解酶，二者同食会破坏维生素C。

冬瓜

冬瓜又名枕瓜、白瓜、水芝。喜温耐热，产量高，耐贮运，是夏秋季节的重要蔬菜品种之一。

主要营养功效：冬瓜性寒，可以养胃生津，有良好的清热解暑的功效，夏季多吃冬瓜可以消暑，同时对利尿有一定帮助作用。

冬瓜与鲫鱼相克
相克原因：二者同食容易造成身体脱水。

芋头

多年生块茎植物，常作一年生作物栽培。叶片盾形，叶柄长而肥大，呈绿色或紫红色。

主要营养功效：芋头中含有多种营养物质，有淀粉、矿物质以及维生素，芋头味甘辛，性平，有小毒，归肠、胃经；具有益胃、宽肠、通便、解毒、补中益肝肾、消肿止痛、健脾、散结、调节中气、化痰、添精益髓等功效。

芋头与香蕉相克
相克原因：两者都属于饱腹食物，如果两者同食，会引起腹胀。

洋葱

洋葱又名球葱、圆葱、玉葱、葱头、荷兰葱，属百合科蒜属，为二年生草本植物。

主要营养功效：洋葱中含有微量元素硒，可以降低癌症的发生，同时具有平肝润肠、降低血糖的作用，有帮助消化、预防感冒等作用。

洋葱与蜂蜜相克
相克原因：二者同食会对眼睛产生不利影响，因此二者慎重同食。

西葫芦

别名菱瓜、白瓜、番瓜、美洲南瓜、云南小瓜、菜瓜、荨瓜。

主要营养功效：西葫芦含有较多的维

生素 C、葡萄糖等营养物质，尤其是钙的含量极高。不同品种每 100 克可食部分（鲜重）营养物质含量如下：蛋白质 0.6 ～ 0.9 克、脂肪 0.1 ～ 0.2 克、纤维素 0.8 ～ 0.9 克、糖类 2.5 ～ 3.3 克、胡萝卜素 20 ～ 40 微克、维生素 C2.5 ～ 9 毫克，钙 22 ～ 29 毫克。中医认为西葫芦具有清热利尿、除烦止渴、润肺止咳、消肿散结的功能。

西葫芦与番茄相克

相克原因：番茄中含有多种维生素，容易被西葫芦中的维生素分解酶破坏，从而降低营养价值。

苹果

苹果，落叶乔木，叶子椭圆形，花白色带有红晕。果实圆形，味甜或略酸，是常见水果。

主要营养功效：苹果中含有多种丰富的营养物质，包含多糖、果胶、酒石酸、钾离子，这些物质可以降低酸性，从而缓解疲劳，苹果中含有丰富的锌，具有增强

记忆力的功效，中医理论认为，苹果味甘性凉，具有生津止渴、健脾益胃、醒酒等功效。

苹果与胡萝卜相克

相克原因：二者同食，在肠道消化过程中经消化分解，可以产生抑制甲状腺作用的物质，可能会诱发甲状腺肿大。

梨

一种水果的名称，我国是梨属植物中心发源地之一，亚洲梨属的梨大都源于亚洲东部。

主要营养功效：梨中的维生素 C 是心脏病患者的健康元素。梨同时含有钙、磷、铁、蛋白质、脂肪、胡萝卜素等，具有生津、润燥、清热、化痰等功效，适用于热病伤津烦渴、消渴症、热咳、痰热惊狂、噎膈、口渴失音、眼赤肿痛、消化不良等症。

梨与猪肉相克

相克原因：二者同食可能会伤害肾脏。

梨与螃蟹相克

相克原因：二者同食，对胃肠有刺激作用，容易影响肠胃的消化作用，从而加重肠胃负担。

梨与开水相克

煮沸后自然冷却的水叫白开水。

主要营养功效：白开水不仅解渴，而且最容易透过细胞促进新陈代谢，调节体温，增加血液中血红蛋白含量，增进机体免疫功能，提高人体抗病能力。

相克原因：食梨后喝白开水容易刺激肠胃，会引发腹泻。

香蕉

别名甘蕉、芎蕉、香牙蕉、蕉子、蕉果。

主要营养功效：香蕉果肉营养价值颇高，每100g果肉含碳水化合物20g、蛋白质1.2g、脂肪0.6g；此外，还含多种微量元素和维生素。其中维生素A能促进生长，增强人体对疾病的抵抗力，是维持正常的生殖力和视力所必需的；硫胺素能抗脚气病，促进食欲、助消化，保护神经系统；核黄素能促进人体正常生长和发育。

香蕉与西瓜相克

相克原因：二者同食容易引起腹泻。

香蕉与地瓜相克

地瓜学名红薯，又名番薯、甘薯、山芋、红苕、线苕、白薯、金薯、甜薯、朱薯、枕薯等。

主要营养功效：地瓜含有丰富的淀粉、膳食纤维、胡萝卜素、维生素A、B族维生素、维生素C、维生素E以及钾、铁、铜、硒、钙等10余种微量元素和亚油酸等，营养价值很高，被营养学家们称为营养最均衡的保健食品。这些物质能保持血管弹性，对防治老年习惯性便秘十分有效。

相克原因：二者同食可能会引起身体不适，增加肠胃负担，因此不适宜同食。

西瓜

西瓜，属葫芦科，原产于非洲。西瓜是一种双子叶开花植物，形状像藤蔓，叶子呈羽毛状。

主要营养功效：西瓜包含人体所需要的多种营养元素，含有葡萄糖、果糖、蔗糖、维生素、胡萝卜素、蛋白质及各种氨基酸。具有清热解暑、解烦渴、利小便、解酒毒等功效。

西瓜与羊肉相克

相克原因：二者同食会伤元气，可引起机体不适，如出现不适应症状，可用甘草解毒。

葡萄

葡萄属落叶藤本植物，掌叶状，3~5缺裂，复总状花序，通常呈圆锥形，浆果多为圆形或椭圆形，色泽随品种而异。

主要营养功效：葡萄含糖量高，以葡萄糖为主。葡萄中的多量果酸有助于消化，适当多吃些葡萄，能健脾和胃。葡萄中含有矿物质钙、钾、磷、铁、蛋白质以及多种维生素，还含有多种人体所需的氨基酸，常食葡萄对神经衰弱、疲劳过度大有裨益，有补气血、益肝肾、生津液、强筋骨、止咳除烦、补益气血、通利小便的功效。

葡萄与人参相克

相克原因：二者同食会引起身体的不适。

葡萄与海鲜相克

出产于海里的可食用的动物性或植物性原料通称为海鲜。海鲜多指海味。

相克原因：二者同食容易引起呕吐、腹泻、腹痛。

桃子

桃属于蔷薇科桃属植物。我国桃子品种极为丰富，据统计全世界有约 1000 个品种。

主要营养功效：桃的果肉中富含蛋白质、脂肪、糖、钙、磷、铁和 B 族维生素、维生素 C 及大量的水分，对慢性支气管炎、支气管扩张症、肺纤维化、肺不张、矽肺、肺结核等出现的干咳、咳血、慢性发热、盗汗等症，可起到养阴生津、补气润肺的保健作用。

桃子与萝卜相克

相克原因：二者同食容易引起甲状腺肿大。

桃子与螃蟹相克

相克原因：二者同食会引起腹泻和腹胀。

山楂

山楂，可食用植物，质硬，果肉薄，味微酸涩。落叶灌木。

主要营养功效：山楂中含有的营养成分较高，几乎水果中含有的所有营养成分都包含，尤其是维生素 C 的含量较高，山楂的含钙量也较高。

山楂与猪肝相克

相克原因：两者同食会破坏维生素 C 和影响金属微量元素的吸收，从而降低营养成分。

火龙果

火龙果，本名青龙果、红龙果，原产于中美洲热带。

主要营养功效：火龙果味甘，性平，主要营养成分有蛋白质、膳食纤维、维生素 B_2、维生素 B_3、维生素 C、铁、磷、镁、钾等，具有美白、降低胆固醇、润肠、促进胃肠的消化的功效。具有强精、补肾、美容、嫩肤、强心、壮身、补脑、提神、润肠、益胃、补气、和血、延年益寿之功效。

火龙果与山楂相克

相克原因：二者同食品会引起消化不良，可能会导致腹胀腹痛等不良症状。

樱桃

樱桃属于蔷薇科落叶乔木果树，樱桃成熟时颜色鲜红、玲珑剔透、味美形娇。

主要营养功效：樱桃含有丰富的维生素 A、维生素 C、B 族维生素，以及钙、铁等物质。对通风、关节炎、高血压有一定的帮助作用。

樱桃与黄瓜相克

相克原因：黄瓜中含有维生素 C，二者同食会降低各自维生素 C 的营养价值。

草莓

草莓又叫红莓、洋莓、地莓等，是一种红色的水果。

主要营养功效：草莓中含有维生素和

果胶，对改善便秘有一定帮助，草莓中所含的胡萝卜素是合成维生素 A 的重要物质，具有明目养肝的作用，对胃肠道和贫血均有一定的滋补调理作用，具有清暑解热、生津止渴、利尿止泻、利咽止咳之功效。

草莓与樱桃相克

相克原因：二者同食容易引起上火。

甜橙

甜橙为芸香科，柑果树又名广柑、黄果、橙、广橘。

主要营养功效：甜橙中含有丰富的营养元素，如含有蛋白质、脂肪、碳水化合物、钙、磷、铁、胡萝卜素等，性温，味辛微苦，入肺、脾、胃、肝经。具有开胃消食、生津止渴、理气化痰、解毒醒酒的功效。

甜橙与螃蟹相克

相克原因：两者同食，可以使人腿部无力，对身体产生不适。

甜橙与兔肉相克

相克原因：两者同时可能会产生肠胃不适的症状，对胃肠有破坏作用。

猕猴桃

猕猴桃，是中华猕猴桃栽培种水果的称谓。也称猕猴梨、藤梨、羊桃、阳桃、木子与毛木果等。

主要营养功效：猕猴桃果实肉肥汁多，清香鲜美，甜酸宜人，它除含有丰富的维生素 C、维生素 A、维生素 E 以及钾、镁、膳食纤维之外，还含有其他水果比较少见的营养成分——叶酸、胡萝卜素等，具有减少肠胃不适、提高免疫力、改善消化不良、解决胃虚弱等功效。

猕猴桃与黄瓜相克

相克原因：两者同食会破坏维生素 C 的吸收，从而降低营养价值。

哈密瓜

哈密瓜，属葫芦科植物，是甜瓜的一个变种。古称甜瓜、甘瓜、网纹瓜，维吾尔语称"库洪"，源于突厥语"卡波"，意思即"甜瓜"。

主要营养功效：哈密瓜不但风味佳，而且富有营养价值。据分析，哈密瓜的干物质中，含有 4.6% ~ 15.8% 的糖分、纤维素 2.6% ~ 6.7%，还有苹果酸、果胶物质、维生素 A、B 族维生素、维生素 C、烟酸以及钙、磷、铁等元素。具有消暑、除烦恼、生津止渴的作用，是解暑的最佳水果。

哈密瓜与梨相克

相克原因：二者同食，容易引起腹胀、腹痛。

哈密瓜与香蕉相克

相克原因：二者同食，容易加重肾衰病症，会使有关节炎的人病情加重。

家庭常食其他食物相克

大米

大米是稻谷经清理、砻谷、碾米、成品整理等工序后制成的成品。

主要营养功效：大米中含有蛋白质、淀粉、脂肪和其他矿物元素，是机体热量的主要来源。从中医角度讲具有补中养胃、益精强志、聪耳明目、和五脏、通四脉、止烦、止渴、止泻等作用。

大米和蜂蜜相克

相克原因：二者同食可导致消化不良，从而引起肠胃不适。

大米和碱相克

相克原因：碱会破坏大米中的维生素，从而降低营养成分。

小米

学名谷子，谷子即粟。小米即是谷子碾出的。

主要营养功效：小米中含有丰富的营养物质，包含蛋白质、维生素 B_2、烟酸、钙、铁等，适宜老人、孩子等身体虚弱的人滋补。同时常吃小米还能起到降血压、防治消化不良、补血健脑、安眠等功效。还能减轻皱纹、色斑、色素沉积，有美容的作用。

小米与杏仁相克

杏仁别名杏核仁、杏子、木落子、苦杏仁、杏梅仁、杏、甜梅。

主要营养功效：杏仁含有多种营养成分，在药用价值上具有祛痰止咳、平喘、润肠、下气开痹的功效。

相克原因：二者同食会使人呕吐、腹泻，引起身体不适。

面粉

面粉是指小麦粉，即用小麦磨出来的粉。

主要营养功效：面粉中含有丰富的营养物质，包括蛋白质和维生素以及脂肪酸等，具有缓和神经紧张、解热、润脏腑的功效。

面粉与田螺相克

相克原因：二者同食会引起腹痛、呕吐等现象。

玉米

玉米，也称玉蜀黍、包谷、苞米、棒子；粤语称为粟米。

主要营养功效：玉米中含有丰富的膳食纤维，可以促进肠胃功能，长期吃玉米对降脂、健脑、促进血液循环有很好的功效。

玉米与菌类相克

菌类是可以食用的大型真菌的总称。具体指大型真菌中，能形成具有胶质或肉质的子实体或菌核组织，并能食用或药用的菌类。

主要营养功效：食用菌的特点为高蛋白，无胆固醇、无淀粉，低脂肪、低糖，多膳食纤维、多氨基酸、多维生素、多矿物质。具有增强免疫力、抗肿瘤、抗病毒、抗辐射、抗衰老、防治心血管病、保肝、健胃、减肥等功效。

相克原因：玉米中含有木质纤维素，菌类富含纤维素，两者不适宜搭配，会降低营养成分的吸收。

 绿豆

绿豆又名青小豆，因其颜色青绿而得名，在我国已有两千余年的栽培史。

主要营养功效：绿豆具有粮食、蔬菜、绿肥和医药等用途，是我国人民的传统豆类食物。绿豆蛋白质的含量很高，含多种维生素、钙、磷、铁等多种营养成分，绿豆性味甘凉，有清热解毒、清暑益气、止渴利尿、补充营养、增强体力的功效。

绿豆与番茄相克

相克原因：二者同食容易伤元气，从而引起身体不适。

绿豆与羊肉相克

相克原因：二者同食会导致肠胃胀气，不利于身体健康。

 豆腐

豆腐的原料是黄豆、绿豆、白豆、豌豆等。

主要营养功效：豆腐高蛋白、低脂肪，有降血压、降血脂、降胆固醇的功效。老幼皆宜，是养生摄生、益寿延年的美食佳品。味甘，性微寒。能补脾益胃、清热润燥、利小便、解热毒。

豆腐与菠菜相克

相克原因：菠菜中含有大量草酸，豆腐中含钙，二者结合容易形成草酸钙，不容易为人体所吸收。

豆腐与葱相克

葱是多年生草本植物，叶圆筒状，中空，茎叶有辣味，是常用的蔬菜或调味品，兼作药用，品种很多。

主要营养功效：葱含有蛋白质、脂肪、碳水化合物、钙、磷、铁和胡萝卜素等多种营养元素，在中医药学中对感冒风寒、恶寒发热、无汗、头痛，阴寒内盛的腹痛、二便不通、虫积内阻，痢疾等有功效。

相克原因：二者同食容易形成草酸钙，而不易为人体吸收。

豆腐与桃核相克

相克原因：二者同食容易引起腹胀、腹痛等。

 芝麻

芝麻又称胡麻，属脂麻科，是胡麻的籽种。

主要营养功效：芝麻含有大量的脂肪和蛋白质，还含有膳食纤维、维生素 B_1、维生素 B_2、烟酸、维生素 E、卵磷脂、钙、铁、镁等营养成分。芝麻味甘，性平，入肝、肾、肺、脾经，具有调解胆固醇、补血明目、祛风润肠、生津通乳、益肝养发、强身体、抗衰老之功效。

芝麻与鸡肉相克

相克原因：由于鸡肉中含有丰富的蛋白质，食用过多容易增加肾脏负担，芝麻多油脂，二者同食可能引起中毒。

红豆

亦称"相思格"、"相思树"、"孔雀豆"。豆科，落叶乔木。种子凸镜形，鲜红色。

主要营养功效：性平，味甘酸，具有健脾止泻、利水消肿的功效。

红豆与羊肝相克

相克原因：二者同食可能会引起肠胃不适，不利于身体健康。

红豆与番茄相克

相克原因：二者同食容易伤害身体元气，从而不利于身体健康。

→ 鸡蛋

鸡蛋又名鸡卵、鸡子，是母鸡所产的卵。

主要营养功效：鸡蛋含有丰富的蛋白质、脂肪、维生素和铁、钙、钾等人体所需要的矿物质，蛋白质为优质蛋白，对肝脏组织损伤有修复作用，鸡蛋味甘，性平，

归脾、胃经，可补肺养血、滋阴润燥，用于气血不足、热病烦渴、胎动不安等，是扶助正气的常用食品。

鸡蛋与豆浆相克

相克原因：二者同食会产生对人体不利的物质，从而影响人体对营养成分的吸收。

鸡蛋与味精相克

味精是调味料的一种，主要成分为谷氨酸钠。味精的主要作用是增加食品的鲜味。

主要营养功效：味精对人体没有直接的营养价值，但它能增加食品的鲜味，引起人们食欲，有助于提高人体对食物的消化率。

相克原因：二者同食不但不能增加鲜味，反而降低鸡蛋味道。

→ 鸭蛋

主要营养功效：鸭蛋中有很多营养价值高的元素，含有蛋白质、脂肪以及各种氨基酸，同时含有钙、磷、铁等多种矿物质和人体所需的多种微量元素。鸭蛋味甘，性凉，具有滋阴清肺的作用，适合病后体虚、燥热咳嗽、咽干喉痛、高血压、腹泻痢疾等病患者食用。

鸭蛋与甲鱼相克

甲鱼俗称水鱼、团鱼和王八等，卵生两栖爬行动物。

主要营养功效：甲鱼有滋阴凉血、补益调中、补肾健骨、散结消痞等作用，可防治身虚体弱、肝脾肿大、肺结核等症。

相克原因：从食物药学角度说，二者

都属于凉性，不宜同食，容易使身体产生不适。

鸭蛋与桑葚相克

桑葚，为桑科落叶乔木桑树的成熟果实，桑葚又叫桑果、桑枣，味甜汁多，是人们常食的水果之一。

主要营养功效： 桑葚有改善皮肤（包括头皮）血液供应、营养肌肤、使皮肤白嫩及乌发等作用，并能延缓衰老。桑葚是中老年人健体美颜、抗衰老的佳果与良药。常食桑葚可以明目，缓解眼睛疲劳干涩的症状。

相克原因： 二者同食容易引起肠胃不适，影响身体健康。

 蜂蜜

蜂蜜，是蜜蜂用从开花植物的花中采得的花蜜在蜂巢中酿制成的黏稠液体。

主要营养功效： 蜂蜜是一种营养丰富的天然滋养食品，也是最常用的滋补品之一。据分析，含有与人体血清浓度相近的多种无机盐和维生素，多种有机酸和有益人体健康的微量元素，以及果糖、葡萄糖、淀粉酶、氧化酶、还原酶等，具有滋养、润燥、解毒、美白养颜、润肠通便之功效，对少年儿童咳嗽治疗效果很好。

蜂蜜与豆浆相克

豆浆是将大豆用水泡后磨碎、过滤、煮沸而成。豆浆营养非常丰富，且易于消化吸收。

主要营养功效： 豆浆极富营养和保健价值，富含蛋白质和钙、磷、铁、锌等几十种矿物质以及维生素 A、B 族维生素等多种维生素。豆浆蛋白质含量比牛奶还要高，另外豆奶中还含有大豆皂苷、异黄酮、卵磷脂等有防癌健脑意义的特殊保健因子。

相克原因： 豆浆中的蛋白质比蜂蜜高，两者相冲，产生沉淀，不易被人体吸收。

蜂蜜与豆腐相克

相克原因： 豆腐中含有大量的蛋白质；蜂蜜中含有多种酶，两者同食会降低营养价值。

蜂蜜与韭菜相克

相克原因： 韭菜中含有维生素 C，容易被蜂蜜中的矿物质铜、铁等离子氧化而使其降低营养价值。

科学饮食篇

- ●水果
- ●蔬菜
- ●饮水
- ●饮茶
- ●孕妇饮食
- ●哺乳期妈妈饮食
- ●家庭常见病症饮食

水果

水果种类繁多、营养丰富，深受人们的喜爱。饭后半小时食用一个水果可助消化，女性经常食用水果能美容养颜，水果餐还可以帮助减肥。但是许多水果都有其特性，如不充分了解，只凭自己的嗜好偏食、乱食，不仅无利于健康，还会危害身体，甚至造成生命危险，因此，食用水果一定要有讲究。以下列举了一些常见的水果，告诉人们在食用水果时应注意的一些小禁忌。

➔ 食用梨子的禁忌

梨子富含丰富的维生素A、B族维生素、维生素C、维生素D和维生素E，还含有能使人体细胞和组织保持健康状态的氧化剂。梨子口感脆甜，并且其热量和脂肪含量都很低。同时还有生津止渴、润燥化痰、润肠通便、清热安神的功效。

1. 梨子性寒，食用过多容易伤脾胃、

助阴湿，因此不宜过多食用。尤其是平时脾胃虚寒、易呕吐、腹部容易受凉者及产妇，更应该少食用。

2. 梨子有利尿的作用，夜间尿频者，睡前要少食用梨。

3. 梨子含有较多果酸，胃酸较多者不宜多食用。

4. 梨子因含糖量高，多吃会使血糖升高，因此，糖尿病患者应少食用。

➔ 食用桃子的禁忌

桃肉中含有丰富的果糖、葡萄糖、有机酸、挥发油、蛋白质、胡萝卜素、维生素C、钙、铁、镁、钾、膳食纤维等营养成分，有生津润肠、活血消积、丰肌美肤之功效。

1. 尚未成熟的桃子尽量别食用，否则会引起腹胀。

2. 桃子性温，大量食用容易上火。

3. 烂桃子内含有毒素，切记不可食用。

4. 桃肉里含有一定的糖分，糖尿病患者血糖过高时应少食用。

5. 桃子性温，孕妇食用过多会加重燥热，造成胎动不安。

➔ 食用苹果的禁忌

苹果属高纤维、低热量类食品，常吃苹果易产生饱腹感且热量摄入少，可帮助减肥。苹果富含叶酸，B族维生素的主要成分，它有助于预防心脏病的发生。

1. 苹果内含有发酵糖类，是一种较强的腐蚀剂，易诱发龋齿，所以，食用完苹果后（尤其是临睡前食用完苹果后），一定要刷牙或者漱口。

2. 苹果内富含钾盐，摄入过多不利于心、肾的保健，患有冠心病、心肌梗死、肾炎、糖尿病者，不宜过多食用。

3. 苹果内含粗纤维和有机酸，溃疡性结肠炎患者不宜过多食用，可能会诱发肠穿孔、肠扩张、肠梗阻等并发症。

食用山楂的禁忌

山楂含山楂酸等多种有机酸，味酸甘，并含解脂酶，可促进肉食消化，有助于胆固醇转化。如果食用肉类或油腻物后感到饱胀，可吃些山楂类食品帮助消化。

1. 山楂含有大量的有机酸、果酸、山楂酸等成分，切忌空腹食用，否则会使胃酸大量增加，对胃黏膜造成刺激作用，从而使胃部发胀、泛酸。

2. 过量食用山楂会耗气、损坏牙齿，体质虚弱者不宜多食。

3. 孕妇更不宜多食用山楂，山楂有破血散瘀的作用，能刺激子宫收缩，可能会诱发流产。

食用柿子的禁忌

柿子含有丰富的纤维素、钙、胡萝卜素、糖类、蛋白质及铁、碘等微量元素，具有清热、润肠、止血、降压的作用。常吃鲜柿子，还有养颜之功效。

1. 柿子中含有大量的单宁，具有较强的收敛性，会刺激肠壁收缩，减少肠液分泌，降低消化吸收功能，因此，柿子食用过多会造成大便干燥。

2. 柿子内含大量柿胶酚和果胶，与胃酸相结合会凝集成纤维性团块，柿子食用过多会导致胃部疼痛、消化不良。

3. 柿子中所含果胶还具有收敛作用，建议便秘者应少食用。

4. 尽量不要空腹食用柿子。

食用李子的禁忌

李子含有较多的氨基酸、脂肪、胡萝卜素、糖分、钙、铁以及维生素 B_1、维生素 B_2、维生素 C 等成分。李子可促进血红蛋白再生，贫血者可适量食用。而且它对肝病也有较好的缓和作用。

1. 李子易生痰，多食用可能损伤脾胃，发虚热，使腹胀，体质虚弱者不宜多食用。

2. 李子含有微量的氢氰酸，多食用会引起氰化物中毒。

3. 李子性凉，妇女月经期间，尤其痛经时，切勿食用。

食用菠萝的禁忌

菠萝营养丰富，含有多种人体所需的维生素及天然矿物质，能有效促进消化。

有些人食用菠萝后会引起过敏，过敏症状表现为：食用过菠萝后不久会出现腹痛、恶心、呕吐、腹泻等症状。因此，对菠萝过敏者应避免食用。

食用荔枝的禁忌

荔枝果肉营养丰富，含有葡萄糖、蔗糖、蛋白质以及大量的维生素 C，有补脑、健身、益智之功效。

1. 荔枝性温热，多吃易上火，引起体

内糖分代谢紊乱，诱发低血糖。

2.儿童不宜大量食用。

3.患有慢性扁桃体炎和咽喉炎者，多吃荔枝会加重虚火。

食用哈密瓜的禁忌

哈密瓜不但风味佳，而且富有营养。据分析，哈密瓜含有 4.6%～15.8% 的糖分，2.6%～6.7% 的纤维素，还含有苹果酸、果胶物质、维生素A、B族维生素、维生素C，烟酸以及钙、磷、铁等元素。具有美容、保健的作用，还有清凉消暑，除烦热，生津止渴的作用。

1.哈密瓜性凉，不宜吃得过多，以免引起腹泻。

2.患有脚气病、黄疸、腹胀、便溏、寒性咳喘以及产后、病后的人不宜多食；糖尿病患者慎食。

食用葡萄的禁忌

葡萄中含有丰富的葡萄糖及多种维生素，对保护肝脏、减轻腹水和下肢水肿的效果非常明显，还能提高血浆白蛋白，降低转氨酶。

1.吃葡萄后切忌立刻喝水，否则可能引起腹泻。

2.葡萄勿与牛奶同食。两者相互作用可能会伤胃，且会诱发腹泻、呕吐等症状。

3.食用海鲜后别食用葡萄。不利于消化，还可能出现呕吐、腹胀、腹痛、腹泻等症状。

4.食用葡萄后一定要漱口，能预防龋齿的产生。

食用西瓜的禁忌

西瓜含水量较多，可以帮助排除体内多余的水分，维持肾脏功能正常的运作，消除浮肿现象。

1.西瓜性凉，吃多了易造成腹胀、腹泻、食欲下降等症状，因此，体质虚弱者、胃溃疡者、月经过多者、慢性胃炎者以及年老体迈者，皆不宜多食用。

2.因西瓜含有较多的糖分，故糖尿病患者也不宜多食用西瓜。

3.不宜在饭前及饭后食用。过量食用西瓜，其大量水分会冲淡胃液，可能引起消化不良，导致胃肠道的抵抗能力下降。

4.少食用冰西瓜，减少对胃的刺激。

食用橘子的禁忌

橘子含有丰富的柠檬酸、维生素以及钙、磷、镁、钠等人体必需的元素。它具有理气、除燥、利湿、化痰、止咳、健脾和健胃的作用。

1.食用过多的橘子容易引起结石，损害牙齿和口腔。

2.阴虚体质者要少食用。橘子性温，多食易上火，易引起口舌生疮、口干舌燥、咽喉干痛、大便秘结等症状。

3.饭前或空腹不宜食用橘子。其果肉中的有机酸易对胃黏膜产生刺激。

4.不宜与萝卜同食，可能会诱发甲状腺肿。

食用石榴的禁忌

石榴含有多种人体所需的营养成分，

有促进消化、抗胃溃疡、软化血管、降血脂和血糖、降低胆固醇等功效。

1. 石榴性温，体质虚弱以及燥热者应少吃。

2. 石榴吃多了易上火，并会令牙齿发黑，因此食用后应该及时漱口。

3. 石榴内含大量糖分，感冒及急性炎症患者要慎食，糖尿病患者最好禁食。

4. 老人应该少食用石榴，否则容易导致多痰，并容易加重急性支气管炎、咳喘痰多等症状。

→ 食用猕猴桃的禁忌

猕猴桃果实肉肥汁多，清香鲜美，含有丰富的维生素 C、维生素 A、维生素 E 以及钾、镁、纤维素，还含有其他水果比较少见的营养成分——叶酸、胡萝卜素、钙、黄体素、氨基酸、天然肌醇。可强化免疫系统，促进伤口愈合和对铁质的吸收；它所富含的肌醇及氨基酸，可抑制抑郁症，补充脑力活动所消耗的营养。

1. 由于猕猴桃性寒，故脾胃虚寒者应慎食，经常性腹泻和尿频者不宜食用，月经过多和先兆流产的病人也应忌食。

2. 猕猴桃中维生素 C 含量颇高，易与奶制品中的蛋白质凝结成块，不但影响消化吸收，还会使人出现腹胀、腹痛、腹泻。故食用猕猴桃后一定不要马上喝牛奶或吃其他乳制品。

→ 食用香蕉的禁忌

香蕉含许多纤维素，可刺激肠胃蠕动，帮助排便。同时香蕉内含钾元素，有降低血压的功效。

1. 切忌过量食用香蕉。过量食用香蕉会引起微量元素的比例失调，对人体健康产生危害。而且多食用香蕉还会因胃酸分泌有所减少而引起胃肠功能紊乱或者情绪波动过大。

2. 切忌食用未熟透的香蕉。如摄入过多就会引起便秘或加重便秘病情。

→ 食用甘蔗的禁忌

甘蔗含有易被人体吸收的营养糖分，并且还有滋补清热的作用，对于治疗低血糖，便秘，反胃呕吐，肺燥引发的咳嗽、气喘等病症有一定疗效，还能缓解咽喉疼痛。

1. 断面呈黄色或黑色的甘蔗可能含大量的霉菌，霉变的甘蔗毒性很大，可能给人们造成极大的健康危害。

2. 慢性胃炎、胃溃疡、消化不良以及糖尿病患者不宜食用。

→ 食用桂圆的禁忌

桂圆含葡萄糖、蔗糖、蛋白质、多种矿物质以及维生素 A、B 族维生素等多种人体必需的营养素。

1. 桂圆性温热，食用后易生内热，不宜过多食用。

2. 有大便干燥、小便黄赤、口干舌燥等阴虚内热症状者不宜食用。

3. 消化不良、食欲不振者也应少食。

4. 孕妇在怀孕后容易产生内热，再食用性温热的桂圆容易出现阴道出血、腹痛等先兆流产症状。

食用柠檬的禁忌

柠檬富含维生素C，易保存，能防止牙龈红肿出血，还可减少黑斑、雀斑发生的几率，并有帮助美白的效果。

1. 柠檬内富含果酸，胃酸过多者不宜食用。

2. 过酸的柠檬容易损伤牙釉质，因此，在食用柠檬时，可加入少许蜂蜜，用凉水或温开水冲泡饮用。

3. 痰多、伤风感冒、胃寒气滞、腹部胀满者不易食用。

4. 女性经期不宜食用柠檬，以免造成腹痛。

 ## 食用芒果的禁忌

芒果中含有大量的维生素，有润肌肤、清肠胃的功效，对于晕车、晕船有一定的止吐作用。

1. 芒果性温且带有湿毒，皮肤病患者应禁食。

2. 过量食用芒果对人的肾脏有影响，因此，患肾炎的病人应忌食芒果。

3. 饱饭后不可食用芒果，不可以与大蒜等辛辣物质共同食用。

4. 吃芒果要小心引发"芒果皮炎"，在食用芒果时，最好将果肉切成小块，直接送入口中。食用完芒果后，应漱口、洗脸，以避免果汁残留。

 ## 食用草莓的禁忌

草莓含有丰富的维生素C、铁、果糖、葡萄糖、柠檬酸、苹果酸等营养素，对肺热咳嗽、嗓子疼、长火疖子等有缓解的功效。同时因为含铁成分，贫血者也可以经常食用。

1. 草莓内含丰富的草酸钙，患有尿路结石以及肾功能不好者不宜多食用。

2. 因为草莓是低矮的草茎植物，在生长过程中易受泥土和细菌的污染，所以，食用草莓之前一定要清洗干净。

 ## 食用枇杷的禁忌

枇杷富含纤维素、果胶、胡萝卜素、铁、钙及维生素A、B族维生素、维生素C等营养成分。具有保护视力、保持皮肤健康润泽、促进儿童身体发育的功效。

1. 枇杷含有大量糖分，妊娠妇女以及糖尿病患者应忌食枇杷。

2. 多吃枇杷易助湿生痰，老人不可过多食用。

3. 枇杷核中含有氰苷类物质，会产生剧毒物质——氢氰酸，切忌在食用时把枇杷核吞进去。

食用椰子的禁忌

椰子是典型的热带水果，富含蛋白质和脂肪，而且椰汁清甜可口。椰肉性温，能补阳火，且能强身健体，比较适合体质虚弱者适当食用。

1. 椰子肉含有较多脂肪，会增加血液中胆固醇的含量，容易导致血管栓塞。

2. 椰子汁不含胆固醇，但糖分偏高，因此，糖尿病患者应少喝。

3. 口干舌燥、体内热盛者不宜常食用椰子。

4. 忌选青椰子，其椰肉较为苦涩。

##

蔬菜

食用火龙果的禁忌

火龙果味甘，性平，富含植物性白蛋白、膳食纤维、铁、磷、镁、钾以及维生素 B_2、维生素 B_3、维生素 C 等营养成分。有排毒养颜、滋润肠胃、降血压、降血脂、润肺、明目的作用，对便秘和糖尿病有辅助治疗的功效。低热量、高纤维的火龙果也是想减肥养颜的女性最青睐的水果之一。

1. 女性体质虚冷者，或是在经期的女性应尽量少食用。

2. 在餐后饮用火龙果汁较适合。

食用榴莲的禁忌

榴莲被誉为"水果之王"。因其多肉、口感柔软、绵长且状如枕头而得名，含多种维生素和营养成分。

1. 榴莲性温热，不可与酒一起食用，可能会导致血管阻塞。

2. 患有喉痛咳嗽、感冒及阴虚体质、气管敏感者不宜食用榴莲，否则会令病情恶化。

3. 榴莲食用过多易上火，不可一次性过多食用。若闻到已熟的榴莲带有酒精味，则表示已变质不能食用。

4. 榴莲含有较高的热量及糖分，糖尿病患者宜少食。

5. 榴莲含有较高钾质，故肾病及心脏病患者宜少食。

蔬菜中因含有丰富的维生素、矿物质、糖类、氨基酸、膳食纤维等，是餐桌上必不可少的食物之一。近年来，吃蔬菜已经成为了一种健康饮食新主张。其实，吃蔬菜也是有禁忌的，人们必须了解食用蔬菜的一些禁忌，正确地食用蔬菜，才能从蔬菜中获取更多的营养。

健康蔬菜要点大剖析

1. 绿色蔬菜的存放时间不宜过长。

新鲜的绿叶蔬菜如果存放时间过长，菜叶中会产生大量的亚硝酸盐，对人体健康不宜，因此，买回来的新鲜蔬菜应该尽早食用。炒熟的蔬菜放置时间过长，即使表面看起来没有变色，但其实在里面已经含有大量的亚硝酸盐，如果吃进体内可能会造成食物中毒，因此，最好不要食用剩蔬菜。

2. 当心蔬菜中的亚硝酸盐导致食物中毒。

首先，买回来的蔬菜必须清洗干净。许多蔬菜能从土壤中汲取硝酸盐，而硝酸盐可在某些土壤细菌的作用下还原成亚硝酸盐。因此，食用前必须要清洗干净蔬菜中含有的土壤和细菌。

其次，煮熟的蔬菜如果放在不清洁的容器里，又在较高的温度下长时间存放，蔬菜中的亚硝酸盐含量也可能增加。

3. 以下四种蔬菜最好不要生吃。

第一类：十字花科蔬菜。菜花、西蓝花等都属于十字花科蔬菜，这些菜较硬，生吃不宜消化。煮熟之后再食用不仅易消化，其中丰富的纤维素也更易吸收。

第二类：大部分野菜。大部分野菜，如马齿苋，营养丰富，但较难入口，煮熟后再吃味道会更美，并且能去除野外的尘土和小虫，防止食用后过敏。

第三类：含草酸较多的蔬菜。菠菜、茭白等都含有大量的草酸，草酸进入人体内会与钙相结合形成草酸钙，不利于人体对钙的吸收。将蔬菜进行高温烹饪，能去除大部分草酸。

第四类：芥菜类蔬菜。如大头菜等芥菜类蔬菜，含有一种叫硫代葡萄糖苷的物质，不易消化吸收。然而这种物质经过水解后，能产生芥子油，具有促进消化吸收的功能。因此，这类蔬菜最好焯过水之后再食用。

→ 食用金针菇的禁忌

金针菇柄中含有大量膳食纤维，可以吸附胆酸，降低胆固醇，促进胃肠蠕动。多吃金针菇，可以起到增强免疫力的作用。

1. 新鲜的金针菇含有秋水仙碱，处理不当可能会引发食物中毒，因此一定要先用水将其泡2小时，而且一定要让金针菇熟透才能食用，否则会引起腹痛、腹泻、过敏等症状。

2. 鲜艳金黄色的干金针菇可能是经过硫磺加工制作成的，因此，在烹饪之前最好先用温水泡30分钟，再入沸水中烫一会儿，滤干后再进行烹饪较为安全。

3. 金针菇性寒，脾胃虚寒、慢性腹泻者应少食用。

→ 食用茄子的禁忌

茄子富含多种维生素、矿物质、蛋白质及钙等营养成分。此外，茄子中含有龙葵碱、葫芦素，其具有一定的抗癌能力。

1. 茄子性凉，脾胃虚寒、身体虚弱者不宜多食用，女性经期前后也要尽量少食用。

2. 过老的茄子内含有毒物质，食后可能会引起中毒，最好不要食用。

3. 茄子含有诱发皮肤过敏的成分，过敏性体质者应该尽量少食用。

→ 食用芋头的禁忌

芋头含有丰富的维生素和矿物质，具有清热化痰、消肿止痛、润肠通便等功效。

1. 芋头含有大量黏液，食用会刺激咽喉黏膜，所以，咳嗽有痰者最好禁食。

2. 芋头含有的这种黏液会使手掌红肿发痒，过敏体质（荨麻疹、湿疹、哮喘、过敏性鼻炎等）者最好少吃。

3. 芋头含有较多的淀粉，易导致腹胀，食滞胃痛、肠胃湿热者忌食。

→ 食用韭菜的禁忌

韭菜具有很高的营养价值，是一种温

和的补阳食材，具有健胃暖中、散瘀活血、温肾助阳的功效。

1. 韭菜属于温热性蔬菜，易上火者尽量少吃，且酒后最好禁食。

2. 患有风热型感冒、上火发炎、麻疹、肺结核、便秘、痔疮等病症者，食用要适量。

3. 韭菜内含有的纤维属于粗纤维，不易消化，有消化道疾病或消化不良者尽量少食用，否则会导致腹胀。

食用菠菜的禁忌

菠菜富含多种维生素、蛋白质和矿物质。菠菜味甘、凉，具有养血、止血、敛阴、润燥、明目之功效。

1. 菠菜草酸含量较高，一次食用不宜过多。

2. 食用菠菜时要注意避免接触豆腐、黑芝麻、优酪乳等含钙较高的食物，可能会形成草酸钙，不利于吸收。

3. 不适宜肾炎患者、肾结石患者及患有结石者过多食用。

食用白萝卜的禁忌

白萝卜有通气行气、健胃消食、清热化痰、解毒散瘀、促进消化的功效。而且白萝卜富含维生素C，常食用可保持皮肤细腻红润，预防肌肤老化。

1. 白萝卜性凉，体质虚弱、脾胃虚寒者以及十二指肠溃疡、慢性胃炎、单纯甲状腺肿、先兆流产、子宫脱垂等患者均不宜多食。

2. 白萝卜内含有的成分可能影响到中药的药效，因此，在吃中药时最好避食白萝卜。

食用山药的禁忌

山药含有多种人体必需的营养成分，具有补脾养胃、补肺益肾的功效，对于脾虚久泻、慢性肠炎、肺虚咳喘、慢性胃炎、糖尿病、遗精、遗尿等病症有辅助治疗的功效。

1. 山药具有收敛的作用，因此，便秘或排便不顺者不可进食，否则会加重便秘。

2. 山药多食用会促进人体分泌荷尔蒙，子宫肿瘤、卵巢肿瘤、乳房肿瘤患者以及男性前列腺肿瘤者均不宜进食，否则会助长肿瘤。

3. 山药与甘遂不要一同食用；也不可与碱性药物同服。

食用竹笋的禁忌

竹笋富含纤维素，有促进肠道蠕动、帮助消化、消除积食、防止便秘的功效。

1. 竹笋含有难溶性物质草酸钙，尿道结石、肾结石以及胆结石患者不宜多食用。

2. 竹笋食用过多还容易诱发哮喘、过敏性鼻炎和皮炎等病症。

3. 竹笋中还含有较多的粗纤维，不易消化，胃肠疾病患者及肝硬化患者最好禁食。

4. 竹笋中含有过敏性物质，体质敏感者及小孩应尽量少食用。

食用地瓜的禁忌

地瓜含有膳食纤维、胡萝卜素、钾、铁、铜、硒、钙及维生素A、B族维生素、维生素C、维生素E等成分，营养价值很高，是世界卫生组织评选出来的"十大最佳蔬菜"的冠军。

1．地瓜表皮呈褐色或表皮上有黑色斑点，是因为受到了黑斑病菌的污染而形成的，对人体肝脏健康有较大的影响。

2．有肠胃病的患者要尽量不食用或者少食用地瓜，否则易伤胃。

3．地瓜忌与柿子同食用，否则有可能造成肠胃出血或者胃溃疡。

→ 食用莴笋的禁忌

莴笋含有较多的叶酸及丰富的维生素C，有增进食欲、刺激消化液分泌、促进胃肠蠕动等功效。

1．莴笋性凉，身体虚弱以及脾胃虚寒者不宜多食。

2．莴笋对视神经有刺激作用，因此有眼疾特别是夜盲症者不宜多食。

→ 食用黄瓜的禁忌

黄瓜富含维生素和纤维素，可促进机体代谢、清热利尿、预防便秘，还能缓解晒伤、雀斑和皮肤过敏等症状。

1．黄瓜性凉，脾胃虚寒、久病体虚者宜少食。

2．有肝病、心血管病、肠胃病以及高血压者，不要食用腌黄瓜。

3．肠胃功能不好者黄瓜和花生尽量不要同食，可能会引起腹泻。

→ 食用西红柿的禁忌

西红柿含丰富的维生素，具有一定的美容护肤功效。西红柿还含有番茄红素，是一种较强的抗氧化剂，可预防心血管疾病和部分癌症。此外，西红柿对防治牙龈出血、口腔溃疡也有很好的效果。

1．服用肝素、双香豆素等抗凝血药物时不宜食用。

2．空腹时不宜食用。

3．未成熟的西红柿不宜食用。

4．不宜和黄瓜同食。

5．西红柿性凉，久病体弱、身体虚寒者食用时应注意适量。

→ 食用豆芽的禁忌

豆芽含有丰富的维生素C，具有保持皮肤弹性、防止皮肤衰老变皱的功效，还含有天然维生素E，可防止皮肤色素沉着，消除皮肤黑斑、黄斑，乃养颜之佳品。

1．豆芽一定要煮熟后才能食用，切忌食用生豆芽或者是半熟的豆芽。未熟透的豆芽中含有胰蛋白酶抑制剂等有害物质，食用后可能会引起恶心、呕吐、腹泻、头晕等不良反应。

2．豆芽性寒，慢性腹泻及脾胃虚寒者忌食。

→ 食用苦瓜的禁忌

苦瓜味苦，性寒，维生素C含量丰富，有除邪热、解疲劳、清心明目、益气壮阳的功效。

1．苦瓜内含有较多草酸，草酸能与食物中的钙结合，影响人体对钙质的吸收。

2．若长期大量食用苦瓜，会诱发钙质缺乏症。

3．苦瓜性寒，且具收敛性，经期女性

最好禁食苦瓜，以免影响月经的顺畅。

→ 食用土豆的禁忌

土豆含有丰富的维生素、纤维素、蛋白质、优质淀粉等营养成分。现如今它是营养学家青睐的蔬菜明星之一。

1. 土豆要去皮食用，有芽眼的地方一定要挖去，以免中毒。

2. 切好的土豆丝或片不能长时间浸泡，泡太久会造成水溶性维生素等营养流失。

3. 买土豆时不要买皮的颜色发青和发芽的土豆，以免龙葵素中毒。

→ 食用海带的禁忌

海带含碘和碘化物，有防治缺碘性甲状腺肿的作用。同时海带氨酸及钾盐、钙元素可降低人体对胆固醇的吸收，降低血压。

1. 海带性寒，属凉性蔬菜，身体虚弱以及胃虚寒者最好少食。

2. 海带烹饪前不能长时间在水中浸泡，以免海带中的营养物质流失。

3. 如果海带浸泡后完全失去韧性，说明已经变质，严禁食用。

4. 海带中含有大量的碘，患有甲亢的病人以及孕妇最好不要食用。

5. 吃海带后不要马上饮茶，茶内含有的鞣酸会阻碍人体对海带中的铁元素的吸收。

→ 食用野菜的禁忌

野菜含有丰富的维生素、蛋白质、矿物质、粗纤维等，营养价值极为丰富。

1. 多数野菜都含有刺激性物质，多食会伤及脾胃，引发胃痛、恶心、呕吐等轻微中毒症状。

2. 部分野菜还含有致敏的物质，进入人体内容易引起过敏反应。

3. 野菜不宜存放太久，应尽早食用。

4. 野菜中含有一些细菌和毒素，最好不要生食，食用前必须用开水烫，尽可能地去除潜在的毒素。

饮水

水是维持生命必不可少的物质，每个人每天都离不开水，其实看似简单的喝水也有一定的禁忌。

→ 两种开水不宜饮用

第一种：反复多次煮沸的开水。经过反复煮沸的开水中，所含的钙、镁等重金属微量元素含量都会增加，这些元素进入人体内会对人的肾脏产生不良影响，长期喝这种水，可能会形成肾结石。

第二种：很长时间装在热水瓶里，已

经不新鲜的温暾水。温暾水中亚硝酸盐含量较多，亚硝酸盐能与人体内的血红蛋白结合，形成高铁血红蛋白，导致血液输氧困难。同时，过量的亚硝酸盐容易与人体内的胺相结合，产生亚硝酸胺，这是一种很强的致癌物。因此，长时间存放的温暾水最好不要饮用。

➡ 不要一边吃饭一边饮水

食物被牙齿咀嚼磨碎后，口腔内的唾液酶会对食物进行水解，易于食物的消化吸收。如果一边吃饭一边饮水，由于水能够冲淡唾液、胃液和肠液等消化液，从而降低唾液酶对食物的消化作用，未完成消化的食物进入肠道内，会直接影响小肠绒毛对营养物质的吸收功能。

一旦养成了一边吃饭一边饮水的不良习惯，在水的作用下，人体内各种消化液的分泌会逐渐减少，甚至停止。消化系统分泌功能则会慢慢削弱甚至是退化，长期如此会造成消化不良等肠胃疾病。这样，食物内的蛋白质、脂肪和淀粉等营养物质，不能被充分吸收，还会导致营养不良等症状。

➡ 饭后不要立即饮水

饭后立即饮水的话，喝下去的水会稀释刚食用下去的食物，促使食物快速离开胃，从而导致刚用完餐又产生了饥饿感。

而且饭后频繁和大量饮水可能会引起"烧心"，所以，有胃灼热的患者适宜饭后2～3小时才饮水，而且是每间隔20～30分钟饮上3～4小口。

➡ 不要直接饮用自来水

自来水消毒剂有漂白粉、漂白粉精和液态氯成分。但是，有许多原因可能会影响漂白粉的消毒效果：

1. 有些漂白粉放置时间过长，有效氯含量不足，杀菌效果会降低。

2. 漂白粉用量不足和作用时间不够。

3. 水的温度低，影响消毒效果。

4. 水的混浊度影响杀菌效果。

因此，经漂白粉消毒后的自来水中，仍可能残留有细菌，不要直接饮用。

➡ 心脏不好者饮水应少量多次

水能有效促进新陈代谢，帮助排除体内毒素，因此，正常人每天应适量饮水。但是医学研究证明，心脏不好者一次性不宜饮用太多的水，否则可能加重心脏负荷甚至导致发病。心脏不好者饮水应少量多次，这样既保证了体内水分的供给，又不会给心脏带来负担。

➡ 病毒性重感冒者忌多饮水

一般感冒时，医生总会嘱咐患者多饮水，可以帮助排出病毒。但是支气管炎、细菌性肺炎等病毒性感染较为严重的感冒病患，最好不要多喝水。因为多喝水会增加抗利尿荷尔蒙的分泌，由于它能通过刺激水从肾收集管的重吸收来保留液体，若在抗利尿荷尔蒙分泌增加的时候给予额外多的液体，便会引起体内水分过剩、电解质不平衡，可能会造成低血钠症和液体负载过多等症状。

6个月以下婴儿不宜多饮水

未满6个月的婴儿肾脏还没发育成熟，饮用太多水会加重他们肾脏的负担，同时也会使他们在从体内排出多余水分的同时排出钠，从而导致体内钠元素大量流失，钠流失可影响大脑活动，导致婴儿出现烦躁、瞌睡、体温过低、脸部浮肿等水中毒的早期症状。对于6个月以下婴儿，可以多喂他们母乳或配方奶粉，从而补充水分。

饮茶

茶叶对人体健康的作用是毋庸置疑的，喝茶已经成为中国人的养生之道，但饮茶还存在着很多禁忌，对不同的人也有不同的要求。

不要饮头道茶

茶叶在栽培与加工过程中往往会受到农药、化肥、尘土等有害物的污染，这样

茶叶表面或多或少都残留了一些有害物质。所以，头道茶应做洗涤作用而弃之不饮。

慎用茶水服药

药物种类、药性都各不相同，对茶水所含成分的反应也有所差异，因此，能否用茶水服药，不能一概而论。

茶叶中的鞣质、茶碱可与某些药物发生化学作用。

1. 在服用催眠、镇静等药物和服用含铁补血药、酶制剂药、含蛋白质药等药物时，不宜用茶水服药，以防影响药效。

2. 有些中草药（如麻黄、钩藤、黄连等）也不宜与茶水同饮。

一般认为，服药2小时内不宜饮茶。而服用某些维生素类的药物时，茶水对药效毫无影响。茶叶本身含有多种维生素，有兴奋、利尿、降血脂、降血糖等功效，对人体也是有利的。

女性经期忌饮浓茶

因为浓茶内含咖啡因较高，会刺激神经和心血管，从而易导致痛经、经期延长或出血过多。同时，茶中所含的鞣酸在肠道与食物中的铁结合，会发生沉淀，影响铁质吸收，引起贫血。因此，女性经期应适当多饮白开水，不宜饮浓茶。

发烧时不宜饮茶

茶叶中所含的咖啡因成分能使人体体温升高，因此，发烧时要严禁饮茶。同时，茶还会降低药效，使退烧药失去作用。

孕妇饮茶须注意

茶叶中含有大量茶多酚、咖啡因等，会对母腹内的胎儿产生不良影响。为使胎儿的智力得到正常发育，避免咖啡因对胎儿的过分刺激，孕妇应少饮或不饮茶，尤其是不宜饮浓茶。

妇女哺乳期不宜饮浓茶

哺乳期妇女常饮浓茶，过多的咖啡因会进入乳汁，小孩吸食乳汁后会产生一定程度的兴奋感，同时难以入睡，哭啼的次数会相应增多。

醉酒者饮茶须慎重

茶叶中所含有的咖啡因会兴奋神经中枢，醉酒后饮浓茶会加重心脏负担。饮茶还会加速利尿作用，酒后饮茶则会使酒精中的有毒物质醛尚未分解就从肾脏中排出，对肾脏有较大的刺激性，从而有害身体健康。因此，心脏、肾脏患有疾病或心、肾功能较差者，醉后更不能饮茶，尤其忌饮大量的浓茶；对身体健康者来说，醉后可以饮少量的浓茶，待清醒后，可食用适量水果或小口饮醋，以加快人体的新陈代谢速度，使酒醉感缓解。

忌空腹饮茶

清晨起床空腹状态时，切忌立即饮茶。茶叶中含有咖啡因等生物碱，空腹饮茶易使肠道吸收咖啡因过多，从而抑制胃液分泌，不助于消化，甚至会引起心悸、头痛、胃部不适、眼花、心烦等症状。同时也会影响人体对蛋白质的吸收，还会诱发胃黏膜炎。

小贴士：空腹饮茶后若产生上述症状，可以通过口含糖果或喝一些糖水来缓解。

忌饭前后大量饮茶

饭前后半小时内不宜饮茶，若饮茶会冲淡胃液，影响食物消化，而且因为茶中含有草酸，它会与食物中的铁质和蛋白质发生作用，影响人体对铁和蛋白质的吸收。

忌睡前饮茶

睡觉前2小时内最好不要饮茶，饮茶会使人精神兴奋，影响到睡眠质量，甚至失眠，尤其是新采摘的绿茶，饮用后，神经极易兴奋，造成失眠。

不宜饮用隔夜茶

茶水放久了，其中含有的维生素等营养成分会消失，而且茶叶长期泡在水中易发馊变质，饮用之后肠道会出现不适症状。

高血压患者不宜饮浓茶

浓茶中有较高的咖啡因含量，高血压患者若饮用过多的浓茶，会由于咖啡因的兴奋作用而引发血压升高，从而不利于健康。

神经衰弱者饮茶须慎重

茶叶中含有的咖啡因成分具有兴奋神

经中枢的作用，神经衰弱者在下午和晚上饮浓茶，会引起基础代谢增高，从而导致失眠，加重病情。有饮茶习惯的患者可以在上午及午后适量的饮一些较为清淡的花茶或绿茶。这样，患者会在白天精神振奋，夜间静气舒心，有助于轻松入睡。

胃溃疡患者饮茶需慎重

茶叶中含有大量胃酸分泌刺激剂，在饮茶时会增加对溃疡面的刺激，尤其是浓茶的刺激更为明显。但对于轻微型患者，可以在服药后或饭后一个小时后饮用淡茶，或者可以在茶中加糖或牛奶，有助于消炎和保护胃黏膜，对胃溃疡也有辅助治疗的功效。同时，饮茶也可以阻断体内的亚硝基化合物的形成，防止致癌物质的形成。

贫血患者不宜饮茶

茶叶中的鞣酸可与血液中的铁元素结合成不溶性的铬合物，使体内的铁大量流失，因此，贫血患者不宜饮茶。

尿结石患者不宜饮茶

茶含有草酸，进入体内会随尿液排泄的钙质一起形成结石。若尿结石患者再大量饮茶，则会使病情加重。

冠心病患者饮茶须慎重

茶叶中含有咖啡因、茶碱，它们都具有一定的刺激兴奋的作用。对于心率过快、早搏或心房纤颤的冠心病患者而言，大量饮用浓茶会使心跳加快，往往会导致其发病或病情加重，因此，这类人群建议尽量饮用淡茶。

与此相反，心率一般在 60 次 / 分钟以下的患者，应该适当地多饮用一些茶，这样可以提高心率，有配合药物治疗的作用。

忌饮用劣质茶或变质茶

茶叶容易吸湿，若保管不妥善，往往会发生霉变，可有些人觉得霉变了的茶叶丢掉未免有些可惜，便重新晾干再饮用。但是变质的茶叶中含有大量对人体有害的物质和病菌，是绝对不能饮用的。喝了这种茶水，常会发生腹痛、腹泻、头晕等症状，严重者影响到脏器，有害身体健康。

儿童不宜饮浓茶

因为茶叶还有大量的茶多酚，易与食物中的铁发生作用，导致儿童出现缺铁性贫血。但是也并非儿童不能饮茶，儿童可以适量饮用一些清淡的茶，要保持较低的浓度且茶多酚的含量较少。对于学龄前儿童可适当地饮用一些粗茶，因为粗茶中茶多酚含量较低。

老年人不宜饮生茶

所谓的生茶是指断青后不经揉捻而直接烘干的烘青绿茶。这种茶的外形自然绿翠，内含成分与鲜叶所含的化合物基本相同，低沸点的醛醇化合物转化与挥发不多，香味带有刺鼻的生青气。老年人若饮此茶，会对胃黏膜产生强烈的刺激作用，饮后易产生胃痛；年轻人过量饮用后也会觉得胃部不适。

这种生茶尽量不要直接泡饮，可放在清洗干净的铁锅中，用文火慢慢翻炒，烤去生青气，待产生轻度栗香后即可饮用。

孕妇饮食

孕妇饮食较平常人更要注重一些细节问题和禁忌。因此，必须科学、合理地安排孕妇的饮食，使之既能满足孕妇的需要，又不过量，以保证母婴健康。

以下例举了孕妇饮食的一些常见禁忌，为孕妇健康饮食作为一个参考。

孕妇切记不能偏食

孕妇要养成良好的饮食习惯。孕前的饮食应不偏食、不忌嘴，不同食物中所含的营养成分不同，孕妇需加强各方面营养，特别是增加蛋白质、矿物质和维生素的摄入，避免造成营养不良。各种豆类、蛋、瘦肉、鱼等都含有丰富的蛋白质；海带、紫菜、海蜇等食品含碘较多；动物性食物含锌、铜较多；芝麻酱、猪肝、黄豆、红腐乳中含有较多的铁；瓜果、蔬菜中含有丰富的维生素。同时还应注意多吃水果。

孕妇不能营养过剩

加强营养并不意味着吃得越多越好，过度无节制地饮食会造成孕妇营养过剩，体重加重，既会增加行动的负担，又会使得胎儿生长过度而给分娩带来困难。有些孕妇因饮食失调造成过度肥胖，以至于产后仍不能恢复，从而影响体型的美观度。

据研究，营养过剩还可能诱发糖尿病、慢性高血压、血栓性疾病等病症。因此，必须科学、合理地安排孕妇的饮食，这样既能满足孕妇的适量需求，又可保证母婴健康。

孕妇应避免食物污染

食物在整个运输过程中，都有可能不同程度地受到有害物质的污染，从而对人体的健康带来极大的隐患。因此，孕妇在日常生活中应极为重视饮食的卫生，防止食物污染。应尽量选用新鲜天然食品，避免食用含食品添加剂、色素、防腐剂物质的食品。蔬菜应充分清洗干净，必要时可以先浸泡一下；水果应去皮后再食用，以避免农药污染。尽量饮用白开水，避免饮用各种咖啡、饮料、果汁等饮品。

孕妇不宜过多摄入脂肪

孕妇的膳食营养搭配中应有适量的脂

肪，从而保证胎儿神经系统的发育和成熟，并促进脂溶性维生素的吸收。但是若长期食用高脂肪食物，摄入的脂肪量过多，会使大肠内的胆酸和中性胆固醇浓度增加，这些物质的积累容易诱发结肠癌。同时，高脂肪食物可能会增加催乳激素的合成，从而诱发乳腺癌，不利于母婴健康。所以孕妇不宜过多食用脂肪类物质。

孕妇不宜过多摄入蛋白质

　　孕妇体内的蛋白质若供应不足，易导致孕妇体质衰弱，胎儿生长缓慢，产后身体恢复的速度迟缓，且乳汁分泌稀少。但是若盲目补充蛋白质，过多的蛋白质摄入后容易转换成脂肪，造成孕妇肥胖，从而产生更大的危害；除此之外，蛋白质的过度分解和排出也加重了肾脏的负担。

孕妇不宜摄入过多糖分

　　糖分过多，超出孕妇的代谢能力，使糖分残留在血管里，经胎盘间接输送至胎儿处，胎儿就会分泌胰岛素去消化糖分，从而转化为脂肪囤积起来，导致孩子肥胖。同时，孕妇在妊娠期肾脏排糖的功能可能会有不同程度的降低，如果血糖过高则会加重孕妇的肾脏负担，不利于孕期保健。大量医学研究表明，摄入过多的糖分会削弱人体的免疫力，使孕妇机体抗病力降低，易受病菌、病毒感染，不利于优生。

孕妇不宜过量补钙

　　有些孕妇为了让胎儿获得更好的营养

而盲目地补钙，大量饮用牛奶，加服钙片、维生素 D 等，这样对胎儿的生长发育很不利。营养学家认为，孕妇过量补钙，胎儿有可能患高血钙症，并且可能会造成宝宝出生后囟门提前闭合，导致孩子智力下降。一般来说，孕妇在妊娠前期所需的钙营养最好从日常的鱼、肉、蛋等食物中合理摄取。

孕妇不宜过多摄入食盐

　　有些孕妇由于饮食习惯口味偏重，喜好咸食。有研究表明，盐量摄入的多少与高血压发病率有一定关系，食盐摄入量越大，高血压的发病率也越高。孕妇摄入的盐量过高，也容易诱发妊娠高血压综合征，其主要症状表现为水肿、高血压和蛋白尿，严重者可伴有头痛、眼花、胸闷、晕眩等症状，严重影响到母婴的健康。因此，为了孕期保健，专家建议每日食盐摄入量应约为 6 克。

妊娠早期严禁酸性饮食

　　孕妇在妊娠早期可能出现挑食、食欲不振、恶心、呕吐等早孕症状，有些孕妇便开始嗜好酸性饮食。有营养学家研究表明，妊娠早期的胎儿酸度低，母体摄入的酸性成分，容易大量聚积于胎儿组织中，影响胚胎细胞的正常发育生长，并易诱发遗传基因突变，导致胎儿畸形发育。因此，孕妇在妊娠初期 2 周时间内，避免摄入过多的酸性成分（包括药物、食品、饮料等）。

→ 孕妇不宜滥服温性补品

孕妇由于代谢旺盛，全身的血液循环系统血流量明显增加，心脏负担加重，血管也处于扩张、充血状态。在这种情况下，如果孕妇经常服用温热性的补药、补品，比如人参、鹿茸、鹿胎胶、鹿角胶、桂圆、荔枝、胡桃肉等，可能会导致阴虚阳亢、气机失调、气盛阴耗、血热妄行、加剧孕吐、水肿、高血压、便秘等症状，甚至还可能导致流产。

→ 孕妇严禁食用霉变食物

如果孕妇食用了霉变食物，不仅会引起急性或慢性食物中毒，甚至还会殃及胎儿健康。在妊娠早期2～3个月时，胚胎着床发育，胚体细胞正处于高度增殖、分化阶段，由于霉菌毒素的侵害，使染色体断裂或畸变，有的停止发育而发生死胎、流产，有的产生遗传性疾病或胎儿畸形，如先天性心脏病、先天性愚型等。

有研究表明，霉菌毒素是一种强性致癌物质，可诱发母胎患肝癌、胃癌等癌症。此外，母体因食品中毒而发生昏迷、呕吐等症状，极不利于胎儿的正常生长发育。

→ 孕妇不宜长期素食

有些孕妇为了保持孕期完美的体态，或者由于经济条件限制，长期保持素食，这样对胎儿健康发育很不利。据研究表明，孕期不注意营养，无法保证给胎儿充足的养分供给，极大程度地影响到胎儿

的成长。由于蛋白质供给不足，可使胎儿脑细胞数目减少，影响日后的智力发育，还可能使胎儿发生畸形或营养不良。如果脂肪摄入不足，容易导致低体重胎儿的出生，婴儿抵抗力低下，存活率较低。对于孕妇来说，也可能发生贫血、水肿和高血压。

→ 孕妇不宜饮用刺激性饮料

咖啡含有大量咖啡因，怀孕期间摄取太多咖啡因会影响胎儿的骨骼生长，也会增加流产、早产、胎儿低体重的发生几率。汽水中的磷酸盐进入肠道后会与食品中的铁产生反应，孕妇饮用大量的汽水会损耗一些铁质，可能导致血虚。冰镇饮料可使胃肠血管痉挛、缺血，出现胃痛、腹胀、消化不良。胎儿对冷刺激敏感，从而使胎儿躁动不安。

→ 孕妇不宜多吃冷饮

孕妇的胃肠对刺激性食品非常敏感，过量冷饮的刺激会使孕妇胃肠血管突然收缩，胃液分泌减少，消化功能降低，从而引起食欲不振、消化不良、腹泻，甚至引起胃部痉挛、剧烈腹痛现象。而且，食用过多的冷饮，胎儿也会受到一定影响。经研究发现，腹中胎儿对冷的刺激也很敏感。当孕妇饮用冷水或吃冷饮时，胎儿会在子宫内躁动不安，胎动会变得频繁。因此，孕妇吃冷饮时一定要节制，切记不可贪吃，以免影响到胎儿的健康。

哺乳期妈妈饮食

现在越来越多的妈妈选择用母乳来喂养孩子，来保证孩子的健康发育。因此，哺乳期妈妈应多食用些帮助发乳的食物，如鲈鱼汤、花生炖猪脚、黑麦汁等。而应该避免食用一些抑制乳汁分泌的食物，如韭菜、麦芽水、人参等。

哺乳期妈妈的饮食对于孩子和妈妈自身的健康都是非常重要的，因此，需要特别注意以下几点。

哺乳期妈妈忌食刺激性食物

哺乳期妈妈身体比较虚弱，因此，要特别注意饮食宜清淡营养，少食带刺激性的食物，包括辛辣的调味料、辣椒、酒及咖啡等。一来会给哺乳期妈妈体质的恢复带来很大的危害，二来摄取的刺激成分会影响乳汁分泌，从而破坏良好的哺乳效果，影响孩子的成长发育。

哺乳期妈妈忌过度素食

很多哺乳期妈妈为了产后能很快恢复完美体态，会为自己的饮食选择素食。但是这样会导致缺乏铁质与B族维生素，因为这两种营养的来源多是肉食补充的，建议哺乳期应均衡营养。

哺乳期妈妈忌食高脂肪食物

高脂肪类的食物不易消化，且热量较高，还会影响孩子营养的吸收。同时，哺乳期除了要避免高脂肪的食物外，也不要吃含反式脂肪的食物。但是哺乳期妈妈可以适量吃些坚果类低脂肪食物。

哺乳期妈妈忌食过敏性食物

哺乳期妈妈应避免食用过敏性食物，因为过敏性成分会通过乳汁中进入婴儿体内，可能造成孩子皮肤过敏，影响孩子健康。

哺乳期妈妈不宜抽烟

哺乳期妈妈抽烟会消耗体内的维生素C并使钙质流失，也可能使奶水的分泌相对减少。并且烟内的尼古丁会融合在乳汁中被孩子吸收，对孩子的呼吸道造成不良影响。同时，哺乳妈妈不仅不宜抽烟，还要避免自己与孩子吸入二手烟。

哺乳期妈妈服药须谨慎

建议哺乳妈妈在自行服药前，要主动告诉医生自己正在哺乳的情况，请他酌情衡量，让药物对孩子的影响降低到最小限度。另外，妈妈如果在喂了母乳后服药，应在乳汁内药的浓度达到最低时再喂孩子，这样孩子才会更加安全。

家庭
常见病症
饮食

感冒的危害

感冒是大众中最常见的一种呼吸道传染性疾病，其中70%～80%是由病毒感染引起，少部分由细菌感染所致。主要表现为鼻塞、流涕、咽痛、头痛、发热、咳嗽和四肢乏力等。

感冒可降低人体的免疫能力，引起其他疾病，如咽喉炎、鼻窦炎、中耳炎、支气管炎和肺炎，甚至脓胸、肝脓肿、心包炎和骨髓炎等，通过变态反应还可引起心肌炎、肾炎和风湿热等。

如患了感冒，就应及时休息和治疗，并且在饮食方面需要特别注意，切不可草率对待，听之任之。

感冒患者忌饮食难消化

感冒患者本身就较为虚弱，人的精神状态也不佳，再加上饮食难消化，会使感冒患者病情加重，整个人的精神状态也会变得更不好。因此，感冒期间应选择容易消化的流质饮食，如菜汤、稀粥、蛋汤、蛋羹、牛奶等。

感冒患者忌饮食太油腻

感冒期间饮食宜清淡少油腻，既满足营养的需要，又能增进食欲。可供给白米粥、小米粥、小豆粥，配合甜酱菜、大头菜、榨菜或豆腐乳等小菜，以清淡、爽口为宜。

感冒患者忌水分供给不足

感冒期间必须保证身体所需水分适量的供给。但是一次性不要大量饮水，可以采取少量多次的原则，一次饮用量不宜超过300毫升，同理，一天的饮水量也不要超过2000毫升。这样既能减轻对肾脏的负担，又能有利于感冒的康复。

感冒患者忌维生素缺失

感冒期间应补充适当的维生素，要多吃含维生素C及维生素E的食品，如西红柿、苹果、葡萄、枣、草莓、甜菜、橘子、西瓜、牛奶、鸡蛋等，帮助身体的康复。

感冒患者忌饮食过量

感冒患者的饮食宜少量多餐。如退烧后食欲较好，可改为半流质饮食，如面片汤、清鸡汤龙须面、小馄饨、菜泥粥、肉松粥、肝泥粥、蛋花粥。

胃病的危害

胃病是很常见也很普及的一种疾病。胃病的种类很多，包括各种急慢性胃炎、胃息肉、胃癌等。根据胃病程度的轻重会对人体造成很多危害，如疼痛、气胀、舌淡无味、面色发黄、恶心呕吐、打嗝嗳气、胸闷、反酸烧心、四肢无力、大便异常等，严重者还可能诱发胃溃疡、胃出血、胃痉挛、胃癌等。

如果患了胃病，就要特别注意日常饮食，哪些食物是不能吃的，哪些食物是可以适量食用的等，这些饮食禁忌要谨记，否则胃病就容易反复发作，影响到你的正常工作生活，更会影响健康。

胃病患者应少食油炸食物

因为这类食物不易消化，食用的话会加重消化道负担，特别是对于患有胃病者，其消化能力没有胃健康者强，多食用油炸食物会引起消化不良，还会使血脂增高，对健康尤其不利。

胃病患者应少食生冷的食物

生冷和刺激性强的食物会对消化道黏膜具有较强的刺激作用，容易引起腹泻或消化道炎症。

胃病患者应少食酸性食物

酸性食物能引起胃酸分泌过多，导致胃病患者症状加重。有些胃病患者也不适宜饮用酸性饮料。一般酸性饮料含有酸味剂或者是碳酸成分，对胃脏会造成一定的刺激。

胃病患者应少食产气性食物

有些食物容易产气，使人有饱胀感，诱发胃病发作，因此，胃病患者应尽量少摄食。产气性强的食物有木耳、土豆、洋葱、大蒜、地瓜、萝卜、青菜、各种干豆类、豆浆、牛奶、蔗糖、汽水、啤酒等。

胃病患者应少食过硬的食物

为了减轻胃脏的负担，胃病患者应少食用过硬的食物，如炒饭、烤肉、年糕、粽子、各式甜点、糕饼、油炸的食物及冰品类食物，这些食物常会导致患者的胃脏不适，应适当食用。

胃病患者四大注意事项

1. 应避免饮食过饥或过饱。每日的食量应保持适度，饮食要有规律，每日三餐定时，不要太早或太晚，否则都会影响到胃脏健康。

2. 避免食物温度过高或过低，减少对胃脏的刺激。

3. 避免饭后立即饮水，最佳的饮水时间是晨起空腹时及每次进餐前1小时，餐后立即饮水会稀释胃液，用汤泡饭也会影响食物的消化。

4. 要避免食用刺激性食物，不能吸烟，因为吸烟使胃部血管收缩，影响到胃壁细胞的血液供应，使胃黏膜抵抗力降低而诱发胃病。应少饮酒，少吃辣椒、胡椒等辛辣食物。

糖尿病的危害

糖尿病是较为常见的多发病和现代顽固症，糖尿病已经成为世界上继肿瘤、心脑血管病之后第三位严重危害人类健康的慢性疾病。糖尿病的危害是多方面的，但糖尿病的危害主要是危害心、脑、肾、血管、神经、皮肤等。

对糖尿病的治疗需将饮食治疗、运动疗法和药物治疗相结合来综合治疗。饮食治疗是糖尿病治疗的基础，病情较轻者，经饮食治疗病情可以改善。

糖尿病患者忌高脂食物

糖尿病患者容易出现高脂血症，因此，必须严格限制日常饮食中胆固醇的摄入量。含胆固醇高的食物有动物油、黄油、奶油、肥肉、动物内脏及脑髓、蛋黄、松花蛋等。

糖尿病患者忌高糖分食品

如果食物中含有大量的糖分，会直接影响体内血糖量的增加，对糖尿病病情的缓解非常不利。高糖分食物包括红糖、冰糖、葡萄糖、麦芽糖、蜂蜜、巧克力、奶糖、蜜饯、水果罐头、汽水、各种果汁、冰淇淋、甜饼干、蛋糕、果酱、甜面包以及糖制的各种糕点等。

糖尿病患者忌饮酒

1. 过量饮酒可能诱发高脂血症。
2. 长期饮酒会引起营养缺乏，并对肝脏不利。用胰岛素治疗的患者，空腹饮酒易出现低血糖。

3. 糖尿病患者在饮酒时，食用一些碳水化合的食物，血糖可能升高，使糖尿病失去控制。

4. 常饮酒而不吃食物的患者，会抑制肝糖原的分解，使血中葡萄糖量减少，出现低血糖症状。

因此，糖尿病患者尽量避免饮酒，如遇特殊情况也只能饮用少量酒精浓度低的产品。须特别注意：重症糖尿病和肝胆疾病患者，尤其是正在使用胰岛素和口服降血糖药物的患者，一定严禁饮酒。

高血压的危害

高血压是中老年人最为常见的疾病，而高血压是心脏血管疾病的罪魁祸首，具有高发病率、低控制率的特点。高血压真正的危害性在于损害心、脑、肾等重要器官，造成脑卒中（中风）、心肌梗死、肾功能衰竭（严重的会导致尿毒症）等严重后果。

高血压患者忌饮酒

饮酒会使人血管收缩、血压升高、心率增快，还会促使钙盐、胆固醇等物质沉积于血管壁，加速动脉硬化。大量或长期饮酒，更易诱发动脉硬化，加重高血压发病几率。因此，高血压患者应戒酒。

高血压患者忌食狗肉

高血压病病因虽多，但大部分属阴

虚阳亢性质。狗肉为温补型食物，温肾助阳，能加重阴虚阳亢型高血压的病情，所以，不宜过量食用。

高血压患者忌过多摄入食盐

食盐的主要成分是氯化钠，若日常饮食中摄入过多的钠盐，可能引起细胞外液增加，血压上升。因此，控制钠盐摄入量有利于降低和稳定血压。

高血压患者不宜食用胡椒

中医认为胡椒辛热、性燥，辛走气，热助火。高血压患者肝火偏旺，或阴虚有火，内热素盛者，不宜多食。

高血压患者应适量摄入蛋白质

高血压患者不宜过多摄入动物蛋白（如动物肝脏、蛋类），因蛋白质代谢产生的有害物质可引起血压波动。平常饮食可选用高生物价优质蛋白，如鱼肉、牛奶等。而某些蛋白（如氨基乙磺酸、酪氨酸等）还有降血压作用。

高血压患者忌食用高热能食物

过多的摄入高热能食物（葡萄糖、蔗糖、巧克力等）是诱发肥胖的主要因素，而肥胖人群高血压发病率比正常体重者高。所以，高血压患者在饮食上应控制高热能食物的摄入。

高血压患者不宜饮用鸡汤

很多人认为鸡汤的营养价值较高，而盲目的作为病人的滋补品。可是多喝鸡汤会使胆固醇和血压增高，这样会给高血压患者病情的控制带来很不利的影响。

高血压患者不宜饮用浓茶

高血压患者不宜饮用浓茶，尤其是浓烈的红茶，红茶中茶碱的含量较高，可能导致大脑兴奋、不安、失眠、心悸等不适症状，致使血压上升，影响高血压患者的病情。不过，适当饮用清淡绿茶则有利于高血压病的治疗。

高血压患者不宜食用人参

中医认为人参性温、味甘苦，易助热上火。而当高血压病人出现血压升高、头昏、头涨、头痛、性情急躁、面红目赤的时候，切忌食用。

肝炎的危害

大家都知道病毒性肝炎是我国的常见传染病之一，发病率高，不仅直接影响人群的健康，甚至还危及人的生命安全。而且若为急性重症肝炎，则病死率很高，可达60%～70%，即使得到一定程度的恢复，也往往发展为肝硬化，危害极大。

肝炎患者忌食羊肉

羊肉甘温大热，肝炎患者过多食用会加重病情。此外，蛋白质和脂肪大量摄入后，因肝脏有缺陷不能及时进行氧化、分解、吸收等代谢，这样便会加重肝脏负担，导致病情的恶化。

肝炎患者忌饮酒

酒对肝脏来说是一种毒品。酒的主要成分是酒精，摄入体内的酒精90%要在肝脏内代谢，酒精的作用会使肝细胞的正常酶系统受到干扰破坏，从而直接损害肝细胞的健康，使肝细胞坏死，对肝脏有直接的负面作用。酒精还会促进肝内脂肪的生成和蓄积，长期过量饮酒者，更易产生脂肪肝，对于本身患有肝炎的患者来说则更易加重病情。患有急性或慢性活动期肝炎的患者，即使少量饮酒，也会使病情反复或发生变化。

肝炎患者忌食大蒜

有很多人认为大蒜有抗菌抗病毒作用，那应该对肝炎患者有一定的益处。但事实上大蒜中含有的某些成分对胃、肠有刺激作用，会抑制肠道消化液的分泌，影响食欲和食物的消化，可能会加重肝炎病人厌食、厌油腻和恶心等诸多症状。有研究表明，大蒜的挥发性成分可使血液中的红细胞和血红蛋白等降低，并有可能引起贫血及胃肠道缺血和消化液分泌减少。这些均不利于肝炎的治疗。

肝炎患者忌食生姜

生姜具有活血、祛寒、除湿、发汗等功能。但是生姜的主要成分是挥发油、姜辣素、树脂和淀粉。变质的生姜还含有黄樟素，可能导致肝炎病人的肝细胞变性、坏死，以及间质组织增生、炎症浸润，致使肝功能失常，影响肝炎患者病情好转。

肝炎患者不宜多食用葵花子

葵花子中含有较多的油脂，且大都为不饱和脂肪酸，如亚油酸等。若食用过量，可使体内与脂肪代谢密切有关的胆碱大量消耗，致使脂肪代谢障碍而在肝脏内堆积，影响肝细胞的功能，造成肝内结缔组织增生，严重的还可形成肝硬变。因此，肝病患者不宜多吃葵花子。

肝炎患者忌高铜饮食

肝功能不全者调节体内铜成分的平衡的能力较差，从而导致铜成分易于在肝脏内积聚。有研究表明，肝病患者的肝脏内铜的储存量是正常人的5～10倍，患胆汁性肝硬化患者的肝脏内铜的含量要比正常人高60～80倍。医学专家指出，肝脏内存铜过多，可导致肝细胞坏死，同时，体内铜过多，可能引起肾功能不全。所以，肝病患者应少吃海蜇、乌贼、虾、螺类等含铜多的食品。

烹饪技巧篇

- 刀工妙招
- 主食烹饪妙招
- 肉蛋类烹饪妙招
- 蔬菜小吃类烹饪妙招
- 煲汤妙招
- 干货加工妙招
- 科学烹饪小常识

刀工妙招

常见刀工种类

切法一：直切

操作方法：左手按稳原料，右手执刀，对准原料，运用腕力，一刀一刀笔直下切。直切一般用于切制脆性、不带骨的原料，如白菜、土豆、黄瓜等。

要点：左手按稳原料，保持原料不动，中指关节需顶住刀身，使其均匀向后移动，落刀要直，不能向里或者向外偏移。

切法二：锯切

操作方法：左手按稳原料，右手执刀，切时先将刀向前推切再向后拉回，一推一拉如拉锯般切下去。锯切一般用于切厚大无骨韧性的原料或质地松散的原料，如羊肉、白肉、面包等。

要点：左手按稳原料，保持原料不动，刀与原料保持垂直，将刀在原料上前推后拉，缓力下切，落刀要直，不能向里或者向外偏移，落刀不要太快也不要过重，先轻轻锯几下，待刀切入原料50%左右时，再用力切断。

切法三：推切

操作方法：左手按稳原料，右手执刀，刀口由里向外推。推切一般用于切肉丝、肥肉以及切块小的原料。

要点：左手按稳原料，保持原料不动，刀与原料保持垂直，着力点在刀的后端，切时刀由后向前移动，一刀推切到底，不能拉回来。

切法四：拉切

操作方法：左手按稳原料，右手执刀，刀口由外向里拉；另外还有一种握刀的手法：右手握住刀面，由前向后快速拉动。拉切一般适合于切脆性、质地坚韧的原料，比如：做围边所需的黄瓜片、西红柿片等。

要点：左手按稳原料，保持原料不动，刀与原料保持垂直，着力点在刀的前端，切时刀由前向后移动，一刀拉到底，并且是虚推实拉。

如何切辣椒

用手指按住辣椒皮，切记不要以指甲顶住辣椒，指甲一旦碰到辣椒就容易使皮肉产生灼热感。如果手感到疼痛，可以用醋洗手，能够缓解皮肤的辣感。

如何切洋葱

将洋葱蘸上水或者将刀蘸上水，也可以直接在倒有水的盆里切洋葱，可以溶解洋葱内的刺激性物质。

如何切猪肉

切猪肉时顺着猪肉的纤维纹路斜切是最省时省力的方法。猪肉的质地较嫩，如果不顺着纹路斜切，在加热或者上浆时，就容易碎断，变成肉末。如果是肥肉，则可以先将肥肉蘸上凉水，然后放在案板上，一边切一边洒些许凉水，这样切肥肉既省力，又不会滑动，也不易粘黏案板。

如何切熟肉

切熟肉必须采用组合刀法，先用锯刀法推前回拉切开肥肉；瘦肉则使用直刀法均匀用刀直切下去，这样切出来的熟肉不碎不烂，而且整齐好看。

如何切牛肉

牛肉要横着切。牛肉的质地比较老韧，纤维较粗，横切的牛肉可以比较容易地烧熟、嚼烂。

如何切鸡肉

1. 从鸡脖到鸡尾贴着脊骨，沿脊椎一侧切开，沿脊椎的另一侧再切一刀，将脊椎切下拿走。

2. 在颈端的薄膜和软骨之间，切开一道小口，去掉胸骨和软骨。

3. 将鸡翻转过来，向下纵向切到鸡的中心处，将鸡切成两半。

4. 注意切时要顺着鸡肉的纤维纹路竖切，切丝时要比猪肉粗些，否则做出来的菜肴形态就不美观了。

如何切鱼肉

将鱼平放，用刀平切将两大片鱼肉和鱼排分开；将鱼皮贴着案板，用手指轻轻划一下鱼身，找到鱼肉的纹理，顺着鱼肉的纹理把鱼片切成片。切记一定要顺着纹理，不然鱼肉在炒或者烧的时候就容易碎掉；切时应将鱼肉朝下，刀口斜入，最好顺着鱼刺，炒熟后的鱼肉形状才完整。

如何切羊肉

羊肉切丝之前要先将其中的膜剔除，如果没有先进行这一步骤，羊肉炒熟后就会出现肉烂膜硬的情况，食之令人难以下咽。

如何巧剁肉馅

将肉放入冰箱内冷冻起来，取出完全冻实后的肉，用礤床将肉擦成细条，再用刀轻轻剁几下就能剁出想要的肉馅。

如何切鱿鱼

切鱿鱼切记要切里面，切外面切出来的鱿鱼是直板鱿鱼；切鱿鱼要打斜刀，用食指压住刀，动作要快，力求刀稳、力均，一刀切下，不拖刀；一边切完之后，把鱿鱼旋转90°再切一次；一块鱿鱼切好之后，按照纹路打斜，以三角形的形状来切。

如何切熟蛋

将刀放在火上两面各烤10秒，用烤过之后的刀切熟蛋不会粘刀。

如何切生姜

将生姜平放，用刀的侧面把生姜拍碎，

将拍碎之后的生姜再切成姜丝或者姜片就很简单了。

 ## 如何切黄瓜

1. 将黄瓜去皮，切段。
2. 用小刀把黄瓜削成长条的片状。
3. 码齐切丝。

 ## 如何切白菜

沿着白菜上的"沟壑"顺着切，可以很好地保存菜汁和水溶性营养素。

 ## 如何切食物不粘刀

切食物之前在刀上、案板上以及食物上洒些盐，或者在切食物之前，用刀先切几片萝卜，就不易粘刀了。

 ## 如何切蛋糕

切生日蛋糕或者奶油蛋糕最好选择钝刀，在切蛋糕之前先将刀放在温水中蘸一下再切就不会粘刀。

主食
烹饪妙招

 ## 如何煮出松软可口的米饭

1. 最好选用绿茶，冲泡后滤去茶叶渣，将茶水倒入米中，按常规焖制。煮好的米饭色、香、味俱佳，更添加了茶叶的营养。注意茶叶不能太多，否则茶叶的味道反而会盖住米饭本身的香味。

2. 蒸米饭时，可按每1500克米加入2～3毫升醋的比例，在米中加入适当量的醋，煮出来的米饭不但不会有酸味，反而饭香更浓。

煮米饭时，可在米中加入一勺油，搅拌均匀，煮出来的米饭粒粒分明，不粘锅。

3. 用电饭煲煮饭，可在米淘好后，用温水浸泡半个小时以后再煮，煮出来的米饭蓬松且有劲道。

如何防止米饭的营养流失

快速洗米，可以减少维生素B_1的流失；淘米次数不宜过多，一般用清水淘洗2遍即可；不要使劲揉搓，每淘洗一次，其中的硫胺素要损失31%以上、核黄素要损失约25%、无机盐损失约70%、蛋白质损失约16%、脂肪损失约43%；减少浸泡时间，以防止营养素的丢失；煮饭不宜用冷水，最好用开水：因为用开水煮饭，大米一开始就处于较高温度的热水中，使淀粉快速膨胀、破裂、变成糊状，更易于人体消化、吸收；同时，用开水煮饭，氯成分多随蒸汽挥发掉，可以大大减少维生素 B_1 等营养成分的流失。

如何巧煮陈米

煮陈米时，首先要淘洗干净，然后在清水中浸泡 20 分钟左右，沥干水分后放入锅中，加入热水和 1 汤匙猪油（或植物油），旺火煮开后转文火焖半小时即可。若使用高压锅，焖 8 分钟即熟，煮出来的米饭既不粘锅，又香甜可口。

煮陈米饭时放 3 杯米、2.5 杯水、0.5 杯啤酒，煮出来的米饭会如同新米一般爽口。

还有最简单的方法就是在陈米里加入少量食盐水，这样能去除陈米的异味。

如何解救夹生米饭

如果米饭夹生的情况不是很严重，可用筷子扎些小洞，再往小洞中倒少许开水，将炉火重新打开，10 分钟后再食用，口感会改善许多，夹生味基本消失。

还可用锅铲将米饭铲散，加入 2 汤匙米酒、白酒或黄酒，再用文火略煮一会儿就可以解决夹生问题。

如何热剩饭

热剩饭时，加入少量的食盐水在蒸锅水里，可以有效除去热过的剩饭所产生的异味。

如何煮面

1. 煮一般面条时，可在锅中加入少量食盐，煮出来的面条不会糊烂。

2. 煮面条时，可在水中加入一汤匙菜油，使面条不粘连，同时防止面汤起泡沫溢出锅，弄脏灶具。

3. 煮切面时，可加入适量的醋，能够有效除去面条的碱味，使面条变白。

4. 煮挂面时，若锅中的水开始冒气泡，就可以放挂面了，搅动几下之后再盖上锅盖，待水开后再加入少量凉水，稍微滚一滚就可以起锅了。

如何做凉面

将面条放入沸水中煮 2 分钟左右至刚刚煮熟，再将水过滤掉，同时将煮沸的菜油倒入面中搅拌均匀，使其色泽均匀，待其温度下降至室温时，便是凉面了。

凉面的佐料有芝麻油、辣椒油、姜蒜水、葱花、花椒粉、白糖、醋、味精或鸡精、炒花生磨成的碎粒、炒黄豆、煮熟的豆芽、豆油等，可依据自己的口味放入面中，一份凉面就做好了。

如何煮水饺

水烧开后可加入适量食盐，待食盐溶解之后，再将饺子下锅，然后盖上锅盖，直至煮熟，在煮的过程中，无须翻动，也不用点入凉水。这样煮出的饺子，不粘皮，不粘锅，剩在锅中的饺子也不会发生粘连。

煮饺子时，在水烧开之前可先放入些许大葱尖，待水烧开之后再将饺子下锅，煮出来的饺子不易破皮，也不会粘连。

和面时，可打入1个鸡蛋，煮饺子时不会粘锅。另外，在水中加入少许醋，会让肉馅熟得快些。

 ## 如何煮汤圆

1. 轻轻捏。先净手，轻捏汤圆，使汤圆外皮略微出现裂痕，这样，汤圆下锅煮透后，不会夹生，里外皆熟，而且软滑可口。

2. 开水下。待水烧开后，将汤圆慢慢放入锅内，并且立即用勺将汤圆轻轻推开，朝同一个方向略做搅动，使汤圆旋转几圈，不会粘锅。

3. 慢火煮。先用旺火煮片刻，待汤圆浮起，快速改用小火慢煮，否则汤圆会在锅内不断翻滚，煮出来的汤圆外熟里生。

4. 点冷水。煮汤圆时，锅内的水每烧开一次，应及时点入适量冷水，使锅内的水不至于太过滚烫，待开锅两三次后，只需再煮一会儿，汤圆便可出锅。

5. 辨生熟。辨别汤圆生熟的方法，一是眼观，即看汤圆表面是否光滑并且浮于水面；二是筷子按，即手拿筷子按下时，汤圆是否松软一致，有一定弹性。达到以上要求，汤圆即已熟透，可食用。

6. 勤换水。锅内的沸水连续煮过两三次汤圆之后，应及时换水。因为这时锅内的汤已被煮得稠腻，如果仍继续煮汤圆，汤圆不但熟得慢，而且容易夹生。

7. 及时煮。汤圆做好后不宜久放，因

为生汤圆中的糯米粉含水量高，如果久放就容易变质，生汤圆受冻后再煮，容易煮破皮，影响外观。

8. 快出锅。煮熟的汤圆应及时出锅，并放入洁净的冷开水中，冷却后再捞出装盘。

如何快速煮粥

前一天晚上先把大米清洗干净，然后把米倒入食品袋中并放入冰箱中冷冻起来；第二天早上把米拿出倒入锅内，再往锅中倒开水，搅拌几下，5分钟后就能喝上一碗鲜美的粥了。

如何蒸馒头

用开水蒸馒头容易夹生，因为生馒头突然遭遇蒸笼中的高温，馒头急剧受热，但里外却受热不均匀，因此很难蒸熟，而且蒸的时间也长。用冷水蒸馒头，蒸笼内温度上升缓慢，馒头受热均匀，即使馒头发酵差点，也能在温度的缓慢上升中得到弥补，蒸出来的馒头又大又甜，还省火。

蒸馒头时，如果面不够发，可在面团中间挖个小坑，倒入两小杯白酒，停留10分钟后，面就发开了。

如何煮粽子

1. 把粽子规则地放入高压锅内，这样粽子不容易煮破，一次性也能多煮些。(提示：注意甜味和咸味的粽子要分开煮)

2. 将煮好的沸水倒入高压锅内，注意

家有妙招 生活零烦恼

水要高过粽子的表面。（提示：使用高压锅时请注意安全）

3．用大火加热。

4．当听到高压锅发出喷气声时，改用中小火，再加热半小时。

5．半小时后，关火，让其静置，自然放气。

6．当自然放气结束后，闷 20 ～ 30 分钟，粽子就可以出锅了。

如何和面

将面粉倒入盆里，在面粉中间扒出一块内凹区域，将水慢慢倒入，用筷子慢慢搅动，注意水不能一次性加足；待水被面粉吸干，则用手反复搓拌面，使面粉形成许多小面片，这样，既不会因面粉来不及吸水而使水淌得到处都是，也不会使手和盆粘得到处都是面糊；而后，再朝小面片上洒水，用手搅拌，使之成为一团团小面团，这时的面粉尚未吸足水分，硬度较大，可将面团揉成块状；将面盆上的面糊擦掉，用手蘸水，洗去手上的面粉洒在面团上，再用双手将面揉至光滑。

如何做刀削面

做刀削面时，水和面的比例一定要准确，一般是 1 斤面 3 两水，先打成面穗，再揉成面团，然后用湿布蒙住，饧半小时后再揉，直至揉匀、揉软、揉光；然后左手托住揉好的面团，右手持刀，手腕运用巧劲，出刀灵活，而且要出力平、用力匀，对着汤锅，一刀赶一刀，削出面叶儿。

如何炒肉丝

1．肉丝要保持一定水分，较干的肉丝可先用水泡一泡。

2．给肉丝上浆，抓均匀。

3．上好浆的肉丝可先用沸水汆熟，再烹炒。

4．上好浆的肉丝可先用温油滑熟，再烹调。

5．上好浆的肉丝也可直接烹炒，不过要注意烹炒的油量要多些，火候要小点。

6．肉丝上浆前后放入植物油或香油，抓均匀，再用油锅炒制。

7．在肉丝入味前可加入木瓜嫩肉粉，腌渍半小时，再行烹炒。

如何炒卤肉

1．将整块五花肉用温水洗干净，用水焯一下去掉血末。

2．五花肉捞出放进锅里，加老抽、黄酒、红糖、蜂蜜、桂皮、肉蔻、丁香、陈皮等调料，再加清水直到没过肉 3 ～ 4 厘米，然后加盖，炖 1.5 小时直至五花肉炖烂即可。

3. 然后捞出沥干冷却。

筷子多搅动几次，大肠臭味基本除去。

如何短时间将牛肉炒软

1. 刀口顺纹切条，横纹切片。

2. 准备好料酒、酱油、白糖、蛋液、干淀粉和少许小苏打（肉与小苏打之比是60：1，不可多加），用清水调成汁液，与切好的牛肉片搅拌均匀，腌渍15分钟左右。

3. 加生油25克，腌渍1～2小时，使油分子充分渗透；入油锅炒时，肉中的油分子会剧烈膨胀，粗纤维被破坏，炒出的肉鲜嫩可口。

如何去除羊肉的怪味

1. 用白萝卜巧去羊肉膻味，在白萝卜上戳几个洞，与羊肉一起放入冷水中煮，待水滚开后，将羊肉捞出单独烹调，即可去除膻味。

2. 先将羊肉用凉水过一下，再用凉水浸满，然后往凉水中倒入少量醋，2个小时之后再用热水过一下，羊肉的怪味就消失了。

3. 炒羊肉时，先将羊肉中的水分炒干，然后再洒入浓茶，持续操作3～5次，羊肉怪味即可去除。

如何去除猪肠的异味

猪大肠的臭气主要来自挥发性脂肪酸，去除猪肠异味可先将猪肠放入盆中，加少量水、淀粉（或面粉、淘米水）以及几块新鲜的柚子皮或橙皮、橘皮均可，用

如何烤肉

1. 做烤肉时，在肉入炉之前，先将肉用沸水或热清汤浇一下，可使烤肉松软，如果用凉水浇肉，肉则会变得很硬。

2. 用烤炉烤肉时，可在烤炉的下格放置一个盛了水的器皿，这样可以使烤肉不焦不硬，因为器皿中的水受热之后变成水蒸气，可以防止肉中的水分散失过多而使烤肉焦煳。

如何炒肥肉

先将肥肉切成薄片，加上调料之后放入锅里炖；以500g肥肉1块豆腐乳的比例，将豆腐乳放在碗里，加入适量清水，搅成糊状；待肥肉炖至八九成熟时，将豆腐乳倒入锅中，再炖上3～5分钟，就可以起锅了，这样既可除腻又可增味。

烹制较肥的肉时，可在炝锅时加入少许啤酒，这样不仅能帮助脂肪溶解，还能产生脂化反应，使菜肴香而不腻。

如何炒猪肝

猪肝营养非常丰富，而且质地柔嫩，但如果烹制不当，火候过大，把猪肝炒老了，就十分可惜。

炒猪肝时，先将猪肝洗净去筋，再切成小薄片，倒入黄酒、酱油、干淀粉，搅拌、上浆；然后倒入热油锅中至肝片挺起、饱满，再捞出待用。将油倒入锅内加热，放入葱段煸炒后，再将备用的猪肝片倒入

锅中，加入调料鲜汤略炒，再用少许淀粉勾芡即可。这样烹制的猪肝，吃起来鲜香、滑嫩，由于受热时间短，原料中的水分和营养素基本上不受损失。

如何炒虾仁

将虾仁放入碗内，倒入少许食盐和食用碱粉，用手抓搓；再用清水浸泡，然后洗净，这样炒出来的虾仁透明如水晶，爽嫩可口。

如何炸鸡腿

1．用食盐、料酒、糖、酱油或豉油、蚝油等将鸡腿腌渍 30 ～ 60 分钟。

2．用中等油温炸至七成熟。

3．裹上蛋清蘸面包糠，旺火炸至皮脆即可。

如何煎鱼

将油下锅，在油里放入 1 ～ 2 片生姜，这样煎鱼就不易粘锅脱皮。为了避免鱼粘锅，煎鱼时，有时候会在鱼身上裹一层生粉，这种做法鱼是不粘锅了，却也不能入味，鱼香味也无法挥发出来。

鱼其实是不太好烹调的材料，火候是决定成败的关键因素，煎鱼一定要保证锅热、油少、火温。

如何蒸鱼

1．蒸鱼掌握火候是关键。

2．先将锅内的水烧开，再将鱼倒入锅

内，蒸 6 ～ 7 分钟，然后立即关火，再虚蒸。所谓虚蒸，就是关火后，不要打开锅盖，利用锅内的余温再蒸 5 ～ 8 分钟。虚蒸完成之后，将备好的酱油、醋和少许清油淋遍鱼身，一道蒸鱼就完成了。如果想在色、味方面有所改变的话，可以加入鸡蛋进行蒸鱼，味道也是相当不错的。

如何做生鱼片

1．先将罗非鱼肉用白醋浸泡一下，再用清水洗净醋味，用干净的刀具和砧板将鱼肉切成薄片，放在盛有冰块的玻璃盘中。

2．生菜洗净切成丝放在盘中待用。

3．酱油、醋、香油、芥末调成味汁。

4．生鱼片、芥末调味汁、生菜叶一同上桌，以鱼片蘸调味汁食用即可。

如何爆炒鱿鱼

1．开旺火，往锅内倒入花生油，烧至十成热；

2．将鱿鱼倒入油锅，炸至熟透，然后捞出；

3．留余油 50 克，倒入卤汁烧开，迅速倒入熟透的鱿鱼急炒两下，再颠几下锅，即可装盘。

4．爆炒鱿鱼一般会加入青椒和红椒一起爆炒，这样会使菜更有色泽，显得美观。

如何煮螃蟹

1．煮螃蟹一定要用冷水。

2．煮大闸蟹时，尤其要注意只有在煮熟后才可以将棉纱线解开，在水开后至少还要再煮 20 分钟，只有煮熟煮透才能将蟹肉上的病菌杀死。

→ 如何做口味虾

1. 把买回来的龙虾放在清水里面养两天，让龙虾把身体里的淤泥吐尽。

2. 龙虾一定要清洗干净，尤其是头部与身体连接处比较脏。然后，沥干备用。

3. 先将虾过油，不要放盐，待表面呈红色捞起，将蒜和姜放入油锅里，用中火炒出香味，把虾、八角、桂皮放入锅中加适量水用大火烹煮。

4. 1 分钟后放入食盐、酱油和料酒焖一下，待桂皮、八角的香味浓郁时，加入豆豉，打匀，再加适量水。

5. 继续煮半个小时左右，待水熬成浓汁时，便可出锅了。

→ 如何烹制海蜇

1. 将海蜇发好，洗净，切丝；

2. 倒入微滚的水中焯至刚熟；

3. 取出放入凉开水中浸泡 2～3 小时；

4. 捞起，加入适量的酱油、醋、白糖、麻油和少许味精，充分拌匀之后即可食用。注意不要焯熟，要用凉开水浸泡。

→ 如何做脆皮鸭肉

1. 将所有的腌渍材料在一个大盆内混合好，把洗净烘干的净鸭放入盆内腌渍半天至一天，中间需要翻动几次。

2. 在烤盘内铺上锡纸，置于烤箱底层，烤箱 180℃ 预热 10 分钟，将腌好的鸭子放在中层烤架上用下火烤制。

3. 待鸭皮烤干爽后，在鸭皮上均匀刷上一层蜂蜜和醋的混合物，然后继续烤制。

4. 待鸭皮上色后，用锡纸将鸭腿和鸭翅膀包裹起来，用下火继续烤制，中间需要多次刷蜂蜜醋汁；约 50 分钟后，去掉锡纸，用上火再烤 10 分钟即可取出。

→ 如何制作皮蛋

1. 将纯碱、食盐、红茶末和水倒入锅内煮沸。

2. 待煮沸后，将其倒入预先放好黄泥的缸内，搅拌均匀，冷却待用。

3. 将鸭蛋放入冷却的料浆中浸蘸，使其均匀地沾满泥浆。

4. 将蛋放在盛有生石灰和桑柴灰混合料粉的容器内滚动，使蛋均匀地沾满粉料。

5. 装缸密封，置于库房内贮存，一般经 2 个月左右即可出缸。

→ 如何炒鸡蛋更香

1. 将鸡蛋打入碗中，顺着一个方向搅打，加入少许烧酒搅匀，味道会更佳。

2. 炒鸡蛋时，加一点温水搅几下，即使火候过大、时间较长，也不致炒老、炒干瘪。

3. 油要热，一次不可炒太多，油要多，操作要快。

4. 摊鸡蛋时，先炒好一面，再翻匀炒另一面，拌炒容易出现破损，导致外焦里不熟。

如何煎荷包蛋

1. 将炒锅洗净，开中火烧热，放少量油，打入一个鸡蛋，待底层结皮，将鸡蛋的一半铲起包裹蛋黄，也可将鸡蛋翻转煎另一面成荷包形。

2. 两面煎成嫩黄色即可出锅，注意此时的鸡蛋黄基本上是生的，然后放入准备好的调味汤汁中。

3. 开旺火烧汤锅，加入适量葱花、食盐、味精以及酒，待烧沸后转为小火，约5分钟后即可盛出。

如何煮鸡蛋

1. 将新鲜鸡蛋洗净，放入盛水的锅内浸泡1分钟。

2. 用小火烧开，这样可以防止鸡蛋在烧煮的过程中蛋壳爆裂。

3. 用小火烧开后，改用文火煮8分钟即可。烧煮的时间不宜过长，否则蛋黄中的亚铁离子会与硫离子产生化学反应，从而形成硫化亚铁褐色沉淀，妨碍人体对铁的吸收。

4. 煮熟的鸡蛋应取出让其自然冷却，或放在凉开水、冷水中降温半分钟，这样容易剥皮。为防止细菌感染不宜放入自来水中。

如何做蛋花酥

1. 用少量蛋清将豆粉调散，再倒入鸡蛋，调成蛋豆粉糊。

2. 将花生仁用沸水泡一下，再捞起，然后加食盐拌匀，再倒入蛋豆粉糊中。

3. 将炒锅置于火上，倒入菜油烧热，然后再倒入裹上蛋豆粉糊的花生仁，炸至呈金黄色时即可捞起，晾凉装盘。

如何蒸蛋羹

1. 将鸡蛋液打散，直至蛋清和蛋黄均匀混合在一起。

2. 加入凉开水，注意不能直接加生水，一边加，一边拌匀，然后倒入食盐，充分搅匀。一般蛋液与水的比例是1:2。

3. 用纸巾将蛋液表面的气泡吸掉，或用漏网将气泡过滤掉，使液体表面光滑平整，这样做出来的鸡蛋羹才不会有难看的蜂窝。

4. 将蛋液盖上一层保鲜膜，放入蒸锅中，用大火加热，待蒸锅中的水沸腾后，转用小火，蒸10分钟左右即可。

5. 可以在蛋羹里加入肉末，味道会更加美妙。

如何炒青菜不变色

炒青菜时，尽量不要加水；油量要比

炒其他菜多些，用旺火，快炒，不要用中小火慢慢煮。如果火太小，炒得时间太长青菜肯定会黄掉，如果火大了你不猛炒的话菜就会煳掉。

小贴士：炒青菜前，先用淡盐水清洗青菜上的泥土，如果有虫子，它遇到盐水自己就爬出来了。浸泡的时间不宜过长，否则维生素会流失。

如何炒胡萝卜最有营养

将胡萝卜与肉类混合做馅，因为胡萝卜中富含的 β - 胡萝卜素只有溶解在油脂中才易被人体吸收，这样可以提高胡萝卜素的吸收率。

如何炒西红柿不掉皮

将西红柿切好，过一遍油，再炒西红柿就不会掉皮。

如何炒脆土豆丝

1. 浸泡：土豆切丝后应立即浸泡，否则会使土豆颜色改变。

2. 快焯：炒土豆丝前，先在开水里快速焯一遍，滗掉水分，这时的土豆丝已经半熟了。

3. 快炒：将油温烧至七成热，快速翻炒，如果要加辣椒、蒜蓉，可先将其煸炒。

如何炒豆芽没有腥味

先将豆芽洗好，放入水里焯一下，开锅后用漏勺捞出，再用凉水过一遍，然后放入油锅中炒，这样炒出的豆芽就没有豆腥味了。

如何炒茄子省油

将茄子切成茄块，撒食盐拌匀，约15分钟后，挤去渗出的黑水，炒时不要加汤，反复炒至全软。

如何炒出清脆四季豆

1. 炒四季豆前，先在开水中稍稍烫一下，这样就不会出现因豆不熟而引起食物中毒的情况。

2. 放入盐水中浸泡5分钟，捞起，待水分完全干了再下锅。

3. 炒四季豆时，用旺火快炒，最好加入肉丝、姜丝、青椒丝一起炒，这样四季豆更能入味。

小贴士：炒四季豆时要注意不能炒完之后再放水煮，这样炒出来的四季豆颜色会比较难看。

如何炒藕片不变色

将藕去皮，放入稀醋水中浸泡约5分钟，捞起沥干，可以防止切过的藕丝变成褐色。炒藕丝时，一边炒一边加入些许清水，这样炒出的藕丝洁白如玉。

如何煮地瓜

将地瓜洗净，放入锅内，往锅内倒水，使水恰好漫过地瓜，用文火慢煮约4个小时，煮熟煮烂后，根据喜好加入蜂蜜即可。

→ 如何巧炸花生米

将花生米和生豆油同时倒入锅内，注意油要漫过花生米。开中火将油慢慢烧开，用锅铲搅动花生米待油烧开，花生米也已炸好。这样炸出来的花生米既酥又脆，而且不会炸焦。

→ 油炸花生米保脆法

油炸花生米一般放 12 个小时后就不酥脆了。在花生米刚出锅时，洒上少许白酒，搅拌均匀，稍凉后再撒上少许食盐，这样做出来的花生米，放置几天都会酥脆如初，不易回潮或糯软。

→ 如何快速煮海带

1．将捆着的海带解开，放入蒸笼内蒸半小时左右。

2．再用水浸泡一个晚上，海带就变得既脆又嫩了；或者在蒸海带之前，放少许面碱或小苏打，就能很容易地将海带胶溶解，煮之后海带很快就会变软。

3．如果用水浸泡，可在水中放入少许食醋，也能将海带较快地泡软。

4．在烹调时，也可以加入几颗菠菜，因为菠菜含有一种叫草酸的物质，能使海带迅速变软。

→ 如何炸锅巴

1．将锅巴分成小块，在锅巴上撒少许清水，再将生芝麻撒到锅巴上，注意一定要粘上。

2．烧锅热油，待油烧热时，将锅巴放入锅内炸至金黄香脆，捞起入碟，再撒上椒盐，淋入麻油即可。

→ 如何炒莴笋叶

将莴笋叶撒点食盐，挤去水分，再用水洗一下，可除去莴笋叶的苦味，然后沥干，开火烧油锅，烧热后加入少许食盐、糖、味精爆炒，稍微焖一下即可起锅。

→ 如何素炒木耳

将木耳洗净择好，放入沸水锅中略烫，捞起沥干，待锅中油热后，将姜、蒜、辣椒末倒入锅中煸炒，再放入木耳，一起翻炒。

→ 如何炒菜花

1．将菜花先焯水，然后起锅晾一下。

2．放入少量油，将蒜末放入锅内炝锅。

3．放菜花炒，不要翻炒得太频繁，以免炒碎，起锅前加入适量的食盐和鸡精，这样炒出的菜花比较清淡，油也很少。

4．如果喜欢吃稍微荤点的，可以先不焯水，直接放油炒，注意千万不要先放蒜，否则会炸煳在油里，等菜花变色后，可加入少许已经炒好的五花肉，这时再加蒜，起锅前再调味就行了。

→ 如何炒手撕包菜

1．将包菜洗净，用手撕成大小均匀的片，将姜、蒜切片，辣椒切段。

2. 用两汤匙酱油、一汤匙醋、少量白糖调好汁。

3. 往锅中放油烧热，倒入辣椒段、姜片、蒜片炒香，再放入包菜进行翻炒，用大火快炒3分钟左右，倒入调好的汁，再略炒一会加食盐，装盘即可。

如何除萝卜的异味

将萝卜在烹饪前焯水能有效去除辣味和涩味。萝卜中的硫醇和黑芥子甙这两种物质经烫焯后可能转变成可挥发的芥子油，这样不仅可以除去萝卜中的辣味和涩味，还能使萝卜中的部分淀粉转化成葡萄糖而产生微甜味和鲜味。

如何清炒丝瓜

将丝瓜用急火爆炒，放食盐要早，不要盖锅，这样炒出的丝瓜色泽翠绿、滑而不腻、清嫩爽口。

如何炸腰果

将腰果在热锅凉油中略炸，快速捞起，放入温水中快速过一下，这样可以去掉腰果上的浮油。炸腰果的关键是要用温火来炸，如果腰果在油里起沫且颜色发黄，则马上停火，最后在油中停置片刻，捞出即可。

如何制作拔丝

制作拔丝用中火即可，把油烧到五六成热时，放多点分量的糖，否则熬成的糖水不浓就不好吃了。将糖放进油锅后，

要马上加水，否则糖就会变成黑乎乎的黑糖炭。用比小火大一点点的火慢慢熬，同时还要不断搅拌，防止粘底。

如何快速制作凉拌黄瓜

将黄瓜切片或切块，放入少许食盐，腌半小时左右，再加入醋、味精、食盐及适量的糖。将香葱粒和姜末切好，再将花生油倒入锅内烧热，把葱和姜放到热油里，爆5秒左右，再把葱姜油淋在黄瓜上，最后充分搅拌均匀。

煲汤妙招

如何烹制鱼汤

先将鱼煎至微微焦黄，再烧汤，汤就呈奶色且富有鱼香味。煎鱼时先放些葱丝、姜末调味，也可适量加些花椒，可以去腥。如果要保持鱼肉的生鲜，不愿煎炸，可在煮鱼的沸水中滴入几滴荤油。熬鱼汤还有一个关键，就是要用大火煮沸，保持鱼汤一直处于翻滚状态。

如何让鱼汤变白

1. 鲜鱼洗干净后，不要加食盐，否则

会使蛋白质凝固，鱼汤也就不会变成乳白色了。

2．鱼煎好后宜加开水勿加冷水，使蛋白质从高温中离析出来。

如何烹制鸡汤

1．先将鸡剥皮，去除内脏，洗净，斩成小块。

2．将蒜头洗净；将姜片切成丝；将葱洗净，切成葱花。

3．煮沸清水，放入鸡肉、蒜头、姜和米酒，用大火煮20分钟左右，再转用小火煲1个小时后，下葱花、食盐调味即可食用。

如何烹制骨头汤

将骨头放入温热水中，用干净的抹布逐根洗净，注意一定要清洗干净骨头缝里的血沫和杂质；将直通骨劈成两片，放入锅中，加入葱、姜，然后放入冷水，注意冷水最好一次性加足；用大火烧开，撇去浮沫，再转小火慢慢炖。水烧开后可加入适量的醋，因为醋能使骨头里的磷、钙这些营养物质充分地溶解到汤内；不要过早放食盐，因为食盐能使肉里所含水分很快流失掉，加快蛋白质的凝固，影响汤味的鲜美；炖2～3小时出锅即可。

如何烹制蛋汤

先调蛋，注意不能放食盐，汤也不能先放食盐，待蛋下锅后，再放食盐调味；一手端蛋液，一手用铲或瓢顺一个方向搅动；注意倒蛋液时手要抬高一点，慢一点，蛋下锅后不能用大火煮太久。

如何做奶汤

将猪肚揉洗几次，先焯水再刮洗干净，再将猪肘刮洗干净，然后将鸡、鸭、棒骨清洗干净，一同放入沸水锅中焯水，可以去除血腥味；捞出冲洗干净，放入大铝锅中，倒入清水，用旺火烧沸，撇去浮沫，加入拍破的姜、挽结的葱、料酒，加盖，用旺火熬至汤汁呈乳白色、味鲜美，即成奶汤。

如何煮绿豆汤

1．将绿豆洗净，烘干水分，倒入锅中，加入开水，注意开水要没过绿豆2cm。

2．煮开后，改用中火，水分快煮干时加入大量开水，以防止粘锅。

3．盖上锅盖，继续煮20分钟左右，待绿豆已酥烂，汤呈碧绿色时即可。

小贴士：煮绿豆汤不要用铁锅。用铁锅来煮绿豆汤，会使汤色变暗发乌，但这种现象无毒无害。

煲排骨汤时要少放食盐

排骨汤是风起渐冷时健体补钙的佳品。排骨汤要少放或不放食盐，才能保证汤的补钙作用。因为食盐的摄入量越多，尿中排出的钙量也越多，钙的吸收也就越差，因此在补钙时一定要注意低盐饮食。喝牛奶、吃钙片也最好在距离吃饭时间2小时左右为佳。

→ 煲汤尽量用砂锅

砂锅可耐高温，经得起长时间的炖煮，而且一般煲汤是需要中小火慢慢煲炖。砂锅能保持汤汁的原汁原味，让汤汁更为浓郁、鲜美、可口，不会损失原有的营养成分。

→ 煲汤时要少放香料

煲汤最好不要放香料。喝汤讲求原汁原味，如果香料放多了，不仅影响汤本身的鲜味，而且会使汤色变混浊，如果需要，放一片姜即可。

→ 如何让咸汤变淡

汤如果煲咸了，可以巧用土豆来使咸汤变淡，因为生土豆最能吸收盐分。将土豆切成若干片，在烧开的汤里放入一片，约半分钟，可尝尝汤是否还咸，如果还咸，再以此方法放入第 2 片、第 3 片，直到汤味合适为止。

也可以用干净的布包一把米饭放入汤内，煮一段时间，汤味应该较为合适了；还可以在汤内放入一块糖，待糖开始溶化就可取出，糖也能吸去多余的盐分。

→ 如何使汤汁变浓

使汤汁变浓的方法很多。

1. 在汤汁中勾上薄芡，增加汤汁的稠厚感。

2. 放油，使油与汤汁混合成乳浊液，汤色会变得和牛奶一样。方法是先将豆油或猪油烧热，冲下汤汁，盖严锅盖用旺火烧开，汤很快就会发白。

这里延伸一个小知识点，教大家油面浆的做法：将猪油与面粉按 1∶1 的比例下锅，用小火慢慢搅炒，待面粉色变黄，外观类似冻花生油状即可。若要强调香味，可先将猪油炸洋葱丝，然后再炒面粉；若要奶香味，可用白脱代替猪油。一般来说，豆油等素油也可采用，但口感不及猪油。炒成的面浆在汤调好味之后像勾芡一样使用。加了油面浆的汤稠厚而香肥。

→ 煲汤三大诀窍

1. 煲汤的选料要新鲜，这样才能保证煲出来的汤品味道鲜美。

2. 避免在煲汤中途添加冷水，因为正加热的肉类遇冷不易溶解，汤便失去了原有的鲜香味。

3. 不要让汤汁一直大火炖煮，否则肉中的蛋白质分子产生激烈运动会使汤汁显得混浊。在烧沸后改用小火慢熬就可以了。

干货
加工
妙招

→ 如何泡发笋干

首先注意笋干的用量：两片笋干泡好

家有妙招 生活零烦恼

后可炒一盘。

1. 将适量的笋干放入凉水中，浸泡1～2小时。

2. 洗净，放入高压锅内，用凉水浸没，煮开。

3. 煮开跑气后，用小火继续煮40分钟左右，保持沸腾状态。

4. 待锅凉后，把发好的笋干用清水洗净，即可烹饪。

如何泡发干黄花菜

先用温开水浸泡10～30分钟，根据黄花菜采购时的颜色、质量来确定。如果是从超市购买包装完好的黄花菜，在水中浸泡10分钟左右泡发即可。如果是菜市场购买的散装黄花菜，就可能含有硫成分，应多浸泡点时间，并需要用清水多清洗几遍。浸泡时应避免过度用力挤压黄花菜，那样会影响口感。

如何泡发银耳

很多家庭主妇为了节省时间，往往会采取用热水浸泡的方式来泡发银耳，这样会对银耳的口感造成很大的影响。其实正确的方式是用凉水泡发，冬季可用温水，让水慢慢润泽银耳，直到恢复半透明状即可。然后摘除底端和杂质，去掉未发开的。用手轻轻将其撕成小朵，即可进行烹饪。

如何泡发木耳

用凉水泡发，冬季可用温水。浸泡3～4小时，使水慢慢渗入木耳中，使其恢复到半透明状，即为发好。这样泡发的木耳，不但数量增多，而且质量较好。用冷水泡发黑木耳，可能使黑木耳达到原体积的3.5～4.5倍；如果用温水，则只有2.5～3.5倍。

如何泡发蘑菇

用冷水将蘑菇表面清洗干净，再用温水将菌褶发开，用手朝一个方向轻轻旋搅，让泥沙慢慢沉入盆底。

泡洗蘑菇时不能用手捏挤，捏挤会使蘑菇的香味和营养大量流失，砂土也会被挤入蘑菇的菌褶中，反而更难洗净。

如何泡发腐竹

腐竹宜用温水浸泡，使其达到里外软硬一致的效果。如果用热水泡发，腐竹容易变得软硬不匀，甚至外烂里硬。

如何泡发干贝

干贝如果想要在短时间内泡发，放入滚水中浸泡即可，但这样容易使干贝的鲜味流失。所以，要保有干贝的鲜味最好采用蒸的方式，先放在水中泡3～4小时，再蒸2小时左右，即可取出烹调。

如何泡发鱼翅

将鱼翅放入开水中浸泡，再用刀刮去上面的砂子，并且去掉边缘不规则的部分及毛边。如果鱼翅较老，应反复浸泡，刮2次，直到洗净。

将收拾干净的鱼翅投入冷水锅烧开，

加入少许碱，待煮沸后，改用文火煮1小时左右，用手试掐，掐得动时即可出锅，如果掐不动，再继续煮。再换水漂洗1～2次，除去碱味即可。

→ 如何泡发海参

热水发泡法：将海参放入热水中泡24小时，或随冷水入锅煮开，关火再加盖闷泡4～5小时；从腹下开口取出内脏，然后换上新水，上火煮50分钟左右，用原汤泡起来，过24小时后取出即可。

冷水发泡法：将海参浸入清水中，泡发3天后，取出，剖腹去除肠杂、腹膜，再换清水浸泡，待泡软后即可加工食用。这种泡法在夏天要多换几次水，并经常注意是否已变软。

科学
烹饪
小常识

→ 鉴别火候

1. 旺火：旺火又称大火、急火或武火，火柱会伸出锅边，火焰高而安定，火光呈蓝白色，热度逼人。烹煮速度快，可保持材料的新鲜及口感的软嫩，适合生炒、滑炒、爆等烹调方法。

2. 中火：中火又称文武火或慢火，火力介于旺火及小火之间，火柱稍伸出锅边，火焰较低且不安定，火光呈蓝红色，光度明亮。中火可使食物充分入味，适合烹煮酱汁较多的食物，如熟炒、炸等烹调方法。

3. 小火：小火又称文火或温火，火柱不会伸出锅边，火焰小且时高时低，火光呈蓝橘色，光度较暗且热度较低。小火适合于慢熟或不易烂的菜，如干炒、烧、煮等烹调方法。

4. 微火：微火又称烟火，火焰微弱，火光呈蓝色，光度暗且热度低。微火可保持材料原有的香味，使食物有入口即化的口感，适合长时间炖煮的菜，烹调方法有炖、焖、煨等。

→ 掌握油温

1. 冷油温：油温一二成热，油面平静。适合油酥花生、油酥腰果等菜肴的烹制。

2. 低油温：油温三四成热，油面平静，面上有少许泡沫，略有响声，无青烟。适合干熘、干料涨发等的烹制。

3. 中油温：油温五六成热，油面泡沫基本消失，搅动时有响声，有少量的青烟从锅四周向锅中间翻动，适用于炒、炝、炸等烹制方法。中油温具有酥皮增香，使原料不易碎烂的作用。下料后，水分明显蒸发，蛋白质凝固加快。

4. 高油温：油温七八成热，油面平静，搅动时有响声，冒青烟。适合爆、重油炸等烹制方法。高油温具有脆皮和凝结原料表面，使原料不易碎烂的作用。下料时见水即爆，水分迅速蒸发，原料容易脆化。

油温的应用：120℃适合肉丝类食物，

150℃适合肉块类食物，180℃适合油炸类食物。油炸最好是用半新半旧的油，用过的油与新油的比例是1：1。

食用油不宜长期反复加热

食用油经高温加热，会降低其营养价值。食用油经高温加热，油中的维生素A、胡萝卜素、维生素E等营养素被破坏，氧化脂肪酸也受到破坏。经高温加热过的油的供热量约为未经高温加热的油的1/3，且不易被吸收并妨碍同时进食的其他食物的吸收。

食用油经过反复的高温加热，会产生很多脂肪酸聚合物，而脂肪酸聚合物会使肌体的生长停滞，肝脏肿大，肝功能受损，甚至有致癌的危险。

食用油要科学保存

食用油应密闭保存于低温避光处。油的氧化变质具有很强的传染性，如果把新鲜油倒入旧油瓶中，那么，新鲜油也会较快劣变。所以，用一个大塑料瓶反复保存食用油的做法是不正确的；买一大桶油每天打开盖子倒油也是不妥当的，因为这样很容易加速油的氧化。

正确的做法是：用较小的有盖的油杯或油瓶来盛装少量油，待油用完之后再从大油桶中取用，平日就放置在橱柜中，炒菜时才拿出使用。小油杯和小油瓶应当定期更换，大桶油买来之后应放置在阴凉处，盖严盖子，严防空气和水分进入。

炒菜用油要适量

炒菜用油量要适当，不宜过多。菜肴在烹调时用油过多，调味品就不易渗入食物内部，影响菜肴的味道；同时食物外围会包围上一层油脂，食用后肠胃消化液不能与食物完全接触，不利于人体对营养物质的吸收。

炒菜最好用铁锅

铁锅是我国的传统厨具，一般不含其他化学物质，不会氧化。在烹制食物时，铁锅不会产生溶解物，不存在脱落问题，即使有铁物质溶出，吸收后也只会对人体有好处。

炒菜不宜过早放酱油

优质酱油不仅产生香味和鲜味，而且还含有丰富的营养，如：8种人体必需的氨基酸、糖分、维生素B_1、维生素B_2及钙、锌、铁等多种微量元素。烹调菜肴时，如果酱油放得过早，酱油经过长时间的高温烹煮，其中的氨基酸成分会遭到破坏而使菜肴失去鲜味，酱油中的糖分也会因高温加热而焦化，使菜肴的口感变苦。

花生油、动物油炒菜忌后放盐

用花生油烹调食物不宜后放食盐。花生在条件适宜的情况下容易被黄曲霉菌污染，霉菌会产生一种叫黄曲霉素的毒素，花生油虽然经过处理，但是仍然残留着微量的毒素。炒菜时，应待油热后先放食盐，过1分钟左右再放入作料和菜，就可以利用盐中的碘化物分解掉黄曲霉菌毒素。

蔬菜不应先切后洗

烹调蔬菜时，人们习惯于先切后清洗，其实这样是不妥的。因为这样会加速营养素的氧化和可溶物质的流失，使蔬菜的营养价值降低。

正确的做法是：把叶片剥下来先仔细清洗干净，再用刀切成丝、片或块，随即下锅。至于菜花，洗净后，则可直接用手将花梗团掰开，不必用刀切，因为用刀切时会把花梗团弄得粉碎而不成形，当然，最后剩下的肥大主花茎则需用刀切开。

炒蔬菜时应多放淀粉

炒菜时用淀粉勾芡，可使汤汁浓厚并有保护维生素 C 的作用。因为在食物表层裹上淀粉或面粉糊，可避免食物与热油直接接触，减少食物中蛋白质的变性和维生素的损失。勾芡的食物汁液不易外溢、流失，使食物外焦里嫩、口感更佳。

厨房要及时通风换气

厨房要做好通风换气的措施，如安装抽油烟机和排风扇；经常开窗，使厨房能很好地通风换气，以便将炒菜时产生的油烟及时排走。

烹饪小要领

1. 炒菜前，锅要先烧热再倒油；油也必须至少烧至三成热才将菜倒入。

2. 不易熟的材料应先放入锅中，炒至略热后，再把容易炒熟的材料放入锅中一起翻炒。

3. 炒菜时应用大火，菜要翻炒均匀，如此可保持菜的美味及原色。

4. 一些不易熟的菜品（如芸豆、四季豆等等），可以先将其在热水中焯一下再下锅翻炒更易熟。

5. 需要煮的菜品应先用大火煮沸，再改用小火烧到汁略浓稠即可。

烹调加水的技巧

1. 炒肉丝、肉块可以加入少许水，这样炒出的肉会比较鲜嫩。

2. 烹饪蔬菜时应加开水，避免加冷水，否则蔬菜会缺乏口感。

3. 炒藕丝时，可以边炒边加少许水，可避免藕丝变色。

4. 炒鸡蛋时，搅拌鸡蛋过程中可以加入一勺温水拌匀，炒出的鸡蛋松软可口。

5. 豆腐下锅前尽量在开水里浸泡一刻钟，可清除泔水味。

6. 用冷水炖鱼可减少腥味，并应一次加足水，切忌中途加水，会冲淡其原汁的鲜味。

7. 蒸菜时最好用开水，使其营养成分突遇高温蒸气而立即收缩，内部鲜汁不外流，熟后味道鲜美且有光泽。

家庭清洁技巧篇

- 厨房清洁妙招
- 卫生间清洁妙招
- 房间清洁妙招
- 家电清洁妙招
- 衣物清洁妙招
- 食物清洁妙招

厨房清洁妙招

如何清洁炉具的污垢

炉具里日积月累的污垢总是让你头疼不已，想要轻松去除炉具的污垢，可以在炉具还处于温热状态的时候把食盐撒在污垢上，待冷却之后，再用湿海绵擦拭干净即可。

如何保养炉具

1. 每次用完炉具，都要养成将炉嘴擦拭干净的好习惯。

2. 定期用铁丝刷去除炉嘴碳化物并且刺通火孔。

3. 当煤气炉发生飘火或红火的现象时，应适当调节煤气风量调整器，以免煤气外泄发生危险。

4. 时常检查煤气橡皮管是否松脱、龟裂或漏气。

小贴士：为了避免强风吹熄炉火，煤气炉具与窗户的距离要保持30厘米以上；而煤气炉与吊柜及除油烟机的安全距离则为60～75厘米。

如何清洁水池

水池是很容易滋生细菌和产生污垢的地方，所以一定要经常清洗。

妙招一：1. 抓一小把细盐，然后均匀地撒在四周的池壁上。

2. 过一会儿后再用热水自上而下地冲洗几遍，油污便可除去，还可以达到杀菌的效果。

3. 水池的4个角落可以用废弃的牙刷蘸取一些细盐粒来刷洗。

妙招二：1. 可以资源合理利用，找出家里废旧的T恤，剪出一块布用来缝制一个小口袋。

2. 然后装入几块废弃的肥皂头，在水中浸泡一会儿。

3. 在水池内壁有油污的地方用力刷几次，然后用清水冲净，油污便能去掉了。

如何清洁灶台

平时炒菜的时候稍不注意，油点或者菜渣便会溅在灶台上且没有及时清理干净，灶台上就会出现一层让人头疼的顽固油污。

妙招一：1. 先在灶台表面撒上一些热水，软化掉灶台上的污垢。

2. 再喷上适量的清洁剂，然后将灶台擦拭干净。

妙招二：将40克发酵粉和热水混合成无毒清洁剂，然后用抹布擦拭干净即可。

小贴士：如果油污层比较厚，可以先用废弃报纸铺在油污上面，对其进行部分吸收。然后再用以上方法清洗效果会更好。

如何清洁不锈钢锅

不锈钢锅极易产生难以刷洗干净的黑色污垢。

1．找出家里较大的锅具冲洗后放在炉子上。

2．然后加上半锅左右的清水，并投入一些备用的菠萝皮。

3．再把小号的锅具逐一放进去，在炉灶上加热煮沸一段时间。

4．等到冷却后再取出，你就会惊奇地发现这些锅具变得光亮如新。

如何清洁铝锅

铝锅用久了后，表面容易形成黑垢，这时我们平常买来的水果和蔬菜就可以派上用场了，利用它们来巧妙去污效果很好。比如最普通的番茄，我们可以先将几只番茄和少许清水放在铝锅里，然后开火煮沸，再用冷却后番茄水来清洗铝锅上的黑垢，只要反复擦拭几次，铝锅自然会恢复原有的光泽。除了番茄以外，柠檬、黄瓜等水果也可以起到这种作用。

如何清洁砂锅

妙招一：砂锅里结了污垢，可在锅里倒入一些淘米水并烧热，再用刷子把锅里的污垢刷净，最后用清水冲洗便可。

妙招二：砂锅上沾染了油污，可以将喝剩的茶叶渣用小布袋包起来，然后在砂锅的表面多擦拭几遍，也能起到清除油垢

的效果。

如何清洁铁锅

可以使用醋之类的除锈剂将铁锅清洗干净，再慢慢地擦干（注意不要刮到手），抹上油后小火干烧几分钟，直到油开始冒烟。以后每次洗净后使用干抹布把水擦干净（保证不留水分），然后把锅挂起来。

如何清洁高压锅

高压锅密封胶圈的保养关键是清洗。密封胶圈刷洗时最好和锅盖一起刷洗，尽量避免将密封胶圈从高压锅盖上取下单独清洗，这样很容易损坏胶圈，清洗时用水将粘附在胶圈上的残粒余渣冲洗干净即可。

如何清洁锅底

1．先将沾有烧焦食物或者油垢的锅底用温水浸泡。

2．撒上大量的食用苏打粉，再将它们放置上一整夜。这样能使烧焦的食物及污渍被充分软化，更容易清洗干净。

如何清洁刀叉

刀叉、汤匙等餐具用久了很容易产生一层冲洗不掉的污垢。这时针对不同材质的餐具可以选择不同的清洁方法。

1．金属制品的刀叉，可以用干棉布蘸取少许苏打粉或牙膏粉来擦拭，然后用清

水冲洗，再用另一块干净的抹布擦拭掉残留的水分。

2. 塑料制品的刀叉，可以用抹布蘸取少量的醋或碱来擦洗，这样能使刀叉恢复光泽。

如何清洁水壶

水壶中若有水垢且不易擦掉时，可将浓盐水加少许醋混合，倒入水壶中浸泡一晚，隔天用不锈钢丝在内侧擦拭便可除去污垢。

如何清洁抹布

抹布在清洁厨房或者洗碗的时候很容易带有食物残渣，这样就算用清水搓洗，也还是容易滋生细菌。所以，建议定期进行消毒，在开水中加入食盐，然后将其浸泡2分钟。再取出洗净、拧干。

如何去除菜刀上的腥味

去除菜刀上的腥味可用生姜或柠檬皮进行擦拭，然后洗净擦干。

如何清洁过滤杯

清洗时最好将过滤网抽出，用干净的毛巾擦去过滤网上的污垢。如果过滤网上堆积过多的污垢，则可用水漂洗或软刷蘸中性洗涤剂清洗，但清洗时不能用洗洁精，水温不得超过50℃，以免滤网变形。

如何清洁塑料杯

1. 先在塑料杯中倒入刚烧开的水，加入少许白醋。

2. 轻轻地摇一摇，静置1个小时左右。

3. 再用牙刷对杯子内壁的污垢进行刷洗，水垢就随之脱落了，然后把污水倒出来，清洗干净。

如何清洁菜板

1. 先用洗洁精和清水把案板洗净。

2. 再在案板上撒上一勺盐。用清洁海绵蘸取少许水后，在案板的表面反复擦拭。

3. 大约30秒钟后，用冷水冲洗干净即可。

小贴士：木制切菜板容易滋生细菌，可先用柠檬或者清洁剂清洗，再用开水进行消毒。

如何清洁玻璃杯

1. 玻璃杯非常易碎，清洗时，要避免用手拿着高脚部分去旋转着清洗杯壁。高脚和杯体的连接部分很脆弱，正确的方法是手轻握着杯体一边旋转一边清洗。

2. 玻璃质地脆弱，应注意防重压、防高温、防强碱及强酸。移动杯子时，应抓紧杯子的底座或整个杯体。

3. 切勿使用羽毛刷子清洁玻璃杯，而要用轻软而不含绒毛的布料轻轻地拂去尘垢，以免磨损表面。

如何清洁咖啡杯

冲泡过咖啡的杯子内壁很容易残留下难以去除的咖啡渍。

妙招一：可以把牙膏直接挤在杯子上，然后用柔软的棉布进行擦拭，这样很容易去除污垢。

妙招二：可以用中性温和的洗涤剂或者苏打粉配合柔软布料来擦洗，如果效果不明显的话就在杯中挤入几滴柠檬汁，浸泡一会儿再用清水冲洗干净。

小贴士：避免用硬质刷子和碱性过强的洗涤剂进行清洗；饮用咖啡后尽量清洗干净可以减少污垢的产生。

如何清洁茶杯

妙招一：将几块柠檬皮置于茶杯里，再加一些温水浸泡，过几个小时后用热水洗净，污垢便容易去掉了。

妙招二：用柔软的布料蘸取少许盐或碱粉进行擦拭，再用清洗剂进行清洗。也可用牙膏除污法清洁茶杯。

如何去除饭盒的异味

饭盒的异味一般很难去除，这时你可以试着用以下方法去除异味。

妙招一：用醋、小苏打粉或者茶叶水放入饭盒中，然后静置一晚上，便能中和其异味。

妙招二：将柚子皮放于饭盒中，再用开水进行浸泡，静置一夜后用热水清洗即可。或者去超市买1个新鲜柠檬，每天清

洗完饭盒后切2片薄柠檬，放于饭盒中静置一整夜，早上取出柠檬片清洗饭盒既可避免异味的产生。

如何去除筷子的霉点

1. 将发霉的筷子浸泡于淘米水中。
2. 用生姜或者洋葱擦拭几遍。
3. 用热水冲净后，放于煮沸的盐水中进行消毒。
4. 用干净的抹布擦干，然后放于太阳下晒干水分。

小贴士：平时不要将所有的筷子都拿出来用，如果在没有客人的情况下只要摆上常用的几双筷子就行了，这样不至于因筷子盒通风不畅而导致筷子发霉。

如何去除厨房的异味

妙招一：偶尔不小心把面包烤焦了，就这样丢进垃圾箱是不是有点可惜。其实烤焦的面包片也可以妙用，可以用它吸收挥之不去的厨房异味。

妙招二：也可将橘皮放入锅里加水煮几分钟，然后关火，敞开锅盖散发出香味。或者在厨房里摆上一碗醋，也可以很容易消除油烟味。

如何去除陈年油垢

1. 先在顽固的陈年油垢上喷上去油污专用的清洁剂。
2. 铺上一层保鲜膜，然后用吹风机在距离10厘米的地方加热2分钟。
3. 再用抹布擦拭即可。

如何去除新餐具的异味

将新鲜柠檬片，或姜片放入新餐具中，倒入煮沸的白开水，大概注满容器的 3/4 即可，再盖上盖子，放置一整夜，早上用清水冲洗干净。

卫生间
清洁
妙招

如何去除卫生间的异味

妙招一：将喝过的茶叶或者煮过的咖啡渣放在洗手间，可减轻异味。

妙招二：用晒干的柠檬泡水，然后用此柠檬水喷洒在洗手间，也可中和异味。

妙招三：燃烧废茶叶除臭，将晒干的残茶叶，在卫生间燃烧熏烟，能除去污秽处的恶臭。

如何预防浴室里的霉菌

预备一个喷雾瓶，将 240 毫升水和几滴绿茶油进行混合放入瓶中，时常对浴室内进行喷洒。

如何预防瓷砖上的霉点

厕所的通风环境相对不好，而且总处于潮湿状态，如果清洁不彻底，瓷砖的接缝处很容易出现小霉点。可以在清洁完卫生间之后，在瓷砖的接缝处涂上蜡，这样可以减少发霉的可能性。

如何清洁马桶

妙招一：将一小杯白醋加入少许苏打粉调和后倒入马桶，过 15 分钟后，用马桶刷擦去污渍，再放水冲洗干净即可。

妙招二：将平时喝剩的可乐倒入泛黄的马桶中，浸泡 1 小时左右，再用马桶刷进行刷洗，污垢也能轻松去除。

如何清洁玻璃台

妙招一：将少许牙膏挤在玻璃台上，然后用抹布进行擦拭，再用清水洗净即可。

妙招二：蘸取几滴醋轻轻地滴在玻璃台上，再用水清洗，可使玻璃晶莹剔透。

如何清洁淋浴喷头

晚上淋浴后，在脸盆中放入一些温水，然后倒入半杯醋。再把淋浴喷头卸下来，浸泡在醋液里。第二天早晨，把淋浴喷头取出，会发现它变得更加洁净了，出水也较为顺畅。

→ 如何清洁镜子

妙招一：在镜子表面涂上一层肥皂水，再用干布擦一遍，使其形成一道能够隔绝蒸汽的保护膜。

妙招二：如果家里有废弃的香水，也可以用来擦拭镜子，效果会更好。

→ 如何清洁水龙头

挤少许牙膏放于干净柔软的抹布上，然后来回擦拭水龙头污垢处，再用清水冲净，水龙头便能恢复亮丽光泽。或者可以用小苏打粉替代牙膏，效果也不错。

→ 如何清洁洗手台

可以在洗手台上撒上少许的苏打粉或食盐，或者直接将清洁剂喷洒在污垢处。过 10 分钟后，待污垢溶解，用清水刷洗干净即可消除污垢。

→ 如何清洁洗漱盆

妙招一：用百洁布蘸取牙膏进行擦拭。

妙招二：对于茶垢、油垢、水垢等污渍，可以采用榨过汁的柠檬皮。用少许温水将其浸泡于脸盆中，放置 5 个小时左右，污渍便能轻松去除。

→ 如何清洁及保养浴缸

1. 每次用完浴缸后记得及时清洁浴缸，并将水分吸收干净，避免滋生细菌。

2. 清洗浴缸时，可取中性液体清洁剂与柔性布料配合使用。

3. 切忌使用清洁球、坚硬刷子等磨损型清洁用具，也不可使用高碱性的清洁产品。

4. 使用水龙头后，一定要记得关紧水阀，以免造成间歇性滴水，而导致浴缸积水。

5. 不要在浴缸内遗留下金属物品，它们在浴缸内很容易生锈，从而弄脏浴缸或在浴缸表面造成磨损。

→ 如何清洁瓷砖

1. 瓷砖地面应保持清洁环境，尘土沙砾应及时清除以免磨伤砖面。

2. 瓷砖的日常清洗选用洗洁精即可。

3. 将肥皂头切碎，用抹布包裹住擦拭瓷砖，可使瓷砖更干净透亮。

4. 当抛光瓷砖表面出现轻微刮痕时，可在刮痕处涂上少许牙膏，用干净柔软的抹布反复擦拭，可减淡刮痕。

5. 抛光砖应定期打蜡保养，可使瓷砖光亮如新。

→ 如何疏通排水管

妙招一：1. 把半杯小苏打倒入排水管。

2. 再倒入半杯醋，过程一定要小心。这两种成分混合后会产生大量的泡沫和浓烈的气体。

3. 在这种混合物作用大约 3 个小时后，放水清洗干净。

妙招二：将通马桶的橡皮管压在排水孔上，采用上下快速吸压的方法，让阻塞物在排水管内移动，这样被堵塞的水就能顺畅的流通了。

房间清洁妙招

如何清洁及保养地板

1. 经常性地让室内通风，保持室内清爽环境。

2. 应尽量防水、防暴晒、防刮痕，避免对地板不同程度的损坏。

3. 对于污垢灰尘的处理，应先用扫帚轻拭去微尘，再用4升水、30毫升液态肥皂和30毫升白醋混合成清洗液来拖地。最后用干拖把将地板上的水分处理干净。

4. 还可以定期打一层地板蜡来加强对地板的保养。若油漆面出现损坏情况，可以用普通清漆补上或请厂家来修理。

如何清洁及保养白木家具

1. 去超市买瓶家具专用清洁剂加以擦拭，可以使家具恢复透亮感。

2. 白色木家具易脏且易出现刮痕，应尽量避免其表面透明树脂被擦除。

3. 白色家具易产生黄斑点，用牙膏能使它变白，注意要用软质布。切忌操作时过度用力，否则会对漆膜造成损伤。也可将2个蛋黄搅拌均匀，用软刷子往发黄的地方涂抹，待干后用软布小心地擦拭干净即可。

4. 家具应注意防潮，尽量用干布擦拭，油漆质料进水易起皮、脱落；尽量避免日晒，不要放在烤火炉、暖气旁，也会导致油漆易起皮、掉落。

如何清洁及保养红木家具

1. 红木家具上若附有尘埃，可以用鸡毛掸子轻拭或用柔软抹布擦净。尽量不要让家具沾水，更要避免用酒精、汽油等溶剂来擦拭。

2. 红木家具上难以去除的污渍，可以用醋进行去污。将白醋和热水充分混合，用柔软的抹布沾湿后擦拭家具的表面，然后再用一块软布将水分拭去即可。

3. 为保持家具的光亮度，可以定期为家具做上蜡保养。上蜡不仅能增加家具的美观感，还能延长家具的使用寿命。

如何清洁及保养铜制家具

1. 一般在五金化工商店会有专用的擦铜油出售，可以保养铜制品。

2. 也可选用食醋或5%的醋酸水溶液擦洗进行刷洗，然后用干净的抹布擦拭干净。

3. 在铜制家具上撒一点盐再用干净的海绵擦拭干净，能起到抛光的作用。

4. 注意不要让利器刮花铜制家具，影响家具的美观度。

如何清洁及保养塑料家具

1. 塑料家具可用普通洗涤剂清洗，注

意不要用金属刷清洗，以免产生刮痕。

2. 塑料家具尽量避免阳光直射受热或者承受局部锤压，防止贴面的接合位置膨胀、脱胶。

3. 塑料家具耐光、油，对化学溶剂性能好，但硬度较差，应避免碰撞和刀尖硬物划花。如有开裂可用热熔法进行修补。

4. 塑料家具的基体多为纤维板，极易受潮膨胀、分离，要特别注意防水防潮。

如何清洁地毯

1. 如果地毯上不小心沾上污渍，如咖啡、可乐或果汁等等，可以先用一块干净的抹布吸去液体，再用一块湿布轻轻拭去污渍。

2. 如果污渍仍残留在地毯上，可用地毯喷雾喷射污渍，待污渍变成粉状，再用吸尘器将其吸除。

3. 地毯上若不小心沾上彩色笔污渍，可用干净的抹布蘸取少许汽油擦拭污渍处即可清除。倘若是墨汁滴在地毯上，可用指甲油与去光水可去除污渍。

4. 为了更好地保养地毯，可定期用蒸气清洗机将地毯彻底地清洗干净。

清洗原则：

清洗地毯时，必须注意清洗的方向。先看清地毯铺设的纹理方向，再垂直沿着地毯的纹理方向进行清洗，让清洗机能够充分接触到地毯，将地毯清洁干净。

清洗的步骤：

1. 吸尘：清洗之前应先将地毯彻底打扫干净。

2. 清洗：加入适量的清洁剂，用擦地机进行正确的擦洗。

3. 吸水：用地毯吸水机进行吸水，减少地毯里水分及清洁剂的含有量。

4. 擦洗：用清水加入去味剂进行擦洗，去除地毯中的异味。

5. 吸水：重复吸水工作。

6. 理顺：用扒头将地毯毛理顺并卷出地毯中残留的发丝。

7. 吹风：为了使地毯迅速干燥，必须用专业的吹干机将地毯吹干。

如何清洁坐椅

1. 用吸尘器将坐椅上的灰尘吸出来。

2. 对于难清洁的部位，可以用毛刷子来刷洗，或者用干净的抹布蘸上洗涤液清洗。切记抹布一定要拧干，避免多余的水分渗入坐椅中，致使座椅受潮。

3. 再用吸尘器把其余的水分吸干。

如何清洁皮革沙发

因为皮革制品很容易划花或是弄脏，所以皮质的沙发在清洁时要非常小心。可以先用一块干净的湿布抹去沙发表面上的灰尘。

妙招一：当沙发残留有顽固的污渍时，便在超市购买专业的沙发喷雾剂，使用的时候只须在距离污渍20厘米左右的位置喷一下，然后用湿布轻轻擦拭干净即可，这样便能让沙发变得更为光亮，注意这种保洁方式每月一次即可。

妙招二：皮革沙发还可以用香蕉皮擦拭的方法来恢复光泽，香蕉皮内侧含有丹宁酸，用来擦拭皮革制品效果很好。先用香蕉皮的内侧擦拭皮革制品，再用干抹布擦拭干净即可。

→ 如何清洁布艺沙发

1. 浅色的布面沙发应使用沙发专用干洗粉进行干洗，如布面上粘附着胶应加入少量的乳化剂。

2. 布面上若有严重的污渍，应从污渍的外围开始，朝一个方向往中间涂抹上清洗剂。清洗完毕后，应用干布或纸巾吸附清洁位置的水分，以免沙发干后产生黄迹影响美观。

3. 沙发的扶手、靠背和缝隙处可用小号吸尘器轻轻地把藏在里面的灰尘吸走，但切忌太过用力，避免破坏纺织布上的织线而使布艺变得蓬松。

→ 如何去除新家具的油漆味

妙招一：开窗通风。新房装修好后，应尽量通风散味。同时还可以打盆凉水，里边撒入几滴食醋，放在房间里，并将家具门打开，这样既可蒸发水分保护墙顶涂料面，又可吸收及消除残留异味。

妙招二：菠萝去油漆味法。可以买几个菠萝放在房间，因为菠萝属粗纤维类水果，既可起到吸收油漆味、消除异味的作用，又能散发出菠萝淡淡的清香，起到了两全其美的效果。

妙招三：盐水除油漆味法。可在房间内放两盆盐水，有助于油漆味的消除。如果是木质家具散发出的油漆味，则可用茶水擦洗几遍，亦可加快油漆味消除的速度。

妙招四：植物除油漆味法。可以选择在房间里面摆上一些有吸附气味作用的植物，如：吸收甲醛的植物有仙人掌、吊兰、扶郎花（又名非洲菊）、芦苇、常春藤、铁树、菊花等；而消除二甲苯的花草则有常春藤、铁树、菊花等。这样既经济实惠又能美化家居。

妙招五：活性炭除油漆味法。将活性炭放在房间里，能去除家居装饰材料所释放的各种有害人体健康的气体具有高吸附净化之功能。注意：竹炭最好一个月晾晒一次，便可重复使用。竹炭一般可以使用2年，气味大的话可以多放一点。

→ 如何去除房间的各种异味

1. 香烟味。寒冷的冬季，室内因访客吸烟而使环境变得烟雾缭绕，气味呛鼻，又不宜开门窗通风。这时可用毛巾醮点醋水在室内挥洒，或者点燃两支蜡烛，亦可去除烟味。

2. 室内怪味。室内通风不畅时，经常有难闻的碳酸气味。这时只要在白炽灯泡上滴几滴香水或花露水，将灯泡开一会儿，则可减轻异味。

3. 家具霉味。因为潮湿、长期不清洁的原因，抽屉、壁橱、衣箱里往往会有一股霉味，这时在抽屉中放一块肥皂，便能消除霉味。

→ 如何消除家具表面起的气泡

1. 对于轻微的气泡，可待漆膜干透后，用水砂纸将其打磨平整，再刷上面漆。

2. 对于严重的气泡，应先将气泡挑破，再用砂纸仔细打磨平整，再清理干净，然后刷上底漆，再在整个修补面上重新上漆。

如何修补家具裂缝

妙招一：最简便的方法就是将白乳胶填入裂缝当中，再将多余的乳胶铲去即可。

妙招二：也可将面粉和入温水中调匀，煮成糊状，趁热加入少量明矾拌匀，然后填入家具裂缝处。

如何修补家具掉漆

妙招一：用与油漆颜色相近的蜡笔或自来水笔，均匀地涂在家具掉漆处，再涂上一层蜡或透明漆即可。

妙招二：用同色的水彩涂在掉漆的位置，再均匀地涂上透明指甲油、亮光漆，效果也不错。

妙招三：在刮痕处涂抹防痕剂，让油漆自然溶解，掉漆的部分可以补起，但需要控制使用量，才不会将整片漆都溶掉。

如果家具有凹痕可以购买填补剂补上，以砂纸磨平填补处，再补上同色的油漆即可。

如何防止家具生虫

1. 购买的纯木家具一定要确保经过防虫处理（可对木材进行高温干燥处理或对木材进行微波杀虫处理）。春夏之际，开窗户时最好隔着防蚊网。

2. 避免家具潮湿，尽量的保持室内通风环境。

3. 在家具中放置樟脑丸是防止家具生虫较好的办法。

如何去除房间内的湿气

1. 要经常开窗，让室内通风。家中的被子、枕头以及布艺沙发套等家居用品应该定期在阳光下晾晒，因为阳光是最环保也是最有效的杀菌剂。

2. 将砂糖在锅中炒一炒，再慢慢装入纸袋（注意不要烫到手），置于潮湿处吸收湿气。

3. 自己动手制作干燥包。先缝制一个小布袋，再将石灰装入其中，然后扎紧袋口放置于室内的各个角落。石灰本身有吸潮的作用，也可以减缓室内潮湿的状况。

如何巧除玻璃上的贴痕

妙招一：用橡皮擦沿着边缘慢慢蹭擦可以去除贴痕。如果还是难以去除，则可以用酒精结合使用效果会更好。

妙招二：将醋液喷洒在干净的抹布上，然后盖住玻璃的贴痕处，等黏渍完全湿透就能轻松剔除了。

妙招三：可用吹风机轻吹贴痕处，让其黏著力变弱，变能轻松清除。

妙招四：用棉签蘸洗甲水或者风油精擦拭。

妙招五：使用专用清洁剂或运动鞋去污膏擦拭，去污的效果也很好。

如何巧除地板上的口香糖

妙招一：应该用冷水或者冰块将口香糖冷却，待口香糖凝固发硬时，小心地将其剥下或铲除，但注意不要刮坏地板。

如果还残留有污渍，可用挥发油或洗甲水将其去除。

妙招二：用有机溶剂也可以溶解口香糖。去除后一定要清洁地板，防止有机溶剂对地板造成损伤。

→ 如何巧除墙纸上的灰尘

1. 若墙纸上有轻微的灰尘，可用干净的毛巾轻轻拍打墙身来清除灰尘。

2. 若墙纸上有水晶胶质类污垢，可将面包搓成小球状，然后在污垢处来回擦拭，可轻松去除污渍。

→ 如何清洁天花板

1. 木天花板和铝塑天花板，清洁时可以用湿布蘸取稀释的肥皂水或清洁剂轻抹污垢处，切记不可太过用力以免损坏天花板。

2. 用各种墙面漆制作的天花板，清洁时只需用鸡毛掸去除灰尘即可。若顶面污垢较为严重，可以使用石膏、沉淀性钙粉或牙膏，沾在布上磨擦，或使用细砂纸轻擦天花板表面，亦能去除污垢。

小贴士：清扫天花板时，最好有人可以帮忙扶着梯子，以免重心不稳而摔倒。

为避免灰尘下落损害身体健康，可戴上护目镜和口罩。

家电清洁妙招

→ 如何清洁微波炉

很多人在微波炉使用之后未及时擦拭干净，特别是用微波炉烹饪肉类，容易溅出油点，长此以往很容易在内部结成难以清除的油垢。

1. 可将一大碗热水放在炉中，将水煮沸，直至产生大量蒸汽。

2. 清洁时，先用浸泡过洗洁精的湿布将油渍擦拭干净，再用干抹布吸干水分。

3. 如果仍不能将污垢彻底清除，可以用塑料卡片来刮除，但切记不能用金属片刮，以免伤及箱体。

4. 最后，别忘了将微波炉门打开，使炉内彻底风干，散除异味。

→ 如何清洁冰箱

1. 清洗时，先将冰箱内的物品清空（注意冰盘无须取出），关闭温控开关。将盛有开水的器皿放入冰冻格内，待内壁上的冰融化时，用塑料片轻轻敲打冰块，如开水变凉了，可再换一些。

2. 让冷却旋管上的冰自然消融，并用

家有妙招
生活零烦恼

热水配制的洗涤液清洗冰箱内壁，再用清水擦洗干净，然后用干布擦干。

3. 小心取出冰盘，清掉里面的积水，洗净擦干。

4. 冰箱外壳的污垢，可用软布蘸取少许牙膏慢慢擦拭干净。如果残留的污垢比较顽固，则可多擦拭几遍，冰箱亦可恢复光新亮泽。

如何清除冰箱中的异味

冰箱是我们食物的储藏器，所以当然也会集杂很浓的异味，那怎样才能去除冰箱异味呢？

妙招一：橘皮除异味法。吃完橘子后，剥下的橘皮可以用来去除冰箱异味。将橘皮分散放入冰箱内，隔天便会有一阵清香扑鼻而来，冰箱异味全无。

妙招二：柠檬除异味法。将新鲜的柠檬切成小片，置于冰箱内的各层，也可除去异味。

妙招三：茶叶除异味法。将50克花茶装在纱布袋中，置于冰箱内，亦可除去异味。

妙招四：发酵粉除异味法。将发酵粉（袋口敞开）放入冰箱，一天即可吸除残留臭味。

妙招五：木炭除异味法。把适量的木炭碾碎，装在小布袋中，置于冰箱内，除味效果甚佳。

如何清洁照明用具

1. 吸顶灯和吊灯这种挂在高处的灯具，拆卸又不方便，灯体又易碎。可以用干净的棉袜套在手上轻轻擦拭，如果污垢还是难以去除，可以用棉袜蘸取清洗剂清洁灯具，再用软布擦拭干净即可。注意清洁高处灯具时一定要注意安全。

2. 布质的灯具。可以先用小型吸尘器把灰尘吸走，然后用家具专用洗涤剂擦拭干净。

3. 磨砂玻璃灯具。用干净的软布蘸取少许牙膏小心擦洗。

4. 树脂灯具。可用鸡毛掸子进行清洁，因为树脂材质易产生静电，所以清洁后最好能喷上防静电喷雾。

5. 水晶串珠灯具。可直接用中性洗涤剂清洗，清洗后，用干布将表面的水分擦干，然后让其自然阴干。

如何清洁插座及开关

1. 清洁插座。清洁时要先把电源切断，然后用软布蘸取少许的去污粉来擦拭，再拿到通风处晾干。

2. 清洁开关。电灯开关不可以直接用清水或湿布擦拭，如果不小心的话可能致使开关受潮，损坏其零件。最保险的方式就是用橡皮擦来擦拭，这样既安全又能快速清洁。

如何清洁电风扇

1. 先切断电源，把电风扇的保护网及风扇叶子拆卸下来。

2. 再用清洁剂跟水混合，将保护网泡在洗涤液上保持10分钟。然后用刷子洗刷干净，用干抹布将水分擦干。

3. 风扇叶子可以用海绵蘸取清洗剂小心擦拭，然后用干布吸收水分晾干即可。

4. 风扇长时间使用后，金属保护网上会出现一些难以去除的锈点，可以用抹布蘸取洗衣粉水涂在罩上，再蘸取些滑石粉揩擦锈点，便能轻松将锈点擦去。

5. 平时不用风扇的时候，最好将其放在干燥处，防止灰尘及油污进入风扇内部，损坏风扇。

如何清洁空调

1. 空调机体的外壳和相应部件的清洗很简单，可再清水中加入少许的肥皂粉和洗洁精。或者也可使用专门的空调清洗液清洗干净即可。

2. 打开空调面板，抽出过滤网，把机体内壁尽量擦拭干净。

3. 把过滤网拿到自来水龙头下冲洗干净。

4. 最后，将过滤网晾干或擦拭干净后重新安装好即可。

如何清洁饮水机

1. 先拔掉饮水机的电源插头，取下水桶。

2. 打开饮水机后面的排污管口排净余水，然后打开冷热水开关放水。

3. 然后取下顶部的座盖，用酒精棉慢慢擦洗饮水机内壁和盖子的内外侧。

4. 再按照消毒剂的说明书配置消毒水，倒入饮水机中进行消毒。

5. 泡 10 ~ 15 分钟之后，打开饮水机的所有开关，包括排污管和饮水开关，排净消毒液。

6. 最后，用清水连续冲洗饮水机整个腔体。

如何清洁电话机

1. 可以使用专门的卫生电话膜进行消毒。使用时直接粘贴在电话机送话器的表面即可，一般一个月使用一次即可。

2. 用干燥柔软的纱布蘸取少许电话清洁剂擦拭送话器和电话机身。

3. 也可以用含量 0.2% 的过氧乙酸代替清洁消毒剂来擦拭话机。但一定要注意：乙酸的腐蚀性很强，使用时一定要小心。

如何清洁影碟机及碟片

1. 最简捷的方法便是使用市面有售的清洁碟进行播放即可进行清洁处理。

2. 碟片表面很容易刮花，所以尽量避免硬物的接触，或者指甲的划伤。有污迹时，应用干净的绒布沿碟片径向外擦拭，必要时可蘸取些清水擦拭，擦拭完后再用干布擦干水分后使用。

如何清洁遥控器

1. 清洁前切记应先取下电池。

2. 然后用螺丝刀拆开遥控器的外壳。

3. 用蘸上清洁液的牙刷去轻刷外壳。

4. 用干的软刷子轻轻擦拭各个按件以及按件之间的空隙。

如何清洁电脑显示屏

1. 使用电脑显示屏专用清洁套装进行清洁处理，这样会减少对显示屏的损坏。

2. 用柔软的棉布蘸取少许清水，从显

示屏中心轻轻向外擦拭，直到干净为止。千万不要用酒精或有机清洁剂，因为显示屏表面有层保护膜，清洁方法不当会对其造成损害。

如何清洁键盘

1. 普通键盘的键帽部分可以轻松拆卸下来。拆卸的方法也很简单，使用掏耳勺从键盘区的边角部分向中间逐个将键帽轻轻地撬起来。

2. 撬起键帽以后，可以使用绒布或者纸巾对键帽和键盘座的缝隙进行除尘。

3. 键盘上缝隙里的灰尘极难清理，可以借助废旧的牙刷和毛笔来进行清理，对于清水擦拭不掉的污垢，可以使用牙刷蘸取一点牙膏轻轻擦拭，也有很好的去污效果。

如何清洁家电缝隙

妙招一：可以用棉签蘸取酒精来回擦洗家电缝隙。

对于难以清洁的缝隙，可以找类似牙签的小工具缠上适量吸附力强的布或柔软的纸，蘸上酒精，这样比较容易把灰尘擦出来。

妙招二：可用毛绒质地的长刷子直接轻刷家电的缝隙，刷头可深入到缝隙中，清洁效果也不错。

如何清洁及保养照相机

1. 照相机属于精密仪器，要防潮、防尘、防震、防高温。尽量避免对相机造成

损坏。

2. 尽量将相机放在干燥通风处。如果有条件尽量购置干燥箱保持相机存放环境的干燥。

3. 注意镜头的清洁，可用相机专用的清洁套装进行清洁处理，注意清洁过程一定要小心，避免损坏相机。

如何清洁洗衣机

1. 将洗衣机排水管放在一个空水桶上，关闭进水阀门和前门。

2. 把20升的水和10升的洗涤剂倒入干净的桶子中搅拌均匀。

3. 把混合好的清洁剂溶液慢慢倒入洗衣机内。

4. 按日常洗涤模式来清洗机体，清洗完毕后打开过滤器清洗过滤网。然后再按日常洗涤模式用清水清洗一遍，再次清洗过滤网即可。

如何去除衣服上的汗渍

衣服穿久了，领口及袖口处总会出现一些难以洗净的汗渍，看上去既不卫生又

影响美观。

妙招一：滴墨水法。打一盆干净的清水，滴入 3 ~ 5 滴纯蓝墨水，用手轻轻搅匀，再把洗漂干净的衣服放进水中，上下提拉 3 ~ 5 次，然后拿出晾干。

妙招二：双氧水漂洗法。可在超市选用 3% 浓度的双氧水，按照洗涤说明书调配清洗液。然后放入衣物，在一般室温下浸漂 5 ~ 10 小时后，洗净晾干。

妙招三：柠檬汁漂洗法。这个时候取一个新鲜的柠檬切薄片，煮水冷却成温热状后把白色衣物放到水中浸泡，大约 15 分钟后清洗干净即可。

妙招四：可用淘米水浸泡一夜，然后用肥皂水清洗。

妙招五：将一小块冬瓜捣烂，倒进布袋中，挤出汁液用来搓洗汗渍处，再用清水洗净即可。

妙招六：将汗渍衣服放入 5% 的食盐水中，浸泡 15 分钟，再用肥皂液轻轻搓洗干净。

妙招七：比较陈旧的汗渍可以用少许氨水、食盐和清水配成的混合液浸泡搓洗。最后用清水漂净。

妙招八：也可用柠檬酸液擦拭去除。

小贴士：去除衣物上的汗渍切忌用热水，这样会使黄色汗渍加重。

如何去除衣物上的茶渍

不小心把茶水洒在衣服上，留下难看的茶渍，可以尝试以下方法来解决。

妙招一：衣服上残留的茶渍，可以用牙膏来洗去。如果染色块范围较大，则可以把衣服浸泡几分钟后再用牙膏搓洗。

妙招二：如果是白色衣服，则可用少许 84 消毒液浸泡 5 ~ 8 分钟，再用增白肥皂清洗即可。

妙招三：用鲜柠檬榨汁滴或者少许醋液在茶渍上反复搓洗，再用洗衣液清洗。

如何去除衣物上的不干胶

1. 先试着将贴在衣服上的不干胶轻轻撕掉。

2. 把毛巾在温水中浸透，然后在不干胶痕迹上反复擦拭几遍。

3. 再用湿毛巾抹上肥皂，在痕迹处反复擦拭。

4. 最后用干净的温热毛巾把肥皂沫清洁干净，这样不干胶痕迹就被去掉了。

小贴士：若不干胶粘贴得不是很严重，可以蘸取少许风油精进行擦拭，效果也不错。

如何去除衣物上的紫药水污渍

小孩子不小心跌伤后，家长会为他们擦上紫药水，而这些紫药水有可能会沾染到衣服、被子上从而形成难以去除的污渍。

1. 先在紫药水污处涂上一点牙膏。

2. 5 分钟后在上面喷些厨房清洗液，刚喷上你就会发现紫色污渍开始慢慢变浅，然后清洗干净即可。

如何去除衣物上的漆渍

如果衣服上不小心沾上了油漆、喷漆污渍，可以在刚沾上漆渍的衣服的正反面都涂上少量的清凉油，待几分钟后再用绒布顺着衣料的纹路轻轻擦拭，漆渍便可消除。

即使是衣服上的旧漆渍，也可尝试上述方法清洁。因为涂过清凉油后，漆皮就会自行起皱，便可以轻松剥下，再将衣服用洗衣液清洗干净即可。

如何去除衣物上的墨水渍

妙招一：新渍应先用冷水清洗，再用温肥皂液浸泡一会儿，再用清水漂洗。

妙招二：陈渍可先用洗涤剂洗，再用10%的酒精溶液反复搓擦即可消除。

妙招三：可以把饭粒均匀地涂在墨水渍上搓洗，让米饭的淀粉物质融入污渍中。

妙招四：可用少量酒精和肥皂液混合反复涂擦，效果也不错。

如何去除衣服上的油垢污渍

衣服若不小心沾上油垢污渍，最好及时清洁，因为时间一久，污渍会极难清除。

妙招一：深色衣服上的油渍，用残茶叶搓洗能去污。

妙招二：用少许牙膏混合洗衣粉搓洗衣服上的油污，油渍也可去除。

妙招三：取少许面粉，调成糊状后均匀地涂在衣服上油渍的正反面，然后放在太阳下晒干，再揭去面壳，清洗干净即可去除油渍。

妙招四：衣服处于干燥状态，在有油的地方滴上几滴洗涤灵，然后干搓。再浸入水中，用洗衣液清洗干净即可。

如何去除衣物上的口香糖

妙招一：如果口香糖黏在衣服上，切勿用力去撕扯，否则会让口香糖融入到布缝中，反而难以处理。

先在污渍处的反面贴上冰块，使黏到口香糖的地方被凝固，然后轻轻剥掉。若还残留下一些痕迹可以用指甲油除光液浸泡一会儿，再用指尖揉擦。

妙招二：将该衣服放在冰箱冷藏格中冷冻 1～2 小时，待糖渍变脆后，用小刀轻轻刮去，也可将其清除。

如何去除衣物上的碘酒渍

妙招一：用一粒维生素 C 药片，用水浸泡一会儿，再滴在污渍处，便能将碘酒渍去掉。

妙招二：用酒精溶液轻轻擦拭。比较浓的污渍可用稀释后的大苏打水清除。

妙招三：用面粉涂在碘酒污渍处，15分钟后可洗掉。

妙招四：可在污渍处涂上少许白酒，反复轻轻揉搓，印记消退后，再用肥皂清洗。

如何去除衣物上的霉点

妙招一：将发霉的衣物放在洗米水中浸泡 2 小时，再加入 5% 的酒精溶液，用洗衣液反复搓洗，便能清除霉渍。

妙招二：将新鲜的绿豆芽放在霉点处搓揉片刻，然后用水洗净，即可去除霉点。

妙招三：把有霉斑的衣服放入浓肥皂水中浸透，然后带着肥皂水取出衣服，置于阳光下暴晒，待霉斑清除后，再用清水漂净。

妙招四：还可用萝卜皮用力擦拭衣服发霉处，自然风干后霉点则会消失。

→ 如何去除衣物上的血渍

妙招一：刚沾染上时，应立即用冷水或淡盐水洗，再用肥皂水清洗。

妙招二：用白萝卜汁或捣碎的胡萝卜拌盐亦可除去衣物上的血迹。

妙招三：用加酶洗衣粉或者硫磺肥皂除去血渍，效果也不错。

妙招四：若血渍沾染的时间较长，可用10%的氨水或3%的双氧水擦拭污渍处，15分钟后再用冷水清洗干净。

小贴士：血渍的清洗避免使用热水，因血内含蛋白质，遇热凝固，不易溶化。

→ 如何去除衣物上的巧克力渍

妙招一：先在巧克力表面轻轻地刮拭，再用没有颜色的碳酸饮料浸湿污渍处，然后用手搓揉，就可以轻松去掉巧克力渍了。

妙招二：用甘油或汽油去除污渍，先把污渍用甘油或汽油处浸湿，直至巧克力渍淡化再以清水洗净即可。

→ 如何去除衣物上的酱油渍

妙招一：先把沾染污渍处用水浸透，再撒上一勺白糖用手轻轻揉搓，直至酱油渍颜色减淡，然后用清水洗净即可。

妙招二：用苏打粉跟水混合，将沾有酱油渍的衣服浸湿，待10分钟后用清水洗净，即可除掉酱油渍。

妙招三：如果家里正好有新鲜的莲藕，也可用刀小心地切开莲藕，将新鲜的莲藕汁涂在酱油迹处，去渍效果也不错。

→ 如何去除衣物上的咖啡渍

妙招一：将甘油和蛋黄混合成溶液再擦拭咖啡渍处，待干后用清水漂净。

妙招二：也可用3%的双氧水、浓食盐水和甘油溶液清洗去除。

妙招三：用一块干净的毛巾，蘸取少许清水，再在咖啡渍上抹上少许洗面奶，用力擦拭直至颜色减淡消失，再用清水洗净。

→ 如何去除衣物上的呕吐污渍

妙招一：先用汽油擦拭衣物上的呕吐渍，再以5%的稀氨水擦拭，最后用清水漂净。

妙招二：丝、毛质料衣服的呕吐污渍，应将酒精与香皂配成混合液，然后在污渍上进行擦洗，再用中性洗涤剂洗涤。

妙招三：若呕吐的污渍比较陈旧，应先用棉球蘸取10%的氨水溶液将污渍处打湿，再用酒精、肥皂水擦拭呕吐污迹，最后用清水洗净。

→ 如何去除衣物上的水彩渍

妙招一：将糯米饭粒与洗涤剂混合均匀，然后在水彩渍上搓洗，再用清水洗净。

妙招二：将牙膏均匀涂抹在污渍处揉搓，然后用水漂净。

妙招三：若衣服的质料是丝绸料，可

将干洗剂或酒精涂在其背面，轻轻揉搓，直至污迹减淡消失，再清洗干净即可。

妙招四：用热水浸泡 15 分钟，再用洗涤剂或淡氨水脱色，最后用清水漂净。

→ 如何去除衣物上的圆珠笔渍

1. 取一块干净的毛巾，蘸取少许酒精，在污渍处轻轻擦拭，待污渍溶解扩散后，再将衣服泡在冷水中，用肥皂反复搓洗，便能去除圆珠笔渍。

2. 若洗后还有残留污迹，可再用热肥皂水浸泡去除，这方法对棉质衣服效果较好。

3. 如果毛料装沾上圆珠笔油，用三氯乙烯和酒精（比例为 3∶2）配制出混合洗涤液。然后将衣服在溶液中浸泡 10 分钟，并用毛刷轻轻刷洗，待大部分油渍溶解后，再用低温肥皂水或中性洗衣粉洗净。

→ 如何去除衣物上的化妆品渍

妙招一：可用 10% 的苯胺溶液，加入少许洗衣粉，轻轻擦拭污渍处，再用清水洗净，即可消除污渍。

妙招二：也可将有衣服的污渍处用溶剂汽油擦拭，然后在含有氨水的皂液中轻轻搓洗。最后用清水漂净即可。

→ 如何去除衣物上的蜡油渍

1. 将衣服平放在干净的桌面上，让有蜡油渍的一面朝上。

2. 在蜡油渍上放一两张纸。

3. 然后用低温熨斗小心熨烫，这样蜡

油渍便会被卫生纸吸去。

4. 把衣物上有蜡油渍的地方浸入汽油中轻轻搓洗，再用清水洗净，亦可去除蜡油渍。

→ 如何去除衣物上的机油

1. 如果衣服上的油渍比较浅，则可先用汽油洗刷，再在衣服油污处的正背面各垫上一块吸墨纸，直至油污被全部吸收后用洗涤剂搓洗。

2. 如果衣服上的油渍比较重，应先用优质汽油揉搓，再用洗涤液洗涤，最后用温水漂净即可。

→ 如何去除衣物上的黑斑

1. 取 100 克干净的生姜，捣碎。

2. 准备好 500 克清水，将生姜放入其中。

3. 上火煮沸 10 分钟。

4. 将有黑斑的衣服放入姜水中浸泡 15 分钟，再进行反复揉搓，再用清水洗净，黑斑即可去除。

→ 如何去除衣物上的沥青

妙招一：先用小刀将衣服上的沥青轻轻刮去，然后在四氯化碳水中浸泡 10 分钟，再放入热水中揉洗。

妙招二：用松节油轻轻擦拭污渍处，再在温热的肥皂水中浸泡一会儿，然后洗涤干净即可。

妙招三：将花生油、机油涂于污渍处，待沥青溶解后，便容易擦掉了。

➡ 如何去除衣物上的胶水渍

将衣物浸泡在温水中，在胶水污渍处滴几滴醋，然后用手搓洗，便能去除胶水渍。

➡ 如何去除衣物上的鸡蛋渍

如果不小心把鸡蛋液溅到衣服上，应等污迹略干后，再用蛋黄和甘油的混合液擦拭，然后把衣服放在水中清洗干净即可。

➡ 如何去除衣物上的泥渍

妙招一：可以等衣服上的泥渍干后，用干净的刷子刷去泥粉，再把生姜捣碎后擦拭污渍处，最后用清水漂净。

妙招二：家里的土豆也可以有去污的妙用，同样将土豆捣碎，然后用少量的土豆汁擦拭污渍处，再清洗干净，同样能立即清除掉衣服上的污泥渍。

➡ 如何去除衣物上的尿渍

妙招一：小孩的衣服上沾染上尿渍，可以用 10% 的氨水液刷洗，再用稀醋酸液洗，最后用清水漂洗。

妙招二：如果是白色织物上的尿渍，可以用 10% 的柠檬酸溶液浸湿，过了 1 小时之后，再用清水漂洗干净。

妙招三：还可以将有尿渍的衣服浸泡在清水里，1 小时后用白醋或茶树精油均匀涂抹在污渍处，轻轻搓拭并清洗干净。

➡ 如何去除衣物上的铁锈

妙招一：白色棉及与棉混织的衣服上若沾上铁锈，可取一小粒草酸（药房有售）放于污渍处，用温水轻轻揉擦，然后用清水漂洗干净。

妙招二：用浓度为 15% 的醋酸溶液擦拭污渍，第二天再用清水漂洗干净。

妙招三：用 10% 的柠檬酸溶液或 10% 的草酸溶液将衣服的污渍处浸湿，再放入浓盐水中浸泡，第二天用清水洗涤漂净。

妙招四：用鲜柠檬汁滴在锈渍处，反复揉搓，直至锈渍消除，再用肥皂水洗净即可。

➡ 如何去除衣物上的烟熏污渍

衣服上染上烟熏油渍要立即用汽油或用温皂液洗涤，然后用清水洗净。

➡ 如何去除衣物上的油渍

可用汽油、松节油或酒精轻轻擦拭，如果还是无法清除干净，可再用含氨的浓皂液搓洗。

小贴士：用松节油去除衣服上的皮鞋油污效果也不错。

➡ 如何去除衣物上的药膏

妙招一：酒精中添加几滴水（如果家里有高粱酒，也可用其替代酒精），然后将少许酒精溶液滴在沾有药膏的地方轻轻揉搓，直至药膏消除，再用清水漂洗干净即可。

妙招二：用焙过的白矾末揉搓污渍处，再用水洗亦可去除药膏。

妙招三：用食用碱面撒于污处，加少许温水，揉搓几次，即可去除药膏。

妙招四：若将碱面置铁勺内加热后撒至污渍处，再加温水轻轻揉洗，去污效果更好。

如何去除衣物上的棉絮

妙招一：用软毛刷蘸取少许清水轻轻刷洗沾有棉絮处，然后晾干即可。

妙招二：用宽的透明胶带轻轻粘取棉絮处，把棉絮小心粘取。

妙招三：现在市面有售专门去棉絮之类的滚筒卷，可以用它来去除棉絮，操作简单，效果甚佳。

如何清洗泳衣

1. 泳池水含氯，海水含盐，泳衣使用过后，最好尽快先用清水冲洗。

2. 清水浸泡10分钟，再滴入一两滴洗发露、沐浴乳等温和洗洁剂轻轻搓洗，然后用清水洗净，洗涤时间尽量不要太长。

3. 切记勿用洗衣机洗涤，以免损坏面料。

如何清洗真丝衣物

1. 将变黄的真丝衣服泡在干净的淘米水里，每天换一次水，3天后黄迹就可褪掉。

2. 然后将真丝衣服在清水里漂洗干净，再将少许白醋放入半盆30℃左右的清水中，将衣服置于其中浸泡20分钟。

3. 将衣服取出勿拧，带水挂于通风处晾干，用手将衣服上的褶皱抚平。

4. 待半小时后，用低温熨斗（可用灌满热水的玻璃瓶替代）在衣服上稍熨一下，即可去除褶皱。

如何清洗牛仔裤

1. 第一次洗牛仔裤的时候最好放少许盐浸泡一会儿，既可以消毒，也能减少褪色的程度。

2. 牛仔裤尽量不要经常洗，否则会发白影响裤子美观度。

3. 为保持牛仔裤的质感，清洗时不要添加柔顺剂或漂洗剂。

4. 牛仔裤干后也不需熨烫，裤型会更不自然。

如何清洗内裤

1. 内裤必须是手洗。清洗时，不宜太过用力，特别是有些内裤的面料是蕾丝设计的，不小心可能刮丝损坏。

2. 为了卫生起见，内裤尽量用专用的器皿洗涤。

3. 洗涤时，尽量用热水，并采用肥皂水轻轻揉洗。

4. 洗净的内裤，切忌直接暴晒，应先在阴凉处吹干，再置于阳光下消毒。否则，内裤轻易发硬、变形。

小贴士：内裤要天天换，及时洗。不要让内裤过夜，否则会滋生细菌影响身体健康。

如何清洗内衣

1. 清洗内衣前先扣好肩钩，以免洗涤过程中钩到面料。

2. 洗涤时，应先将中性洗剂溶解于30～40℃的温水，放下衣物浸泡5～10分钟用手轻拍，切忌太过用力洗刷而磨损面料。

3. 清洗时要彻底冲净洗涤剂，以免损害内衣。

4. 洗好后可用干毛巾包裹，用手挤压，让毛巾吸干水分后，将内衣拉平至原状。

小贴士：切记日晒易使衣物变质及褪色，所以，内衣尽量放在阴凉通风的地方晾干。

如何清洗领带

1. 先准备一盆30℃左右的温皂水，将领带放入其中浸泡1～3分钟。

2. 用软毛刷顺着领带纹路轻轻刷洗，不可太过用力，也不可任意揉搓。

3. 然后用30℃的清水漂洗干净。

4. 再小心进行熨烫整洁即可。

小贴士：若水洗后的领带变形了，可将领带后面的缝线小心拆开，然后把领带熨烫平整，再按原样缝好即可。

如何清洗袜子

1. 普通棉线袜，洗涤时先放入清水中浸泡2小时，再擦上肥皂用热水搓洗。

2. 纯丝袜、人造丝袜、尼龙袜等质料的袜子，洗涤时应放在40℃以下的肥皂水

中轻轻搓揉。

3. 羊毛袜洗涤时，应先将含碱少的中性肥皂切成皂片，放入热水中溶化。等水降温后，再将袜子放入浸泡10分钟，然后用手轻轻搓洗。

小贴士：切记袜子洗后要阴干，不可曝晒和火烤。

如何清洗鞋子

1. 鞋子需要定期清洁，保持鞋面的美观感。

2. 清洁时，尽量用湿布轻轻擦拭，切忌用硬刷子猛刷，容易损坏鞋面。

3. 洗涤时，应将鞋身、鞋带和鞋垫分开，用中性肥皂或洗衣粉水进行清洗。

4. 晾晒时，可以将废弃的报纸塞入鞋子内，这样可以帮助鞋子恢复原形，也可吸收鞋内的水分。晾晒鞋子要鞋头朝下、鞋底朝墙，放于通风处晾干。

如何清洗羽绒服

1. 将少许中性洗涤剂倒入30℃的温水中。

2. 再将羽绒服放入其中浸泡15分钟，让羽绒服充分浸湿。

3. 用软毛刷轻轻刷洗。

4. 漂洗尽量用温水，能够有利于洗涤剂在水中充分溶解。

小贴士：清洗时，一定要把羽绒服里残留的洗涤剂洗净，减少对羽绒服的损害程度。

家有妙招 生活零烦恼

食物清洁妙招

如何清洗桃子

妙招一：

可以在桃子表面挤点水果味的牙膏，然后用干净的牙刷刷洗桃子，这样既可以刷洗得更干净，还能防止杀虫剂。

妙招二：

1. 先用清水淋湿桃子。

2. 取少许盐涂在桃子表面，轻轻搓拭。

3. 将桃子放在水中泡 10 分钟。

4. 最后用清水冲洗干净，桃毛即可去除。

如何清洗葡萄

妙招一：

将葡萄浸泡在盐水，几分钟后用清水冲洗干净。

妙招二：

1. 在一盆水里放入 2 勺淀粉或者面粉，充分将其溶解混合。

2. 把成串的葡萄放进水中反复刷洗。因为面粉和淀粉具有一定的黏性，可以把葡萄上的脏东西吸附下来。

3. 最后用清水冲洗干净即可。

如何清洗苹果

妙招一：

1. 先将苹果浸湿，在表皮放一点盐。

2. 然后双手握着苹果来回轻轻地搓拭，表面的脏东西便能很快搓净。

3. 再用水冲洗干净即可。

妙招二：

将牙膏涂在苹果表面当清洁剂，然后用热水将苹果洗净，这个办法也很好用。

如何清洗莲藕

妙招一：

找出一根细铁丝，一头绑上棉花或者纱布，用未绑的另一头穿过藕孔，然后在水中擦洗干净即可。

妙招二：

1. 用刀将藕节切去，再用专业刮刀将藕皮刮去。

2. 把藕切成两节或三节放进水里，用筷子裹上纱布伸入藕窟窿处轻轻擦拭。

3. 最后用清水洗净即可。

如何清洗草莓

1. 先将草莓用流动的水冲洗一遍。

2. 然后放入淡盐水或者淘米水中浸泡 5 分钟。淡盐水可以杀灭草莓表面残留的有害微生物；淘米水呈碱性，可稀释呈酸性的农药。

3. 捞出草莓，沥干即可。

小贴士：洗草莓时，切记不要把草莓蒂摘掉，去蒂的草莓若放在水中浸泡，残留的农药会通过草莓蒂进入果实内部，从而造成更大的危害。

如何清洗海带

妙招一：

用淘米水泡发海带，然后用清水将海带清洗干净。

妙招二：

1．在清水中加入少许食用碱或小苏打。

2．放入海带并开火煮软，然后将海带放在凉水中泡凉，清洗干净。

3．然后捞出沥干即可方便食用。

如何清洗蘑菇

妙招一：

1．先将蘑菇底部带着较多细沙的硬蒂去掉。

2．在清水里放少许食盐搅拌使其溶解。

3．然后将蘑菇放在水里泡一会儿，再清洗干净沥干即可。

妙招二：

将蘑菇放入淘米水浸泡 10 分钟，然后用清水洗净即可。

如何清洗木耳

妙招一：

1．先将木耳放在淡盐水里浸泡 1 小时左右。

2．然后轻轻抓洗，再用冷水清洗几次，即可洗净沙子。

妙招二：

在洗木耳的水中加少许食醋，然后轻轻搓洗，这样也能将沙子去除。

如何清洗西蓝花

1．将西蓝花稍稍洗净，可用淡盐水浸泡 15 分钟，里面杂质便可以浸泡出来。

2．将切好的西蓝花放入加盐开水中，焯至断生。

如何清洗腊肉

淘米水加至温热，然后把腊肉放进去，再用干净的抹布擦洗干净即可。

如何清洗虾仁

虾剥皮后先用清水洗一次，然后放入盐水中，用筷子搅拌，再将虾仁滤出，以冷水冲至水清为止。

如何清洗牛肚

1．先在牛肚上加少许食盐和醋，用双手反复揉搓，直至黏液凝固脱离，洗去黏液。

2．将牛肚分割成小块，放入冷水锅里，边加热边用小刀轻轻刮洗（注意不要刮到手），到觉得微烫手时，停止刮洗。

3．直至水烧沸，牛肚变色变软，再将其取出，用流动的水反复冲洗干净。

如何清洗青菜

先把菜叶分开，再用清水反复冲洗，然后用淡盐水浸泡 10 分钟，即可除去残留农药。

家庭收纳技巧篇

家庭收纳的准备工作

教你如何收纳

1. 展示化收纳。提到收纳，很多人的第一感觉可能就是把东西收藏起来，然而这并不是收纳的全部。一个充满生活情趣的家居，往往是"收""放"并重的，它能够让家成为充满细节和意象的生活现场。

2. 分类清晰。整理之前不妨先想想，将需要收纳的杂物分为需要时能方便取得的东西、家中必需品、扔了又觉得可惜的物品、季节变换会用到的东西、纪念品、别人送的礼物、从没用过的东西等几类，然后再从中分出整理的顺序。将平时必需的物品放在随手可取之处，不常用的放在深处。

3. 适当定制。如果承担收纳的家具和户型总是无法匹配，可以考虑因地制宜地选择定制的方式来充分使用空间，无论是整齐的搁架，还是造型独特的家具，都能极大地解决家中的收纳难题。

4. 专物有专属，习惯成自然。分类收纳，每件物品的摆放位置了然于胸，而且习惯成自然，以后的收纳所花费的时间随之大为减少，家居很容易保持清爽整洁。

5. 注意收纳空间的统一与美观。例如使用纸箱作收纳时，各个大小不同的纸箱横竖堆积，不仅不雅观，也造成多余的间隙。若能使它大小一致，除了收纳取出方便外，颜色、设计或材料统一，更能呈现出一种整齐的美感。

6. 防污染。容易让人忽略的地方是床底，将衣物收纳在床底之前，必须将它们装进密封的盒箱中，以免受灰尘的污染。

7. 保持通风。有些杂物容易发生虫蛀、发霉现象，因此可以把储物门设计成百叶格状，这样既保持空气通透，又节省空间。

8. 擅用收纳帮手。不妨选用各种材质的收纳盒、挂钩、隔板等来储藏物品。有些收纳盒的好处在于不用时可以将它们按指定的方法收成一个平面，这样一来即使长时间不用，也可以将它们平折起来，并不会占用家中太多的空间。这些收纳盒都按标准规格制作，因此可以"大盒套小盒"，方便收纳不同体积的物品。

9. 收纳物品要讲"关系学"。进行分类后，还要把物品的外在关联解决好。好的收纳应该把有关联的物品放在一起，相关的东西集中收纳。找到物品之间的关系后，还需要确定一个主角，这样其他配角就非常容易收纳了。

开发向下收纳空间

1. 往下开发：沙发、桌椅、茶几下方和床底下等，如果不善于利用空间，反而容易成为堆积灰尘的死角。

2. 可放入带滑轮可移动的漂亮收纳盒，需要时推出来，使用完毕推回去。此外，掀床或是座位底下附有收纳设计的沙发，都是小空间居室争取收纳空间的好选择。

开发向上收纳空间

1. 多利用立体空间：包括如墙壁、天花、柜上，都是很好的收纳地点，这些是非常实用的收纳地点，但却是一般人容易遗忘的。

2. 可多利用壁柜、悬吊架或壁架，增加壁面空间，这就是立体空间的创造法。

角落零碎空间的运用

家里的柜子与墙面之间，如果有缝隙或转角，尽量利用这些小空间，堆放适当大小的收纳盒。门板背面钉上一排挂钩，就可以吊挂很多东西。

客厅的收纳技巧

墙面空间巧妙利用

客厅是展示主人生活品味的重要窗口，但是客厅空间毕竟是有限的，怎样把客厅收纳的井井有条、舒适惬意呢？

1. 有效的收纳取决于有效的空间利用，客厅里墙壁的空间自然不能错过，可以选择墙壁搁板和陈列盒的组合，把不用的东西收纳在陈列盒内，再放在搁板上，有序整齐地排列，不会破坏客厅整洁的形象。

2. 客厅的墙壁安装上储物架后，不但具有装饰的功能，还可以放置物品，作为一种漂亮的展示。同时还可以利用沙发扶手旁边的空白墙壁，在这个较低的位置上设置一个期刊架，沙发前的茶几下也有空位，放置一个储物箱，方便又实用。

3. 沙发的背景墙其实是一个很大的储物空间，布置这个空间的时候，将沙发背景墙改造成开放设计的整体收纳墙，可以将书籍和家居饰品进行完美地收纳和展示。收纳柜最上方的实木柜设计可以将杂乱的家居物品隐藏，和下方的开放式收纳相辅相成，成就整洁大方的小客厅。

4. 飘窗两侧的墙面改造成整体收纳墙，收纳展示家中的各种藏书，再将飘窗改造成小小的坐卧区，这个飘窗区即刻变身飘满书香的读书角。

5. 吊柜收纳方法。如今，无论是厨房、浴室还是卧室，吊柜都无处不在，我们可以把这种想法延续到客厅，在客厅的沙发背景墙上设计多层美观的吊柜，既可以作为一种创意的设计又解决了收纳问题。

巧用多功能家具收纳

1. 储物沙发。沙发底部打开放置收纳用品现在非常多见，多功能的扶手里可放置通讯录、遥控器、笔等物品，需要的时候很方便。扶手旁边的沙发挂袋可以放置随时取阅的杂志、报纸和遥控器。

2. 小茶几。在沙发旁边可以安放一个小茶几，角柜上可以放置台灯和茶具等，角柜里可以放一些书籍杂志，还有零食，这样沙发和角柜就为你营造了一个简单舒适的阅读空间。墙角往往是一个被人们忽略的角落，其实只要选择了合适的家具，墙角也能"变废为宝"。

3. 储物袋。一般我们的家具都是规则的方形，并且我们习惯把家具贴墙放置，这样在家具侧面和墙之间就有一个三角形的空闲地带，可以放置一排储物袋，放置一些报刊杂志和零碎物品。

4. 储物架。开放式储物架的好处就是拿取方便，同时具有装饰功能，很适合在客厅使用，可以摆放一些主人收藏的物品或者观赏品以及书籍，方便客人观赏，同时也展示了主人的生活情趣。

5. "拔地而起"的升降桌。在架空于地面之上的榻榻米做设计也是很不错的想法。不管谁见了这样的升降桌都会为它实用而巧妙的构思而叫好。当桌子隐藏在地面中的时候，榻榻米上一片平整，可以睡觉、练习瑜伽。而当按下机关让桌子缓缓升起之后，这里就变成了可以吃饭、工作，甚至和朋友打牌的好地方。

6. 墙角的对角折叠。墙角通常是一个被人们忽略的角落，只要选择了合适的家具，墙角也可以合理利用。一个可以沿对角线折叠的小方桌是你改造墙角的好帮手。折叠起来后，它就变成了富有情趣的小角桌，在使用的同时，还可以装饰墙角。打开后，它就成了小方桌，吃饭、工作时都可以使用。

厨房的收纳技巧

厨房储藏的杂物可以说占整个房间内的1/3，除了大大小小的厨具、碗盏之外，还有从超市里买回的蔬菜、水果等。如何将这些零散的东西统统"藏"起来，保持厨房空间的整齐与洁净，是个值得考虑的问题。

拥有一个宽敞、整洁的厨房是大势所趋，也是众多终日奋战在"水深火热"中的煮妇的愿望。其实，实现这个愿望很简单，一套整体厨房便能使整洁、美观轻松拥有。

厨房物品分类收纳法

厨房里是柜子最集中的地方，特别是还有各种各样的抽屉、挂篮等，有时忙得焦头烂额，偏偏找不到要用的东西，所以最好的办法就是碗盆、干货、杂物、饮料分类放置，这是一种非常好的收藏习惯。

按常用物品的使用频率收纳

比如经常使用的碗盆放在低处，而一些不常用的鱼盆、煮锅等放于高处，一些专门用做装饰的花色盘则可以放到专门用来展示的吊柜中，除非有特殊用途，不必打开柜子来回取出，既减少清洁又轻松整理。

 购买适当尺寸收纳柜

如果厨房有足够的空间，可以充分利用所有可利用的角落，比如墙壁上的吊柜，如果可能最好做满墙面，空间利用率将大大提升。

 具体收纳方法

1. 利用立体空间。在吊柜和底柜之间，适当增加搁板、吊架等设计，这样就为一些常用的调味瓶、厨用工具等找到了合适的安身立命之所。搁板和吊架可以采用金属或玻璃材质，既美观又实用，而且显得时尚新潮。

2. 利用厨房挂件系统。频繁使用的小炊具、案板、调料瓶等，每次都收进拿出，非常麻烦。利用它们本身的色彩、造型，可用厨房五金件将它们悬挂、搁置起来，收纳于地柜与吊柜之间的剩余空间中，即使露在外面也很整齐、美观，并且使厨房丰满起来。如今也有一些设计，将案板直接镶嵌进底柜，做成可以推拉的抽屉样式，这样更加方便使用，而且节省了很大的空间。

3. 巧妙利用转角。在 L 形、U 形的橱柜布置中，橱柜的转角处因为存取不方便而成为橱柜中的"鸡肋"，如今问题已经完全得到了解决，橱柜设计师会根据需要，配置橱柜转角专用的厨房五金，如小怪物、

转篮等。可以 360°旋转的拉篮与转盘充分利用橱柜内部空间，增加了橱柜的容量。

4. 合理运用抽屉和附件。在橱柜设计中，抽屉被大量使用，除了美学上的因素之外，抽屉使厨房空间发生转移，只需拉出抽屉就可以轻而易举取出想要的物品，从而减少了弯腰、伸手等一系列动作，方便快捷并减轻了劳动强度；另外，专业的抽屉内置搁板设计使得各种形状的餐具、工具都能找到合适的收纳空间，并且防止因抽屉的推拉导致内置物品的滑动，厨房操作的安全性大大提高，并且厨房收纳更加井然有序。

5. 巧用金属篮。橱柜中金属篮储藏系统的设置，收纳了厨房中的林林总总。为充分利用橱柜柜体内部空间，并实现其专业化，有多种不同功能的金属篮可以选配，如碗碟篮、平底锅盘架、可升降以方便取物的收纳架、可将物品分类存放并自由调节的高升篮等，这些"大肚量"的金属篮可以收纳一切令厨房秩序不和谐的物品，厨房空间也因此显得宽敞而整齐。

6. 巧妙镶嵌电器。整体厨房的最突出设计便是将各种厨用电器均镶嵌入柜。大到冰箱、洗衣机，小到榨汁机、面包机、咖啡机等。整体化的设计使得这些家电既能充分发挥它们的功用，又为使用者节省了往返奔波的时间，同时，对厨房空间的清洁与打理也带来了方便。

卧室的收纳技巧

➡ 卧室空间的利用妙招

床头柜的利用方法

1. 床头柜是床边收纳的好工具。床头柜的高度可以纵向最大限度利用床边空闲位置。

2. 床头柜的上边放置一些睡觉可能会用到的东西，如水杯、闹钟、电话、图书杂志，有抽屉的床头柜可以放些重用药物、体温计、纸巾等。

床头墙壁的利用方法

1. 在床头背后的背景墙侧面，可以设计层层隔板。对喜爱阅读、藏书丰富的家庭来说，将这样的空间都加以利用、摆上书籍，更满足了最大限度的收纳需求。

2. 床头两边的墙上，可以各放置一个储物盒，当然要小型的，可以是藤质的或者布艺的，可以放置报刊书籍，也可以放置眼镜、笔等小件物品，这样一个小型的休闲阅读空间就出现了。

床下空间的利用方法

床下收纳大概分为两种，根据床的不同，一是床下带收纳柜的，二是下面留有一定空间的床。

1. 自带收纳柜的床储藏东西可能不会特别灵活自如，但是省去了购买和排列整理收纳箱的麻烦。

2. 做到收纳有道，要将收纳杂物进行系统分类，大致可分为随时取用的物品、家中必须品、收藏物品、季节更换物品等根据个人的思路进行清理，分类后就可以自如的安排存储的整理顺序，将平时必要的东西放在随手可取的地方，不常用的存在深处。

3. 对于本身不带收纳柜的床来说，选择床下收纳箱是关键之处，须注意以下几点：

尺寸。购买收纳箱之前，一定要先量一下床下的空间尺寸，尤其是地面和床板间的高度，更是要仔细丈量，以免收纳箱太高，放不进去。

材质。市售的收纳箱材质种类很多，举凡藤制、塑料、无纺布等各种皆有，如果担心地板湿气太重易受潮，建议选择塑料制品较为理想。

收纳物。选择收纳箱前，先要想想打算收纳哪些物品。举例来说，如果要收纳衣服的话，因为担心沾灰尘，要选择密封性佳的附盖式收纳盒。若是收纳玩具的话，则可以改用抽屉式收纳箱，让小孩可以直接拉开抽屉，自行拿取及收拾玩具，不用整个箱子拉出来。

卧室家具的选择收纳方法

1. 在购买衣柜和床的时候要尽量考虑可以方便收纳的衣物和各种卧具的家具，最好选择带抽屉或者床脚比较高的家具。

2. 衣柜最好选择组合立式衣柜。

3. 加有防尘罩的敞开式组合衣柜也是

很好的选择。

卧室用品的收纳妙招

如何收纳被子

1. 换季时，厚重的棉被可收纳摆放在不用经常拿取的地方即可。将真空包装的被子，放置在橱柜上方的空间，这样不会影响其他物品的拿取。

2. 被子在收纳前，一定要在阳光下曝晒杀菌，否则收进袋子或柜子中，很容易会潮湿发霉。

3. 将被子放在防尘套中，将吸尘器孔套上防尘套的孔，再将袋中空气抽出。

如何收纳羽绒被和羽绒枕头

1. 羽绒被和羽绒枕头在收纳之前，需要放在通风处晾晒，然后拍打柔软后装入真空袋中。

2. 同时要用吸尘器将里面的空气抽空，这样叠起来就会变成轻薄的一片，如意存放。

3. 放在抽屉后第二年使用取出后羽绒遇到空气就会恢复弹性，变得蓬松起来。

如何收纳床单和枕套

1. 先将床单折叠成自己衣柜抽屉大小宽度适合的长方形。

2. 将枕套对折后夹在折好的长方形床单中，然后放在抽屉里，尽量选择浅一点的抽屉，这样可以保持床单的平整，同时整套的卧具可以同时取出，便于更换。

3. 如果抽屉比较宽，可以用自己制作的纸盒隔开，将床单和枕头叠好如隔开的空间等大，放入防虫药后再放入。

如何收纳睡衣

1. 因睡衣的实用频率是比较高，所以应该放在随手可以拿到的地方。

2. 可以将睡衣展开平铺在床上，这样有很好的通风作用，又便于穿脱。

3. 也可以将睡衣叠成方块，卷起来放在收纳箱里，然后放在衣柜的抽屉里。

4. 也可以将睡衣用晾衣架撑起，然后悬挂在衣柜里，可以保持睡衣平整通风。

书房的收纳技巧

书房空间利用的注意事项

很多家庭虽然已经有了独立的书房，但是空间面积不会很大，为了更好地利用书房，为家人提供一处学习、工作和休闲的安静居所，合理规划书房的收纳空间也很重要。

普通家庭的书房空间面积一般不会很大，因此书房的空间非常宝贵，一定要充分利用房间的上下各个部分，保证家人在工作的时候能够方便、轻松。所以在设计书房收纳空间的时候，必须考虑以下几个具体问题：

1. 书房的整体面积分配要做一个统筹规划。

2．家里是否有电脑或经常使用电脑设备？电脑桌和书桌是否需要分开设置？

3．书柜是否有足够的空间？书柜用隐藏式还是开放式？

4．如果是年轻人的书房，收纳柜的颜色可以明快一些；如果是中老年人的书房则应庄重质朴为好。

5．书房的收纳设备要合理搭配，不要使房间显得过于拥挤。

6．书房是开放式的还是独立的？要注意书房与住所其他房间风格的关系。

➜ 书柜与书桌的摆放

1．书柜应靠近书桌以存取方便。

2．书柜中可留出一些空格来放置一些工艺品以活跃书房的气氛。

3．书桌应置于窗前或窗户右侧，以保证看书、工作时有足够的光线，并可避免在桌面上留下阴影。书桌上的台灯应灵活、可调，以确保光线的角度、亮度，还可适当布置一些盆景、字画以体现书房的文化氛围。

4．书桌前面应尽量有空间，面对的明堂要宽敞。

5．书桌不能摆放在房间正中间，因为这是四方孤立无援格，前后左右无依无靠。

6．书桌不能被门冲，因为如被门冲，读书学习等就会受到干扰，不易集中精神。

7．书房的门向也要注意，首先不能正对厕所、厨房，从而影响室内空气质量。

8．在书房的案头前方摆上富贵竹之类的水生植物，生机盎然，赏心悦目，有利于启迪智慧。

➜ 书房收纳妙招

利用装饰墙面承载更多零碎物品，墙面，当然是你在收纳时不能遗忘的角落，哪怕是在书房里，它都可以得到高效的利用。

1．软包墙变身时尚留言板。用布料软包的墙面，不但具有很强的装饰性，利用绷扣间的装饰线固定便条或者相片，使它成为超大的留言板。这种软包的墙面特别适合有小孩的家庭使用，它能防止孩子意外磕碰。

2．用小柜子来拯救杂乱无章。大书柜固然容量大，但并非什么都适合装，一些小东西放在里面很容易就会被埋没，而且还会浪费很多空间。因此，把那些小物品单独分出来，利用墙面给它们安个家。用来存放小东西的柜子还可以省去柜门，只需要用瓶子或盒子把东西盛起来再放进去即可。

3．一物多用的多孔金属板。多孔的金属板是不可多得的墙面收纳工具，它不但能将形形色色的物品挂在上面，还能将具有磁性的物品吸附在上面，真正做到一物多用，而且金属板结实耐用，还不会轻易损坏。

4．挖掘书桌边角开发储物空间。书桌可以用来承载书写工作，书桌边角却经常被我们遗忘，所以对书桌边角的巧妙安排便显得尤为重要。合理的功能划分，可以为书桌真正的"减压"，因此让我们来对书桌边角进行细细的分解，看看它是如何来实现各种储备需要的。

1．划分抽屉空间为储物室。书桌通常不会有很多抽屉，有的甚至只有独立的一

家有妙招 生活零烦恼

个大抽屉，放在里面的东西很容易会被翻乱。因此，你至少要在抽屉里准备 1~2 个带有提手的收纳盘，这样在需要时，你就可以轻松地把东西都拿出来，同时还要注意收纳盘中物品的归类存放。

2．用平行钢管把文件挂起。案头工作的你离不开各类文件，薄薄的文件虽然不大，依然会对桌面空间造成威胁。你可以在两个吊柜之间架上一对平行的钢管，把文件像衣服一样高高地晾起来，并在每个文件夹边上标明文件的内容，以方便查找。需要注意的是，文件架的距离要根据文件夹的尺寸来设定。

3．金属小配件延伸新功用。许多有用的小纸片和信件无法被处理掉，而且为了方便取用，也不能把它们放在隐蔽的地方。金属质地的面板正好能充当留言板的功能，小纸片也可以用磁铁固定在上面，而经常会被悬挂在玄关的金属架，也可以挂在书桌旁，用来放置信件和钥匙。

4．用小型储物道具为抽屉减负。抽屉空间有限，而你也要尽量把抽屉里的空间留给大而整的物品，一些零散的小物品一定要单独归类存放，那些经常摆放在书桌上的收纳包、笔筒、小盒子等工具是你不得不去利用的收纳道具，这样化零为整的方式才能更加有效地节省空间。

5．小盒子充当临时分类所。各类小盒子也是将物品有效分类的功臣，不过，并不能将它们作为收纳的主要工具。你可以将它们作为临时分类处，待积攒到一定程度后，再另辟别处存放。

6．旋转式笔筒将笔分类收藏。或许你需要为经常用的笔做个简单的分类，将它们随意放进笔筒中，并不是最方便的办法，

只有合理的归类，才能摆脱杂乱困扰。旋转式的笔筒，能将不同用途的笔巧妙分类的同时也便于你随时查找。

7．多袋收纳包存放常用物品。带有多个口袋的收纳包不仅能容下许多东西，还能让经常丢弃在书桌上的常用物品各归其位，让你不用再为找不到手边急需用品而大伤脑筋，它更适合存放用途一致的物品。

阳台的收纳技巧

→ 阳台空间收纳妙招

阳台可以说是家中最易聚集杂物的空间了。头顶上满眼的彩旗飘飘、角落里积灰的瓶瓶罐罐、散落在窗台上的晾衣架，有时候想要眺望一下窗外的风景，却被阳台内的杂乱无章搞得毫无心情。你是否也有这样的烦恼呢？但是如果方法得当，你就可以巧妙地实现阳台收纳最大化，节省了空间的同时你会发现，也节省了时间。

1．接近客厅的阳台，整合一体化区域。很多靠近客厅的阳台，都还担负着洗衣晾晒的功能，通常收拾起来，比较繁杂。其实，如果规划得当，划分出洗衣区、晾衣区、熨衣区，配合利用功能强大的小道

具，就能一步到位地拥有"一体化"的工作区域。在节省空间的同时，更节省时间。

熨烫板、洗涤用品、脏衣物等，其实都能在阳台安家，配上不同类型的搁架单元、搁板、储物盒，尽情发挥收纳作用，让阳台成为你展现生活情趣和态度的"镜子"吧！

2. 接近厨房的阳台，利用角落建造储物区。

如果阳台接近厨房的情况，这种问题会比较明显，这时，我们可以利用阳台的一角建造一个储物区，存放蔬菜、食品或不经常使用的餐厨物品。如果靠厨房的阳台面积比较大，就可以放置少量的折叠家具，供休息、朋友聚餐时使用。

3. 人口多需求多的阳台，按需求划分使用空间。

家庭成员的多种需求，你是不是有时觉得都快没有地方可以伸展了？这时，我们要根据每个人的需要，进行空间分割，将不同所属类别的物品都分开放置，较小的部分用于存储杂物，其余的空间用作公共区，让阳台满足每一位家庭成员。

4. 面积小杂物多的阳台，利用搁架分类收纳。

现在有好多人习惯将阳台封闭起来，成为放置物品的贮藏室，或是利用封装后的阳台做工作室来用。但杂七乱八的东西一多，难免就显得凌乱、不美观，这时，我们首要的工作就是先要让阳光透进来，同时配以不同储物工具让杂物看起来井然有序。

巧妙收纳美化阳台

1. 清新淳朴的休闲空间

阳台上可摆放竹质、藤质的摆设，营造一种田园气息。比如，阳台的窗户可以挂上竹卷帘，帮助抵挡灰尘的侵入；墙面的搁板上摆放几个既美观又大方的竹制储物篮，方便收纳各种零星物品。如果有足够的位置，还可放置一个藤质的摇椅，复古而典雅。在阳光灿烂的日子，置身这样的阳台，既舒适又惬意。

2. 生机盎然的花房

许多中老年人都喜欢在阳台养殖花草，有这种需求的，不妨在阳台摆放一套带转角设计的组合储物架，可根据实际需求，拆卸或组合使用，也可随心所欲地放上花盆、储物盒。而此时，花盆、浇花工具都成了一种装饰品，因此，也应选用造型优美的。

3. 完美整洁的洗衣房

很多住户习惯将阳台作为洗衣房和晾衣房，三种配件必不可少：第一，设计独特的晾衣架，最好选用可折叠、易携带的那种，不占用空间。第二，带支架的洗衣用袋，便于收纳脏衣服。第三，层叠有序的附脚轮储物组合，使得衣服、裤子、毛巾等被整理的井井有条。

4. 儿童用品储藏室

如果家中没有孩子的专属房间，阳台也可以当作儿童用品的储藏室。比如，可叠放的小型储物箱最为节省空间。而超大的储物箱，能够收纳孩子的书本、杂志等琐碎物品；带滑轮设计的储物单元，放置一些需要随时移动的文具纸张；而颜色各异的画笔收纳箱，则能分类收集孩子的绘画用品。

5. 空中展示的舞台

时下，"悬标"也成为一种时尚的装

置艺术品。它的设计巧妙地利用风动及力学平衡原理，达到360°动态立体可视空间效果。这个"永远移动旋转"的小物件在空中翻翻起舞，展框里放上家庭成员的各种照片或者海报、装饰画，颇具艺术性和实用性。独特多画面的动态组合总是引人注目的。

卫浴间的收纳技巧

洗衣机周围的收纳

1. 洗衣机周围本来就很狭窄但是东西却很多。要确保收纳的空间，必须要整理好零零碎碎的小杂物。

2. 洗衣机的旁边可以放置一些小盒子、装瓶状的洗涤液之类的东西。

3. 为了方便打扫不能直接摆放东西。像卫生用品、卫生纸等东西可以用收纳箱摆放整齐。用造型可爱的除臭剂、美丽的画还有杂货让厕所也变得好看起来。

洗脸台的收纳要点

1. 每天都要使用很多次的洗脸台上摆放着肥皂、基础化妆品、牙刷牙膏、美发用品等，因为有很多小东西所以更要好好利用狭窄的空间进行整理。

2. 每天都要使用的肥皂、基础化妆品、牙刷牙膏等都放在容易拿的位置。容易倒的东西可以装在盒子里。为了美观可以装饰一些绿色植物和可爱的杂货。

3. 如果有空间可以摆放细长型的抽屉柜，存放化妆品、毛巾、内衣等东西非常实用。

利用马桶的上方空间

1. 这是一种比较流行的增加收纳空间的方法之一。

2. 由于空间有限，一般来说，盆柜和马桶大多会设计在同一侧且紧密相邻。这种情况下，不论是脸盆上面的吊柜还是脸盆下方的地柜，都可以顺势将面板往马桶上方横铺过去，连成一体。

3. 这样马桶的上方就多了一个搁板，可放置不少小件物品。

4. 在马桶上方的墙体，也可以多安装几块搁板，放置更多的东西。

温情提示：需要注意的是，因为马桶连着水管，所以安装搁板的时候，必须避开水管的位置。

巧妙利用镜面背后的空间

1. 卫生间的镜子也是一个可以巧妙利用的收纳空间，目前很多产品也在这方面花了很多设计心思，因此在装修时一是多与设计师沟通，二是要选择能够实现收纳的镜子。

2. 利用镜子收纳通常有三种形式，一种是镜柜。镜柜表面看是一面挂在墙上的普通镜子，其实后面暗藏玄机，打开镜子你会发现在里面还设计了一个储藏柜，足以容纳各种洗漱用品，空间随之得到扩展；另一种是镜架。大一点的卫生间会选择落地的穿衣镜，那么不妨选择可以放置在角落，又在镜子后面设置有搁架的穿衣镜，将首饰、腰带等小件装饰物放在其中，方便搭配。

合理利用窗台区域

1．现在越来越多的卫浴户型是有窗户的，在窗户下设置一个小窗台就成了非常理想的收纳平台。

2．这个平台的收纳要注意不要遮光、不要杂乱。通常摆一盆小盆景，可以增添卫浴情趣，而卫浴中常用到的香熏也可以放在这里，窗户旁边通风利于挥发气味。

3．有些老的户型窗户下会有暖气，很多家庭会用暖气罩把暖气包起来，这虽然也是一种收纳方式但非常不可取，这样做会影响暖气散热，降低对能源的使用，这时你不妨更换为一组漂亮的暖气。

合理利用挂钩

利用挂钩或横杆来悬挂收纳毛巾、浴巾等，充分地利用空间。但要记得如果卫生间不够通风，挂在这里的浴巾和浴袍要经常用清水漂净，让阳光中的紫外线彻底为它们消毒。

巧用挂墙柜

挂墙柜就是储物柜，可以是开放的或是带门的，镜柜可以将镜子的背后设计成小巧的储物空间，放置洗漱和护肤用品。

巧妙利用角落空间

1．卫浴间最容易滋生细菌，特别是角落区易潮湿，更要充分设计，既便于打扫又能实现收纳是最理想的。

2．在大的角落区要安置地柜，小的角落区要减少杂物的摆放。在朝阳的角落可以放置抹布等物品增加晾晒，在背阴的角落尽可能空出来不收纳，便于经常打扫。

吊顶区域空间的利用

屋顶如果够高，在吊顶时一定要充分考虑顶层内的空间。比如电热水器就可以很好地收纳在其中，不要让它裸露地悬挂在墙壁上，既能防潮又不占空间，两全其美。但一定要注意，吊顶的扣板要方便摘取，便于维修和保养里面暗藏的家电。

沐浴区的收纳

1．沐浴区通常会有浴缸区、淋浴区两部分。浴缸区可利用的地方较多，在浴缸四周的台面可设置小桌子，既能收取日常用品，又能在桌子上方便放置饮料、电话等。

2．如果空间够大，还可安置镜柜，存放一些日常喜欢看的杂志，甚至可以放CD机或者微型电视，增加泡澡的乐趣。

3．在淋浴区会需要充分考虑挂件的设计。因为淋浴区纵向空间较大，最好选择具备收纳功能的淋浴器，将肥皂、沐浴刷等放置在上面，更好地节省空间，而浴巾、浴袍则挂放在既方便拿取又不会淋上水的挂件上。

家庭综合物品的收纳技巧

皮衣的收纳

1. 收纳皮衣之前要进行处理。收纳前先晾晒，挂在通风处除尘，为增加皮革柔韧性，收藏时须均匀地在衣服上擦一层保养油。收藏时最好不要折叠，避免重压，一定套上防尘罩挂入衣柜，要在衣架上挂放防冲剂，以防蛀虫。

2. 要确保存储衣柜或存储地方通风透气，不要使用塑料袋套起，最好能用真丝袋套起。

3. 皮衣最忌讳的就是阳光和湿气，所以放置皮衣要避免阳光直射以及闷热潮湿的地方。

4. 如条件允许，最好将皮衣夹里朝外，毛朝里，放在大小相似的口袋里，口袋里放好用薄纸包好的樟脑丸，然后将口袋缝好，放在木箱内。

羽绒服的收纳

1. 羽绒服收纳前可以用双手将里面的羽绒拍打蓬松，然后洗净、晾晒后，将其悬挂放入衣柜，在上面盖层布，可防止衣服掉色和沾染。

2. 如果衣柜有两层，则需将羽绒服悬挂在最高一层，以防出现霉斑。或者准备一个真空整理袋，用专用气筒把空气抽干，羽绒服就收成了一个薄片，这样既防潮又干净卫生。

3. 羽绒服里不能放樟脑丸，因为樟脑丸里的成分与衣服里的天然纤维起反应，破坏衣服的材质，引起变色。大家可以在羽绒服兜里放几个用布包着的活性炭，便能起到防潮、消除异味的作用。

毛衣的收纳

1. 毛衣卷筒收纳法。一般我们是把毛衣折叠好放在衣橱里收藏，等待天气变凉时再拿出来穿，如果时间长了，毛衣就会出现褶皱，影响美观。其实，在收藏毛衣的时候，将毛衣折成长方形之后，再卷成圆筒状，然后再放入收纳箱里排好即可，这样不伤毛衣的绒毛。而且因为没有重叠，可以保持原来的平整性，一看就可以马上知道哪一件是短衫，哪一件是毛衣。

2. 毛衣折叠收纳法。可以把毛衣折叠收藏，但是这样会令毛衣的毛绒不顺而变形。市面上有卖分隔收纳袋的，这是一种很好用的毛衣收纳法。

3. 收纳镶嵌串珠和装饰品的毛衣。为了不让毛衣产生磨损，可以用包装纸将串珠和装饰品等部分夹住。针织棉织品有的带有拉链、裤带扣、金属纽扣等，最好用塑料袋或白纸包好。

T恤的收纳

1．在折叠收放T恤前要把T恤后身朝上摊开平放，并且拉平褶皱。根据收纳空间的大小宽度横向折叠，将两侧分别向后折叠。

2．把袖子折回来，从下摆开始往上面对折两次左右。

3．可以借助硬纸板，根据收纳抽屉的宽度，剪一块大小适合的纸板，使衣服的背面朝上，纸板放在衣服的中间位置。以纸板的边缘为参照，将衣服的边缘和袖子向上折起，这样衣服就叠成整齐的方块，很方便放进收纳盒或抽屉。

 ## 西装的收纳

1．正规来说，西装是不可以折叠收纳的，在收纳之前要熨烫平整，通常是用衣架挂在衣柜中，并在西装上套上西装袋以防止灰尘。

2．如果是外出需要携带西装，要将衣架放在西装内，然后用专门的西装套套好，直接用手提。如果觉得手提麻烦，可以隔着西服套在中间折叠一下，放入空间较大的旅行箱内。

3．如果不能够避免折叠的话，应该将西装扣好口子，正面朝下，将左右两边的衣服和袖子向中间对折，一定要将袖子铺平，然后将衣服领口向底边轻轻对折。

4．对于毛料制作的西装，在收纳之前，应该用软刷将衣服清扫一遍，去掉尘土，以防蛀虫，最好放上包好纸的樟脑。

针织衫的收纳

针织衫收藏要比其他衣服考究得多，最佳的收纳方案是将针织衫卷起收纳到纸质口袋中。针织衫折叠步骤：针织衫背面朝上，把两侧的袖子向内折好，对齐，从下向上卷起，完成。

 ## 裤子的收纳

1．常用方法，将裤子分类洗净后，用熨斗熨平，如果衣柜有足够的空间，可以用裤架挂好后，放进衣柜中。

2．当长裤一件件折叠后又重叠在一起时，最容易发生的状况就是产生皱褶。最好的方法就是利用保鲜膜的卷心来帮助整理。用两个保鲜膜卷心放在裤子上，将裤子分为三等份，然后折起来。可将三条放有保鲜膜卷心的裤子放于抽屉后，上方还可以放一些衣服，因为有保鲜膜卷心的支撑，不必担心长裤会压坏了。这个方法还可以运用在整理其他的衣服上。

书报杂志的收纳

1．不经常看的书籍放在书架的最上层，或者是放进盒子内，将盒子置于书架顶部。

2．看过的报纸杂志和用过的文件可以用绳子捆在一起，放入书柜内部或置于书架顶部。

3．将书籍杂志分类进行整理，将同类的书籍放在一起，可以在书架上贴上相应的标签。

雨衣的收纳

1. 雨衣在雨天使用后，应及时挂在通风处晾干。

2. 雨衣脏了，可把雨衣放在桌子上用软毛刷蘸清水轻轻刷洗，不可揉搓，也不要日晒、火烘或用碱性大的肥皂洗涤以防胶膜发黏或老化变脆。

3. 雨衣不要接触各种油类，存放时应放整齐，上面禁压重物或置于近热源处，以防压出死褶，出现裂纹。

4. 收藏雨衣切不可放在樟木箱内，或放置樟脑丸，以防雨衣发黏。收藏前最好能在雨衣上撒一层滑石粉。

雨伞的收纳

可以在鞋柜的两侧安装挂杆，将伞直接挂在上面，如果雨伞没有手柄，可在挂杆上安装一些 S 形挂钩，将雨伞挂在挂钩上。如果雨伞上的水未干，可在挂杆下方放置接水盆。

钥匙的收纳

钥匙一般放置在进门的地方，便于出门时随手拿取。可在门口的鞋柜上放置一个专门收纳钥匙的小盒子，也可在鞋柜上方的墙壁上安装挂钩，专门用来挂钥匙。

电源线的收纳

1. 用厨房里的密封保鲜袋把不同种类的电线、传输线或充电器分别装好。

2. 再用不干胶纸贴在上面，写上名字。

这样保存，既整齐，取用起来又方便。

3. 保鲜袋是密封的，里面的东西不容易掉出来，而且袋子是透明的，从外面一目了然。

塑料袋的收纳

1. 可以叠起来，集中收纳，比如找空盒子来收。

2. 买收纳塑料袋的工具，可以挂在柜子或者墙面上，便于取用。

3. 准备大号的饮料瓶，把瓶底和瓶口都切割下来，瓶口大小要能让塑料袋拉出来。然后把瓶子小口向下固定到柜子里面，这样大口放袋，小口抽袋，就是简易的塑料袋收纳工具了。

丝巾的收纳

1. 请勿将丝巾收藏于潮湿、不通风或阳光直射的地方，以免造成丝巾出现菌斑和褪色。

2. 收藏时避免将干燥剂、化妆品、香水等化学制剂直接沾染于丝巾上。若不小心沾到，应及时清洗，否则易造成丝巾变黄或变黑。

3. 收藏时可将丝巾平整地折叠好放于抽屉中，亦可吊挂在光滑的衣架上。

4. 利用挂西装裤的衣架，将丝巾折成可以立刻使用的状态挂起，并用夹子固定，取用十分方便。也可将丝巾挂在衣架上，并用衣夹固定。用厚纸夹在夹子与丝巾之间，衣夹就不会在丝巾上留下痕迹。

皮包的收纳

1. 清洗好而且塞好白纸的包包，在收纳之前要套上防尘套，防止包包污染灰尘。

2. 收纳时不可以将皮包放在不通风的塑料袋中，也不可以用密封袋压缩，以免造成变形或皮质受损。

3. 不可以把衣服和皮包混放，因为衣服的纤维会吸收水分，以免出现潮湿的情况。

4. 皮包不可以拥挤在一起存放，要保持适当距离，以达到通风的效果，同时要定期取出透气，以免发生老化潮湿变质现象。

 ## 靴子的收纳

1. 收纳靴子前要把靴子清理干净，最好放在通风的地方晾晒 1～2 天，这样就不容易成为细菌、螨虫的温床了。

2. 接着按照靴子保养顺序给靴子做好保养工作就可以了。

3. 然后将靴筒里塞入定型物，以免变形、褶皱。

4. 最后给靴子套上不用的长筒丝袜，防止灰尘掉落。

5. 最后放进有洞的鞋盒里就可以了。好的鞋盒都是有洞的，为的是通风。

6. 将其放在干燥、通风好的地方就可以了。

领带的收纳

1. 每日用完领带后，回到家应立即解开领结，并轻轻从结口解下，避免用力拉扯表布及里衬，以免纤维断裂造成永久性皱折。

2. 领带一般采取对折平放的方式收纳，长期不用的领带可由小头向大头卷起置于收纳盒内。

 ## 布鞋的收纳

布鞋、轻便的旅游鞋以及宝宝鞋通常小巧轻便、质地柔软，可以直接将它们挂在墙壁上，或者挂在柜门内侧，这样能充分节省空间，也不浪费材料。放鞋子的挂袋可以用粗布制作。

 ## 玩具的收纳

1. 很多儿童玩具都比较零散小巧，因此，可以购买一些保鲜盒将零散的小玩具整齐的装进保鲜盒，这样既美观又容易找。

2. 在儿童房里有很多散落的玩具，作为家长要培养孩子的收纳意识。可以在儿童房里准备 2 个带轮子的收纳箱，一个箱子装毛绒玩具，另一个箱子装其他材质的玩具，这样可以培养孩子学会整齐收纳的意识。

3. 对于毛绒娃娃的收纳，可以在门后或者木板墙上，用图钉固定松紧带，可以将毛绒娃娃分别挂在上面，既整齐又容易找，也可以放在提篮或提袋里。

灯泡的收纳

1. 可以将灯泡用泡沫纸包好，头部朝下装入原装盒里，也可以放入较软的其他盒子中。

2．小号灯泡可以用泡沫纸包好，再用胶布将开口处封好，放入首饰盒中收纳。

3．有了泡沫纸的保护，拿取时可以避免灯泡的碰撞。

4．也可以用泡沫纸包好，用收纳女士内衣的蜂窝收纳箱来收纳灯泡。

遥控器的收纳

在沙发的两侧或是扶手上粘上一个钩，挂上布袋，可将遥控器直接放在布袋内。也可在茶几角上粘上一个小盒子，将遥控器直接放入盒子内。

纽扣的收纳

1．每家每户都少不了各式各样的扣子，尤其是新衣服上的备用扣子。一般会选择放在一个小盒子里或者装进信封里或小密封袋中。但是当我们需要找到某一个备用扣的时候，无法识别哪个是哪件衣服上的。

2．大多数的备用扣本身就自带一个透明的小塑料袋或小信封。所以只需写好描述衣服的标签就好了。把标签粘贴在备用扣的塑料袋上，或者直接用油性笔写在备用扣的包装袋上。

照片的收纳

1．先在照片背面详细记下拍摄时间、地点以及拍摄心情，将照片按照时间、地点、事件进行分类。

2．将分类好的照片放入相册中。照片夹入相册时要在照片与透明薄膜之间塞一点卫生纸，这样能避免照片与薄膜粘在一起，能很好地保护照片。

奖状的收纳

1．可将奖状按顺序叠放在一起，放在书柜的最下层，上面可以放置其他书籍或盒子。

2．可将奖状卷成筒状，塞入用完的卫生纸筒芯中，在筒芯外面裹上保鲜膜，这样既可以防尘，也可以防止奖状受潮、变色。

3．专门制作一个奖状玻璃墙面，将分类好的奖状贴在玻璃强内，然后悬挂在书房的合适位置，既可以很好地保存奖状，又可以展示获得的荣誉。

名片的收纳

1．将收到的名片按照工作性质和工作单位进行分类，然后分别放入不同的名片夹或是小盒子内，这样能方便查找。

2．对于自己的名片，可在包内放几张，以便随时取用，其余的可放置在一个便于拿取的小盒子内，将小盒子放在办公桌上。

化妆品的收纳

1．很多化妆品在买回来的时候采用了漂亮但很占空间的外包装盒，建议把这些不要的盒子都扔掉。

2．先将产品分类，然后检查每款产品的质地、颜色和气味，看它有没有变质，是否值得保存。

3. 收纳化妆品时，一定要将其放置在阴凉通风处。

4. 睫毛膏：这是众多彩妆品之中最容易过期的产品，一般开封后的保质期只有3～6个月，所以建议你要尽快用完它。

5. 粉饼：这类产品的保质期比较长，一般储存两年也不会变坏，所以你可以把这类不常用产品好好储藏起来，例如把包装盒已经有点破旧的眼影或腮红拿出来，用一个比较大的专业化妆盒盛着。

6. 粉底液：只需要保留最多三瓶色调不同的粉底液用于平日上妆已经足够，分别是目前贴合你肤色并正在使用的粉底，另外还有较你现在浅一度和深一度的粉底。

首饰的收纳

1. 可以用大一点的首饰箱来装，分门别类的，很容易装也不会乱。

2. 可以用密封袋装（透明的，很便宜），根据首饰的大小，每件饰品装1个袋子，这样可以避免发生缠绕打结，而且还能很好保护首饰。

3. 首饰直接暴露在空气中是很容易氧化的。所以最好可以每次带了之后，用软布擦拭干净然后放进密封袋里，这样可以保持首饰的长久亮丽，延长首饰的寿命。

吹风机的收纳

1. 通常吹风机连同电线会很占空间，而且电线容易折损或受潮。可将吹风机用挂钩挂在卧室的墙壁上或者门后面。

2. 吹风机最好不要放置在卫生间等较潮湿的地方。

3. 如果吹风机不经常使用，使用后要及时拔下电源插头，也可以放在梳妆台的抽屉里。

手机的收纳

1. 很多人在家里随意放置手机，如果不小心有时造成手机受损，在家里可以专门设置一个手机座或者放置在坐式布绒玩具的怀里既美观又可以防止手机受损。

2. 也可以在客厅的茶几或者卧室的床头柜上专门设置一个手机收纳盒，当你回到家中或者休息时将其放在手机收纳盒里。

帽子的收纳

1. 可将帽子重叠起来放置在奶粉桶或者饼干桶上面，把帽子整个撑起来，不用担心会变形。而且好多帽子叠在一起也看不出有多占空间。最顶端放上这个季节常用的帽子，然后就放异型的有帽檐的帽子。

2. 可以选用圆盒收纳帽子，可以防止挤压变形。在收纳前，有个小秘方供你参考：可先用塑胶袋或气球，吹气到适当大小，将袋口绑紧，放进帽子里；再以蛋糕盒盖为底，盒身为顶，装置帽子。

3. 在买帽子时，可以询问一下商家：是否有厂商包装运送帽子的帽垫可供索取，其定型效果会比吹气的塑胶袋好。

4. 如果家里空间不大可将帽子折好，轻放在抽屉里或皮箱最上层；或是用约62

厘米长、0.5 厘米厚的海绵条依帽形围成圈，以针线缝起海绵条定型，如此即可将好几顶帽子间隔重叠，再予以收纳。避免以重物挤压或把帽子层叠存放。

➡ 家庭常用药品的收纳

1. 将各种家庭常用的药品进行系统分类，如感冒药、消炎药、外用药、儿童专用药等详细分成几个类别。

2. 可以购买家庭药品储备箱或自制的带有盖子的收纳盒，用自制的隔板分成几个部分，再将分好类别的药品分别放在一个格子里，但放药的时候要按照药品的有限期从前到后排列，这样可以防止药品过期，种类也很清晰，容易寻找。

3. 对于随时携带的急用药品，可以将药品放在药盒里，将药盒上贴上标签注明药品名称、功效、吃药剂量，放在衣袋里，如遇突发情况他人可以根据药品进行判断和急救。

➡ 电风扇的收纳

1. 清除电扇表层的尘土。

2. 对电扇进行简单的拆洗和保养。

3. 立式电扇使用电扇罩罩好电扇的网罩及电机部分。

4. 台式电扇最好使用原包装进行再次包装。

5. 包裹严实后将电风扇放置于干燥、通风的房间或角落，以备来年使用。

注意事项：

1. 立式电扇应该放松高度调节杆。

2. 在收纳时要注意保护网罩不被挤压。

3. 风扇扇叶非常重要，一定要注意保管，避免因磕碰、挤压变形。

4. 在收纳时还应该确定各个功能键都处于 OFF 位置。

➡ 重要资料文件的收纳

如何防止家里重要文件资料的丢失，而又容易查找呢，下面就为大家介绍几点简单的方法。

1. 将家庭重要的文件资料装入透明的文件夹或文件袋中，用标签注明文件的名称、内容和日期。

2. 再按着文件的重要性或日期的先后顺序分别将文件夹放入文件盒中归档。一些细小的单据或票据可以放在小的密封袋中，但是注意放的时候按照时间先后顺序整理。

3. 将这些小密封袋贴在硬纸板上，然后在每个密封袋所贴的硬纸板的位置写名年月日期。

4. 将其放在书柜里即可，对于重要的文件资料最好放在书房的书柜中，定期整理查阅通风，以防潮湿损坏。

➡ 文具的收纳

1. 对于家里常用的文具纸、笔、本等，应该养成随用随收的好习惯，做到从哪里拿放到哪里去的习惯。

2. 对书桌上使用完的钢笔、圆珠笔、铅笔、油性笔等各类笔，用完后要随时放回笔筒，整齐地摆放在书桌的合适位置，既美观又整齐，最重要的是使用时容易随手寻找。

3．不经常使用的纸、笔等文具要将其收好放进盒子，然后放在书桌的抽屉里，当使用时可以寻找它们的准确位置。

4．要在电话机旁边放上经常用到的笔和记事本，但要放整齐，做到笔本不分或用绳子将笔系在本子上。

5．将常用文具整理好放置在一个文具袋内，将文具袋放置在书柜上或书桌上。

梳子的收纳

梳子可和常用的小发饰一起放置在收纳盒中，梳头的时候便于取用。也可将梳子单独放置在圆形的收纳桶内，好拿又稳固，也不会东倒西歪。

光盘的收纳

1．在音响旁边的墙壁上装一个台子或者小架子，将光盘按顺序纵向插入收纳盒中，然后将收纳盒放置在小架子上。

2．同时可以在墙上装上小隔板，也可以很好地收纳光盘。

3．可以在电脑旁边放置一个小框子，将带盒子的光盘纵向排列在里面，没有光盘的盒子可以购买一个盘盒，这样可以保护光盘不被磨损。

4．对于不经常使用的光盘可以分别装入盘盒，贴上标签标明光盘名称，然后有条理地放入小的收纳盒中，将收纳盒放进书柜中，避免光盘挤压而受到损伤。

明信片的收纳

1．可以购买专门的收纳盒或者相册，对收到的明信片进行分类整理，按照每个类别分别放在相册中，或者每个类别用皮筋套住放在收纳盒里。

2．可以利用家中吃完饼干或月饼的盒子（最好是铁盒），将所有的明信片进行系统分类，分别将每个类别装入每个信封或者用绳子、皮套套在一起，然后放在盒子里。

3．如果明信片的数量比较少可以将明信片分别夹在不经常翻阅的书籍中，按照每本书一个类别的方式，再装入书架，这样既美观又可以保持明信片的平整性。

4．明信片收纳时要注意防水和防潮，要经常拿出来透风。

拖把的收纳

1．先用一个面巾纸盒或鞋盒做一个拖把套。

2．要将拖把挂在通风处晾干。

3．剪掉纸盒的一个侧面，再将纸盒朝上的面剪掉，使其拖把的把柄能放进盒子里。

4．换洗晾干拖把后，将拖把插入纸盒中，这样既防止灰尘又实用美观。

5．平时还可以将用后的拖把用清水冲洗干净后，放在阳台晾干。

刷子的收纳

1．可以将平时用完的刷子洗干晾晒后收纳，学会利用家里平时买东西的鞋盒等盒子收纳刷子。

2．可以在洗漱间设置一排小铁丝挂钩，将每个挂钩上方贴上标签写明刷子的用途，然后将平时用完的刷子分门别类地挂在挂钩上。

扫帚和簸箕的收纳

1. 首先对于扫帚和簸箕的收纳不能够分开单独收纳，二者要一起收纳，这样在使用时也能够同时用，方便快捷。

2. 可以将扫帚头放进簸箕里，然后放在厨房或阳台的角落里，注意扫帚头不要朝一边放置，容易造成扫帚头倒向一边，影响使用质量。

3. 同时可以考虑在放簸箕的墙上粘上挂钩，把扫帚挂在上面，这样既可以保持卫生又可以避免扫帚头的变形。

螺丝刀的收纳

1. 将用后的螺丝刀直接放入原装的工具箱中。

2. 可以将螺丝刀整齐地摆放在抽屉里。

3. 可以利用家里废弃的盒子做一个简易的工具箱，为保护工具的头，可以在纸盒的底部铺上毛巾，在盒里用纸板做好隔板，避免不同型号的螺丝刀碰撞。

用盒子收纳餐具

1. 可以用盒装收纳的办法来收纳餐具，这样收纳既整齐、美观又有实用效率。

2. 简单说就是将同一种类或同一系列的餐具或者一起用的餐具，分类后分别装入不同的收纳盒。

3. 这样收纳既可以节约空间，又能提高使用效率，使用时可以一起取出，美观大方。

茶杯的收纳

1. 可以采用传统的收纳办法就是将茶杯洗后整齐地放入杯盘或者杯架内。

2. 可以用藤篮收纳茶杯，这样收纳具有质感和透气性，茶杯不容易产生异味。

3. 用此方法收纳茶杯时再盖上一层素雅的棉布，两者搭配既美观又防止灰尘的入侵。

高脚杯的收纳

1. 由于高脚杯上宽下窄，容易碎又比较占空间，那么倒立起来收藏效果就不同了。

2. 可以在厨房吊柜的下方设置横杆，但是横杆之间的宽度要适中，不要比高脚杯底座的直径大。

3. 用废弃的布条缠在横杆上，增加摩擦力，不容易碰坏高脚杯。

4. 一切布置好，就可以将高脚杯洗干净后倒挂在横杆上了，这样既节约空间，又美观实用。

刀具的收纳

1. 在收纳刀具的时候要充分地考虑安全性，因为道具本身属于锋利工具，稍不注意就会造成伤害。

2. 应该专门购买收纳的刀架或刀盒，用完刀具后应该及时放在刀具架内。

3. 放的时候应立着放在操作台的侧面，最后放在橱柜或者比较高的地方，尤其是家里有孩子的应该特别注意，以免小孩子受伤。

手机充电器的收纳

一般家中通常有多款手机充电器，但如何收纳既美观又实用呢？

其实，方法很简单，我们可以买一个插座，但插座最好每个插孔都有独立的开关，然后将不同型号的充电器分别插在插孔上，然后找一个抽屉，抽屉后面要有出孔，将所有充电器的尾端从抽屉空中伸出，并分别贴上所属型号的标签，这样我们在使用的时候可以单独按下所在充电器的单独开关，既美观整齐又方便使用。

数码产品的收纳

如今各种小巧的数码产品已经走入了我们多数家庭，那么面对这些如 U 盘、硬盘、小相机、小数码 DV 等产品如何收纳也成为我们烦心的问题。其实，收纳方法是很简单的。首先，我们可以利用家中闲置的化妆盒，将不同的数码产品分类存储在不同的空间内，放在家中也美观整齐，出差时也可以随身携带。其次，市场上也有很多的数码产品收纳盒、收纳箱、收纳袋等，可以买回来直接按照大小存放即可。

棉拖鞋的收纳

1. 冬季家中的棉拖鞋可以巧妙地在门后收纳起来。

2. 可以选用质量较好的松紧带，巧妙地利用图钉等固定工具，将松紧带的两端固定在门的后面。

3. 再沿着松紧带的平行固定若干个图钉，固定图钉时要以拖鞋的宽度为标准，然后将拖鞋悬挂在门后。

4. 注意在选择松紧带的颜色和图案时应尽量选择与拖鞋以及门的颜色相近的松紧带，这样也保持了和谐的美观性。

缝衣针的收纳

可将喝完的茶叶包晒干，用干净的布包起来，将缝衣针插在上面，这样既可以很好地收纳缝衣针，又能防止其生锈。在用过的缝衣针后留一小段线头，这样便于取用。

花草种植工具的收纳

将种植花草的小铲子、小锄头、喷水壶以及营养液等放入塑料瓶内，用挂钩将塑料瓶挂在花盆的旁边或阳台的栏杆上。

家电说明书的收纳

家电说明书种类很多，而且很重要，平时用不上，一旦用上时，却很难找出来。可将家电说明书分类，分别装在不同的塑料袋内或者小收纳盒中，将塑料袋或收纳盒放在家电旁边的架子上。

电池的收纳

用完的电池内含有毒物质，因此电池用完应该立即扔掉。对于新的电池，可以放入透明的袋子内，这样能清楚地看到电池的型号，然后放在电器旁边的架子上或者柜子上。

家有妙招　生活零烦恼

儿童安全篇

儿童室内意外情况的预防与救护

对于好奇心极强的小孩来说，家不仅是欢乐的城堡，同时也隐藏着许多的安全隐患，小孩的生活也离不开日常的家居用品，而很多日用品对小孩的安全都构成威胁，家长们一旦疏忽很可能让小孩受到伤害。下面就为大家介绍一些可能出现在家中的安全隐患问题，需引起家长们的注意。

窒息和气道阻塞的预防

1. 不要在儿童床上放枕头、毛绒玩具和其他松软物体，这些都是引起孩子睡觉时窒息的隐患。

2. 儿童床上最好不要挂玩具，即使要挂，也不能挂绳子长的玩具。

3. 最好给孩子穿带拉链的衣服，如果穿的衣服上有纽扣，则要时常检查纽扣是否松动脱落，以防小孩吞下纽扣。

4. 不要让孩子边吵闹边吃饭、边吃边看电视或讲笑话，应认真看护，让孩子安静、认真地做事。

5. 不要给3岁以下的孩子吃圆形坚硬的小颗粒食物，如硬糖果、葡萄、坚果等。

窒息和气道阻塞的救护

1. 家长可跪在地板上，让孩子趴在大腿上，头部低于胸部，一只手搂住孩子的身体，另一只手用适当的力量拍打其背部。如果是年龄较小的孩子，则可将他的双脚抱在胸前，孩子头朝下，家长一只手固定孩子的身体，另一只手用适当的力量拍打其背部。

2. 打开孩子的嘴巴，用拇指、食指握住孩子舌头或下颌，这样可以将舌头驱向前，解除部分阻塞，然后用另一手的食指和中指将阻塞物取出或用食指将异物勾出。

3. 及时送往附近设备齐全的医院。

烫伤预防

1. 热水瓶应放在孩子不易碰撞的地方。用电炉、电取暖器时，要装防护罩。

2. 做饭时，不要让孩子进厨房，以免孩子打翻滚烫的汤盆烫伤。吃饭时也不要将热汤放在孩子能够到的地方。

3. 应将热水器温度调到50℃以下，一旦水温在65～70℃时，孩子在2秒钟之内就会造成严重的烫伤。给孩子洗澡时要先放冷水再放热水，调好水温，并在过程中经常试水温。

4. 酸、碱等清洗剂一定要放在孩子拿不到的地方，以免使孩子造成化学烫伤甚至误食。

烫伤救护

1. 孩子被烫伤时应马上脱下衣服，或

用剪刀将衣服剪开取下。

2. 用大量自来水冲淋，或用水浸泡烫伤的部位，替伤口降温。若烫伤较严重，表皮已烫伤就不能用自来水冲洗，以免感染。

3. 患处降温后直接盖上消毒药布或纱布，把孩子送往医院治疗。不要乱涂药，以免伤口感染。即使孩子只是受到轻微的烫伤，也要到医院就诊，最好是到开设有烧伤整形外科的医院。

溺水预防

1. 卫生间的马桶盖要盖好，避免孩子因好奇向里看时头朝下栽进马桶，可以为较小的孩子准备专用便盆。

2. 用儿童专用的澡盆给孩子洗澡，澡盆两边最好有握把，孩子可以握住它保持身体平衡，以免滑倒。澡盆内的水只要到孩子肚脐即可。

3. 给孩子洗澡时，家长不要走开，因为他可能会站起来滑入水中，而50厘米左右的水就有可能使一个孩子溺水，只需2分钟，孩子就可能在水中失去知觉。

4. 家里装有水的鱼缸、水桶、水盆等都要放在安全的地方，因为这些都可能成为让孩子溺水的隐患。

5. 浴室、厕所、厨房的门要关紧。

溺水救护

1. 如果孩子灌的水不太多，脱下湿衣服后，马上用毯子包裹好并立即送往医院。

2. 如果孩子灌了很多水，家长应坐下，让他头朝下，肚子趴在救护者的膝盖上，

轻轻敲击孩子的后背，让小孩把灌进去的水吐出来。

3. 家长也可以一条腿跪地，另一条腿屈膝，将小孩的肚子横放在救护者弯曲的腿上，头部朝下，按压孩子的背部，促使呼吸道及胃里的水从口、鼻流出。

4. 经过急救后，小孩的情况即使有所好转，也应该立即送到医院处理，以免留下安全隐患。

火灾预防

1. 不要让孩子随意玩火柴、打火机、点明火、点煤气灶，家长平时应教会孩子其危险性。

2. 电器在不用时应拔下插头。用电熨斗、电炉时要有大人在场。

3. 不能乱接乱拉电线。

4. 煤气或天然气使用完后要关闭阀门，经常检查管道有无泄漏，为安全起见，厨房内最好安装气体报警器。

5. 家中不能存放汽油、鞭炮、油漆等危险品，一次性打火机要防晒、防烤。

6. 家长不能在床上吸烟。

7. 家里最好配备灭火逃生器材，并且时常查看逃生器材是否正常好用。

火灾自救

1. 教孩子打火警电话119，并告诉他报警时要说明失火现场的详细地址。

2. 教孩子在逃离失火现场时，要用湿毛巾捂住口鼻，减少热力和烟雾对身体的伤害。

3. 教孩子在逃离火场若遇浓烟时，应

尽量放低身体或是爬行，千万不要直立行走，以免被浓烟窒息。衣服被烧着时不要惊慌失措，赶快在地上翻滚，使火熄灭。

4. 若是在高楼被困在火场，可用颜色鲜艳、大块的布匹向街上的人求救。

→ 化学药品中毒预防

1. 药品和清洁剂等应放在孩子不易取到的地方或上锁的抽屉中。

2. 药品和化学药剂要放在有清晰标志的原装容器中，不要用饮料瓶装化学药剂。

3. 家长不要在孩子面前服药。

4. 家中应保持有一扇开启的窗，以防煤气中毒。

5. 在给孩子服药时，要严格遵照说明书和医嘱。

→ 化学药品中毒救护

1. 首先应弄清孩子误服的是什么药物、服药时间及误服剂量。

2. 如果确定孩子误服的药物副作用小、剂量比较少，可以让孩子喝大量的水，这样可以稀释药物并让药物从尿液中排出。

3. 如果误服的药物副作用大，而且服入剂量较大，应立即给孩子催吐。用手刺激孩子的咽喉部位，使其呕吐，从而把胃内的药物排出。同时，让孩子喝大量白开水，反复刺激催吐。

4. 如果孩子由于误服药量过大，时间过长，出现中毒症状，必须立即就医。

5. 去医院应同时携带剩余药品及说明书。

儿童户外安全技巧

家长们都希望带小孩外出，外面的世界丰富多彩，而小孩外出不可避免地会遇到户外安全的问题，因为孩子们的心智尚未发育成熟，很多事情需要家长的引导。所以，在日常生活中，家长们要对孩子进行户外安全教育，同时对一些可能发生的户外伤害，家长们也应做足预防准备，并能在孩子遇到伤害后及时有效地采取应急措施，争取将伤害降到最低。那么该如何呵护孩子，让孩子在户外也能安全地成长，下面是几种常见户外安全应注意的问题。

→ 晒伤预防

1. 孩子们很大一部分户外活动时间都暴露在阳光下，因而很容易被阳光中的紫外线灼伤。而且紫外线的损伤是一个不断加重的、累积的过程。在长大之后会出现色斑、皱纹，患皮肤癌的概率也会提高。

2. 带着还不会走路的小龄儿童出来玩，要随时注意调整童车的位置。因为太阳光线不停地改变，随时调整童车的位置可以避免太阳直射孩子。

3．给孩子选择宽松、透气性好的、纯棉质地的衣服，颜色尽量浅一些，这样不会让孩子吸收太多的热量。特别是在夏日的中午外出要给小孩戴遮阳帽，撑上遮阳伞。

4．孩子外出活动前，身体暴露的部位应涂上婴儿或儿童专用防晒露。当孩子从水中出来后，要马上擦干身上的水珠，因为湿皮肤比干燥的皮肤更容易让紫外线穿透，使紫外线加倍被吸收。

晒伤后的应急措施

1．轻微晒伤后要给孩子擦些痱子粉或用冷毛巾敷，以减轻不适感。

2．严重的晒伤后，皮肤会有灼痛感甚至起水泡，此时不要为孩子换衣服，以免弄破水泡，并立即到医院就诊。

3．孩子晒伤之后，除了用药物治疗外，还应让其安静休息，多喝水，以补充失去的水分。另外，不要让孩子吃有刺激性的食物。

蚊虫叮咬预防

1．尽量少带孩子去脏、潮湿或有被污染水流的地方，因为这种地方是蚊虫的滋生和聚居地。

2．夏季傍晚带孩子出去乘凉，应避开树木、花坛和草地旁。

3．夏天带孩子出门玩最好随身带着蚊不叮、驱蚊花露水或清凉油备用，还应带一把扇子，随时驱赶蚊子。

蚊虫叮咬后的应急措施

1．在蚊虫叮咬的地方涂上一点蚊不叮、六神驱蚊花露水、风油精或清凉油。

2．对蚊子过敏的孩子，及时给他在被咬处涂外用药，如无极膏，对伤口消炎、止痒、镇痛，且它本身所含的成分对孩子的副作用很小，但第二天最好改用花露水或风油精。

3．家长们一定要注意为孩子选购环保型儿童驱蚊产品，选择大家常用的知名品牌，并且注意核对产品成分。

动物咬伤预防

1．不让孩子单独给动物喂食。

2．不要挑逗动物在孩子面前表演刺激的游戏动作，以免动物过度兴奋而伤害孩子。

3．教会孩子如何向小动物表示自己的友好，例如当狗嗅他身上的气味时，他应该保持身体正直，然后慢慢地伸出手，轻轻地触摸小狗。

4．一旦发现动物对着小孩发出嘶嘶声、低吼声时，或者它有发怒或者悲伤的迹象时，应及时制止，并将动物和孩子隔离开。

5．教会孩子远离流浪狗、流浪猫。

动物咬伤后的应急措施

1．尽快用清水和肥皂彻底清洗伤口，冲洗的时候尽可能把伤口扩大，设法把伤口上动物的唾液和血液冲洗干净。

2. 伤口不包扎、不涂药膏以利于排毒。

3. 必须在 24 小时之内，立即带孩子到附近医院就诊或到防疫站注射狂犬病疫苗和球蛋白。

→ 预防陌生人伤害

1. 让孩子记住家里的电话、详细地址，以防走失之后能保持与家人联系。

2. 教会孩子向警察叔叔求助。

3. 在商场或其他人多的地方家长一定要记得拉紧孩子，以免走失或被坏人带走。

4. 告诉孩子如果有人要强行带自己走，应立刻向身边的大人呼喊求救，并边喊边往人多的地方跑。

5. 家长应提醒孩子特别警惕：不能吃陌生人给的东西，不能跟陌生人走。

6. 家长应多花点心思，把一些可能发生的陌生人安全威胁情况设计成一个个小小的情景游戏，这样孩子更容易接受并能牢牢记住。

→ 预防交通意外伤害

乘车安全

1. 家长自觉遵守交通规则，不要酒后开车、疲劳驾驶、快速抢道，不要边开车边打电话，确保行车安全。

2. 做好安全防护措施：系安全带、使用儿童固定座椅等。

3. 切忌让孩子坐副驾驶座，因为汽车前排座椅的安全气囊对成人来说是安全的保障，但对骨骼脆弱的孩子来说却非常危险。

4. 不要随意开启车窗锁，并告诉孩子不要将肢体伸出车外，以免被路边树木、栅栏或相邻行驶车辆刮碰。

5. 不要把孩子抱在怀中，因为一个孩子在高速撞击事故中产生的冲力相当于一头大象的重量。

道路安全

1. 家长带着孩子过马路时，自觉遵守红灯停、绿灯行的交通规则，给孩子树立一个好榜样。

2. 教育孩子过马路时应走人行横道、天桥。

3. 过马路时，家长要牵着孩子，不让孩子乱跑。

4. 告诉孩子，过马路时不要去追捡掉在地上的东西。

5. 家长可以给孩子穿上颜色鲜艳的衣服或戴上颜色鲜艳的帽子，以提醒司机注意。

6. 平时可以教孩子一些交通安全知识，让孩子熟悉各种交通信号和标志。

儿童常去场所的安全隐患

游乐场、商场、幼儿园是孩子们除了

家以外常去的场所。也许孩子还在推车里的时候，家长就经常带着孩子去逛商场，但商场里拥挤的人流、嘈杂的噪声等因素都对孩子不利。而孩子稍大些去游乐场玩，游乐场多种多样的娱乐设施、调皮的孩子、娱乐设施的安全性都是让家长们担心的。当孩子进入幼儿园，就有更多的安全问题需要家长们细心防患了。但家长们无需过于担忧，只要细心防患，这些安全隐患是可以避免的。

游乐场注意事项

滑梯

很小的孩子就可以玩滑梯了。如果家长能牢记以下安全要求，细心看护，滑梯还是比较安全的。

1. 孩子们在玩滑梯的时候，应该一步一步上台阶，同时手扶栏杆，爬到滑梯顶部。告诉孩子应该总是脚朝下滑，并且上半身保持直立。绝对不要让孩子头朝下滑，或者肚皮朝下趴着滑下去。

2. 在滑梯的下滑段，一次应当只有一个孩子。不要让孩子一个挨一个地往下滑，以免挤伤。让孩子在滑下来之前，先看清滑梯底部是否是空的，有没有其他孩子在那里坐着；从滑梯上滑下来后，应当立即起身，离开滑梯，为后面的孩子让出空位。

秋千

秋千也是最容易让孩子们受伤的一种游乐器械之一。为了让孩子安全地享受到秋千荡漾的快乐，妈妈需要了解以下常识。

1. 孩子应当坐在秋千中荡，而不是站着或者跪着。荡的时候，让孩子两手紧紧握着秋千的绳。荡完后，要等秋千完全停止后再下来。

2. 在旁边等候的孩子要和秋千保持一段安全距离，不能在正荡着的秋千周围跑动或走动，以免被秋千撞到。

3. 秋千一般都是按一个孩子使用设计的，所以，不要让两个孩子挤在一起玩，以免发生危险。

跷跷板

跷跷板是一种需要配合才能玩得起来的游乐器械，如果没有成人的陪伴，不适合5岁以下的孩子玩。而家长带孩子玩跷跷板时，一定要牢记以下几点：

1. 跷跷板一头只能坐一个孩子，并且要体重差不多的孩子一起玩。

2. 两个孩子要面对面坐在跷跷板上。

3. 让孩子用两手紧紧握住握把，不要试图触摸地面，双脚要放在专门蹬踏的地方。

4. 如果别的孩子正在玩，在旁边等候时要保持距离。

攀爬架

1. 与滑梯、秋千等游乐器械相比较，攀爬架的难度更大，也是公共游乐场所意外伤害事故的高发区。

2. 教孩子爬时，首先要让他明白怎样从这些攀爬架上安全地下来，否则他很难完成整个攀爬过程。

3. 教孩子学会用双手握住攀爬架上的横杆，按顺序逐级攀爬。每爬一级，一只手先抓住高一级的架子，抓稳后另一只手再抓住同一水平的架子，然后脚再爬上去。下来的时候正相反，先下脚，手再往下抓。

4.太多的孩子在同一时间攀爬同一座攀爬架也是危险的。当孩子从攀爬架上下来的时候，要注意避开那些正往上爬的孩子们，不要互相竞争，或者试图伸手去够距离较远的横杆。

蹦蹦床

儿童玩蹦蹦床时应关注的是防止孩子摔倒或摔倒后被别的小孩踩伤。在蹦蹦床上尽情跳跃，能让孩子兴奋、开心的同时也存在着许多安全隐患。

1.跳蹦蹦床，孩子有时候落地不稳，会摔在蹦蹦床上。

2.摔倒后会有被旁边的小孩踩到的危险，严重的还会造成扭伤、骨折。

3.如果人太多，先别让孩子玩。如果玩的孩子中间有特别高大或者玩起来特别顽皮的，最好先让孩子等一会儿再玩。

碰碰车

玩碰碰车时家长们应特别注意的是防止孩子因碰撞而磕着头甚至被甩出车外的危险。

1.儿童一定要在成人的陪同下玩碰碰车。

2.家长们除了给孩子系紧安全带之外，不要做太剧烈的碰撞，要考虑到孩子的承受能力。在激烈的碰撞下，孩子很容易磕到脆弱的小身体，特别是膝盖、嘴巴、头等部位。

3.过于激烈的碰撞，孩子可能会从座位上被抛击出车外。

儿童过山车

对于弱小的孩子而言，过山车是很惊险刺激的游乐项目，因此家长在孩子玩过山车之前一定要告诉他们正确的乘坐方法以及注意事项。

1.家长在带孩子选择玩过山车时应慎重考虑他们的承受能力，不要随着孩子的性子，更不能抱着让孩子练胆的心思鼓励他。

2.乘坐时保持正确的姿势，保证不让头部过分摇摆。

3.千万不能中途站起来。

4.在机器安全停稳前千万不能解开安全带。

游泳池

1.孩子游泳前切勿太饿、太饱，饭后一小时才能下水，以免抽筋。

2.保证孩子在游泳池里始终有家长监护，绝对不能在没有家长或救援人员监护下让孩子单独进入游泳池。

3.即使有成人监护，也要让孩子携带游泳气垫或游泳圈下水，并在下水前检查救生工具是否正常，有无漏气破损的地方。

4.教育并监督孩子不要在游泳池边或游泳池里嬉闹，以免造成摔伤或其他意外伤害。

→ 商场注意事项

门帘

大多数商场都在门口设置了塑料或皮质的门帘，门帘较硬，如果打在小孩脸上或身上会很痛，也可能刮伤小孩的脸。因此，家长应注意以下内容。

1.抱着小孩进入门内，家长先打开门帘，当身体进入后，再放下门帘。

家有妙招 生活零烦恼

2. 如果小孩喜欢自己走，家长要提前看看对面是否有人要出来，确认没人后，提前为孩子打开门帘让他进来。

手扶电梯

手扶电梯虽然运行速度较慢，但它运行的梯级与电梯侧面之间存在间隙，扶手带与梯级间也有间隙，若是使用不当，都很容易造成伤害。尤其当手扶梯急停时，如果没有抓紧扶手，很容易向前冲，非常危险。

1. 家长应教育孩子不要在电梯门口或者电梯上玩耍，不要攀爬，站在电梯的右侧，以方便急行的人从左侧走。同时，家长在乘坐手扶电梯时也一定要依照正确的乘坐方法，以身作则。

2. 上电梯时让小孩先上，家长在后面保护。下电梯时，看好时机提醒小孩迈腿。

3. 如果家长抱着小孩乘扶梯，要考虑孩子的高度，避免小孩头部撞到其他物品上。

玻璃门

现在的商场大多有落地玻璃门，孩子又喜欢在商场里跑来跑去，容易忽略透明的玻璃门，从而导致撞伤或者刮伤，或被玻璃门夹到手，后果更加不堪设想。

1. 平时应告诉小孩在超市玩耍时要注意这些可能给他造成伤害的地方，让他知道其危险性。

2. 每次进门和出门时，家长要抓住小孩的手，不要放开。

3. 进出门时，家长应尽量走在小孩前面为他开关门。如果孩子总爱冲在前面，你可以在后面大声提醒他。

购物推车

逛商场时，很多家长都喜欢把较小的孩子放在购物推车里，认为这样可以避免许多危险因素，但孩子也可能会被其他购物推车撞倒或夹到，有些好动的孩子甚至还可能从推车中翻落。

1. 家长不要让孩子站在手推车里。

2. 在两辆手推车交会时，要留心孩子的手脚，注意不要被夹到。

3. 不要让孩子独自待在手推车中，自己去购物，即使在购物时，也要一手控制着车子。

柜台边角

商场里柜台有些边角很坚硬，而高度往往会和孩子的身高差不多，孩子容易碰撞到头。

1. 带 2 岁以下的孩子去商场，家长应该尽量把孩子抱在怀里。

2. 对于 2 岁以上的孩子，要告诉他在商场中尽量走在中间，不要挤到拥挤的柜台前。

3. 家长在挑选商品时，记住用一只手挡在柜台的边角上，避免自己在挑选东西时，忽视孩子的举动。

拥挤的人流

商场在搞特价活动期间，往往会人流如潮，这有可能会导致孩子被挤伤或者与家长走失。

1. 在商场岁末酬宾或者特价活动时"血拼"的家长，最好不要带孩子。

2. 商场人多时，家长一定要把孩子抱在怀里或者紧拉住他的手。

3. 给孩子穿件颜色鲜艳的衣服，以便于家长不失去跟踪目标。

→ 幼儿园注意事项

孩子在幼儿园的安全心系每位家长的心，家长们都很关注幼儿园的安全工作是否做到位，却很少有人想到，其实这与家长同样关系密切。那么，孩子入园后，有哪些安全隐患与家长关系密切，而作为家长，又该如何配合幼儿园为孩子的安全尽责呢？

饮食安全

不少幼儿园都是混龄入园，同一个班级的孩子年龄也许参差不齐，而不同年龄的儿童牙齿咀嚼能力各不相同，加上孩子吃东西时往往爱跑动、哭闹或发笑，很容易造成咽喉、食管或者气管被异物堵塞，因此，饮食安全就变得尤为重要了。而很多家长都会让孩子从家里带零食去幼儿园与其他小朋友分享，因此在考虑到上述情况，建议家长在给小孩带以下食品去幼儿园分享时，一定要慎重选择。

1. 坚果类食品。孩子在吃这类食品时，可能因为彼此打闹，还没来得及咀嚼就将食品吞咽下去。另外，由于年龄较小的孩子咀嚼能力欠佳，不容易嚼碎食物，可能引起吞咽困难。

2. 饮料或果冻。由于孩子气管细小，他们也极可能会被饮料或果冻噎到或呛到。尤其在他们吵闹、哭笑的时候，出现这种情况的可能性更大。

3. 水果。一些比较小的、圆形光滑的水果，像葡萄、龙眼、荔枝、樱桃、红枣等，很容易滑落到孩子咽、喉等部位，导致孩子哽噎。

4. 易过敏食物。如果孩子有过敏史，要及时向老师通报。

玩具安全

2岁以内的孩子喜欢把一些小的玩具塞入口内。即便过了2岁，不少孩子因为入园焦虑，也会再度出现这类行为，也有的孩子因为口欲期的需求没有得到满足，会在两三岁时出现口欲期补偿行为。如果稍加疏忽，这些玩具就可能给孩子带来威胁。因此，给孩子带玩具时要考虑到玩具的安全性。建议带到幼儿园的玩具要满足以下条件。

1. 玩具的外表面要光滑，不容易摔碎，没有容易脱落或者可拆卸的小配件。

2. 气球等容易堵塞呼吸道的玩具，最好不要带到幼儿园。

行为安全

孩子们在一起，打闹总是难免的。并且，他们的打闹往往只是一种游戏。无论是有攻击性行为的小孩，还是容易被欺负的孩子，都有可能在打闹时受伤。

1. 如果孩子有攻击倾向或行为，建议家长用坚定的语言告诉他这样很危险，会伤害到别人，并要尽量从正面引导。如果孩子总是被欺负，可以通过玩一些躲闪的游戏让他学会及时规避，而不要为了担心孩子吃亏而教他打回去。

2. 如果孩子有爬桌子、柜子等危险行为，建议家长在孩子上幼儿园之前就有意识地给他一些积极的暗示，及时消除这些行为，并提前把孩子的情况反映给老师，以便老师及时掌握情况，及时防患。

着装安全

孩子上幼儿园后，最好给他穿合体舒适、方便活动的服装。

1. 裤子不要太长，最好穿裤脚收紧的裤子，以免小孩踩到裤脚摔倒。

2. 上衣最好不要有绳子或系带，以免绳子或系带勾住、挂住其他东西或不小心绕到脖子上带来危险。

3. 鞋子要选择柔软、轻便、防滑、合脚的。

4. 对于较小的孩子，最好给他穿有拉链的上衣而不是纽扣的，以免纽扣松动，孩子吞下纽扣。

心理安全

第一次独自接触社会，对孩子来说都是一个严峻的考验，分离焦虑总是难免的。同时，家长本身也会存在分离焦虑。

1. 第一次离开家长进入一个陌生环境，对任何一个孩子来说都富有挑战性。因此，家长应平和地看待并认可孩子的分离焦虑，因为家长的态度会无形中给孩子带来一种心理上的支持。

2. 很多家长回到家会问孩子有关幼儿园的问题，而这些问题经常会带给孩子一些负面的暗示，让他对幼儿园产生警惕与抵制的情绪，所以尽量不要给孩子负面影响。

3. 孩子入园之后，家长也会寝食难安，孩子有着敏锐的感知能力，很容易感受到家长的焦虑情绪。而家长的这种焦虑会导致他更焦虑，更难以适应幼儿园的生活。所以家长应放宽心，不必过于焦虑。

儿童常见病症与家庭救治方法

由于儿童尚处于发育阶段，机体各方面的功能还有待完善，其患病与成人患病有很多不同之处，应该遵循一定的护理原则。相对于成年人，儿童更容易得病，且病症急、变化快，容易出现并发症、病症较严重，不过孩子生命力旺盛，绝大多数可以很快恢复健康，但是儿童的免疫功能相对较弱，容易患传染性疾病，因此就需要家长的细心护理。家长应给孩子创造舒适的环境，调节好孩子的饮食，观察孩子身体状况的变化，发现问题及时有效地解决。

➜ 发热

儿童平均口腔温度为37.0℃，腋下温度为36.5℃。当口腔温度超过37.5℃，腋下温度超过37.4℃时，可认为发热。根据发热程度，38℃以下为低热，38.1～39℃为中度发热；39.1～41℃为高热；41℃以上为超高热。

家庭救治方法

如果孩子高热持续不降或体温在 39℃以上，应尽快采取降温措施。

1. 温水擦浴。用温水擦浴额头、四肢、腋下，水温为 33 ～ 35℃，每次擦拭的时间 10 分钟以上。

2. 慎用退热药。儿童低热或中度发热一般不宜用退热药。高热时，小于 2 个月的孩子禁止使用退热药，2 个月以上儿童可遵医嘱酌量服用。

3. 给孩子提供良好的休息环境。室内保持安静、通风。出汗多的孩子，勤换内衣，预防受寒。

4. 注意饮食调节。发热时易出现消化功能紊乱，导致孩子食欲下降，所以发热时不能强求孩子进食，应增加饮水量，为孩子准备一些可口的、富有营养和容易消化的食物，如牛奶、水果、蔬菜、白米粥糊等。

5. 如发热不退，应急时就医。

头痛

头痛是儿童常见的一种症状。儿童头痛多数是由一些简单的原因引起的，但有的时候，头痛会持续较长时间或者伴随其他症状。因为语言表达能力不强或年龄太小，孩子头痛时可能有发脾气、皱眉头或拍打头部等表现，甚至会变得易怒、脸色苍白等。感冒时也会有头痛症状，近视、远视、散光、斜视等视力异常时未配戴眼镜或配镜不合适也会引起孩子头痛，并在看书或用眼时间过长后头痛加剧。

家庭救治方法

1. 小孩头痛时家长应及时找出引发原因并采取相应的救治措施，孩子一般的头痛大多可以通过适当的休息减轻病痛。此时应让孩子躺在通风、安静的房间休息，将冷的湿毛巾放在额头上，然后让他安静地睡一觉，一觉醒来后孩子会感觉好很多，但需要帮助孩子避免睡眠不足、劳累、紧张等因素诱发孩子头痛。

2. 当孩子有不明原因、反复发作的头痛时，特别是当头痛时有下列任何症状都应送到医院就诊：呕吐、站立困难、脖子疼痛、发热或其他感染症状等。

咳嗽

咳嗽是孩子常见的症状之一，轻微的咳嗽也是一种保护性生理现象。但是，咳得过于剧烈，影响了正常的饮食、睡眠和休息，就失去了保护意义。感冒主要类型有冷空气刺激引起的感冒、普通感冒、流行性感冒。

家庭救治方法

1. 冷空气刺激引起的咳嗽是由于孩子平时户外活动少，突然外出吸入冷空气，冷空气刺激呼吸道黏膜引起。家长应注意保持家中空气流通、冷暖适宜、有一定的空气湿度，平时让孩子加强适当的锻炼。

2. 普通感冒引起的咳嗽是天气骤变、温度变化大受凉所致，孩子会有精神不振、食欲不好、流鼻涕的症状，有时会伴随轻度发热，这时应多给孩子喝一些温开水，少用感冒药，不宜服止咳药，更不要滥用抗生素。

3.流行性感冒有明显的流泪、流鼻涕、咳嗽症状，咳嗽时有痰，并逐渐加重。一般发热到38℃以上，且不容易退热。流行性感冒多发于冬春季节，由病毒感染引起，可相互交叉传染。如果怀疑孩子患的是流感，应立即就医。

 ## 腹泻

腹泻俗称"拉肚子"，正常情况下，儿童每天大便1～2次，呈黄色条状。如果排便次数较正常状态增多，大便为稀水样，甚至大便中有黏液或血丝，同时伴有腹胀、发热、烦躁不安和精神不佳等表现，就需要及时去医院诊治。可能由于饮食不当、气候变化、病菌感染、食物过敏等因素引起。

家庭救治方法

1.观察孩子是否有脱水现象。如孩子尿少、哭时泪少或无泪，说明孩子脱水，要立即给孩子补水。可兑一些糖盐水，也可以给小孩吃些米汤、菜汤、新鲜水果汁等，直到腹泻停止。

2.注意孩子腹部的保暖，适当给孩子增加衣服，以免受凉后肠蠕动加快而加重腹泻。

3.餐具定时消毒，防止交叉感染。培养孩子餐前便后洗手的习惯，以免细菌或病毒交叉感染。

4.给孩子吃易消化食物，预防营养不良。

 ## 便秘

便秘是指大便干燥、坚硬、量少或排便困难。在判断孩子是否有便秘时，应结合大便次数、大便质地的软硬、排便时用力的程度和是否疼痛等多方面考虑。小孩便秘主要由饮食因素、习惯及精神因素、疾病因素、药物作用引起。

孩子便秘虽然不是什么大病，但如果长期出现便秘，排泄物在孩子的肠道内停留时间过久，排泄物中细菌会分解产生许多有害物质，而这些有害物质容易流到血液中而被身体吸收。

家庭救治方法

1.每天早晨起床后让孩子空腹喝一杯温开水，促进肠蠕动。

2.调整饮食。应规律饮食，多喝开水，最好是蜂蜜水。如果孩子便秘，应适当减少食用鱼、肉、蛋类，而增加富含纤维的谷物、蔬菜和水果等刺激肠壁，使肠蠕动加快。

3.定时排便。应正确引导孩子定时排便，可让孩子按时蹲坐便盆，养成每天定时排便的习惯。

4.适当辅助。可将开塞露注入孩子肛门，刺激肠壁引起排便，但不能经常使用，更不能滥用泻药。

 ## 过敏

过敏是指孩子对于平常的东西反应敏感，出现湿疹、呕吐、腹泻、打喷嚏、流鼻涕等症状。造成孩子过敏有两个最重要的因素，一个是遗传因素，过敏体质往往会遗传，如果孩子的近亲中有哮喘、过敏性鼻炎等过敏病的人，则孩子发生过敏的可能性很大；另一个是环境因素，环境中充满着各种致敏物质，常见过敏又分为食物过敏和环境过敏。

家庭救治方法

1. 食物过敏救治方法。家长要注意孩子是否有下列过敏现象：皮肤瘙痒、红斑、腹痛、呕吐、湿疹、打喷嚏、久咳不愈、气喘等。如果孩子出现过敏现象，家长应立刻回想孩子过去 24 小时内吃过的东西，并用排除法确定他对哪种食物过敏。如果不能确定应及时送往医院检查治疗。

2. 环境过敏救治方法。避免接触过敏原，常见的致敏物有花粉、尘螨、香水、药物、宠物等。家长应保持家中清洁、空气流通，要勤晒被褥。如果孩子是过敏体质，建议家里不要养宠物。

肥胖症

儿童体重超过相同年龄、相同身高孩子正常标准的 20% 即可称为肥胖。引起儿童肥胖的原因主要是多食、少动和遗传。孩子不但学习负担重，课外休息时间家长还给孩子增加了许多课外学习任务，所以孩子运动减少、脂肪增长，引起肥胖症。孩子肥胖存在有很多隐患，如肥胖的儿童容易受到别人取笑，可能会自卑、孤僻。肥胖症若持续到成年，则高血压、冠心病、糖尿病等并发疾病的发病率会很高。因此，父母对儿童肥胖症应引起足够的重视。

家庭救治方法

应让孩子以运动为基础，建立良好的饮食习惯，从而控制孩子的体重。

1. 家长应让孩子坚持运动，运动应具有趣味性。运动方式可多种多样，如跳绳、步行、骑童车、慢跑、踢球等。

2. 应建立良好的饮食习惯，不暴饮暴食，多吃含纤维素多的饮食，如蔬菜、水果、粗粮。少吃或不吃高营养、高热量的食物，如甜食、肥肉、巧克力、油炸食品、奶油制品等，但应注意保证充足的蛋白质、维生素、矿物质供应，吃些热量低、富含蛋白质的食物，如瘦肉、鱼、豆制品、粗粮。

龋齿

龋齿又称"蛀牙"或"虫牙"，孩子患龋齿主要是由于进食大量含糖量高的食物，又不能及时、有效地清洁牙齿，牙齿表面的细菌滋生所致。如果不及时治疗，还有可能进一步发展导致牙髓炎、牙根脓肿等，造成儿童牙齿排列不齐等问题或牙根溃烂、口臭。

家庭救治方法

1. 家长应教育孩子平时少吃糖果，睡前不吃甜食。发现乳牙坏了一定要尽早治疗，防止龋洞变深变大。

2. 平时用正确的方法按时刷牙和漱口，保持口腔清洁。

3. 注意孩子的饮食习惯。多吃粗糙、硬质的食物，对牙面既有摩擦洁净的作用，又能强健牙周组织。

4. 保证供给孩子充足的蛋白质、维生素 A、B 族维生素、维生素 C、维生素 D

和含矿物盐如钙、铁、磷等的食物，以利于孩子牙齿的正常发育。

流鼻血

流鼻血是儿童最常见的一种病症，但有时出血量较少，未能引起家长的重视。流鼻血也可能出现反复性，甚至引起贫血，且有些可能是因为全身疾病所致，应引起家长的重视。

1. 孩子之间相互打闹、奔跑中摔倒磕在椅子边、桌子边或床沿处，都可伤及鼻部而致出血。

2. 高热时，可使鼻腔黏膜毛细血管扩张、充血、弹性差，加之黏膜干燥，此刻的鼻腔也易出血。

3. 冬春交替之际，儿童鼻出血往往频发，这是由于空气干燥引起鼻黏膜干燥，产生不适感，因此小孩常常会用手挖鼻而导致鼻黏膜糜烂、血管破裂出血，尤其是过敏性鼻炎的患儿。

家庭救治方法

1. 气候干燥季节可用甘油滴鼻，以滑润和保护鼻黏膜。

2. 要注意饮食，不要多吃炸煎及肥腻的食物，应多吃新鲜蔬菜和水果，注意多喝水补充水分。

3. 孩子流鼻血时，家长要保持镇定，让孩子不要哭闹，并让他坐下，头略向前倾，以免血液流入喉咙，同时利于血液凝固。

4. 用浸有冷水的毛巾，敷在孩子的前额 5~10 分钟。

5. 也可以用干净的消毒棉或纸巾等塞入孩子鼻腔，压迫止血，让孩子用嘴呼吸。

经上述处理后，一般都可止住血，如仍出血不止，需及时送到医院，在医院止住血后，还应查明出血原因。

寄生虫病

蛔虫病是人体最常见的肠道寄生虫病。孩子活动范围大，容易接触到各种不卫生的东西而感染蛔虫病。蛔虫在小肠中会刺激肠壁、分泌毒素、排泄废物并吸取孩子的营养。感染寄生虫病后孩子肚脐周围或上腹会反复的痛；孩子吃得很多却容易饥饿并且总胖不起来；孩子有易怒、精神不振、夜惊、夜间磨牙、睡觉时流口水等症状时应怀疑孩子肚里有蛔虫，去医院检查粪便后即可确诊。

家庭救治方法

1. 教育孩子养成良好的卫生习惯，保持手的清洁。养成饭前便后洗手、勤剪指甲、不吃不洁食物、不喝生水的习惯。生吃蔬菜和瓜果时，要洗净后用开水烫一下再吃。

2. 根据具体情况给孩子按时进行常规驱虫治疗以消灭传染源，使孩子的蛔虫症易于被根治。

3. 发现孩子有蛔虫后应及时给孩子服用驱虫药物。目前常用驱虫药有肠虫清、宝塔糖等，具体服法应严格遵照医嘱，服药时应注意以下几点：在孩子空腹时服用驱虫药；服药期间应适当减少油腻食物的摄入；服药前后应尽量保持排便通畅，以利于被药物作用致死的虫体尽快排出。

儿童饮食应注意的问题

当前儿童食品消费占据市场很大空间，因此，在儿童食品的消费中存在着一些问题，应该引起家长们的重视。食品中的添加剂，尤其是糖精、香精、食用色素，孩子如果吃过量添加剂会引起不少副作用；有些家长分不清乳制品和乳酸菌类饮料，乳酸菌饮料只适用于肠胃不好的孩子；纵容孩子吃大量巧克力、甜食和冷饮；孩子过分偏食；长期吃精细食物，很少摄入粗粮等。这一系列的问题都与孩子的身体健康密切相关。

白开水是儿童的最佳饮料

1. 喝白开水不光能满足儿童对水的需要，还能为孩子提供一部分矿物质和微量元素，不管是碳酸饮料、纯净水，还是矿泉水，都不能代替自来水。

2. 烧开的自来水冷却到 25 ～ 35℃时，水的生物活性增加，最适合人的生理需要。儿童新陈代谢快，对水的需求量比成人多，同时儿童的肾脏功能不健全，因此，对水和矿物质、微量元素缺乏或过多，都会影响身体健康。有喝饮料不喝水习惯的孩子，常常食欲不振，多动，脾气乖张，身高、体重不足。

儿童忌过量食用冷饮

1. 一次性吃太多冰淇淋或喝过多冷饮会使消化道过冷，严重影响消化液的分泌和肠胃功能。

2. 很多产品不符合卫生标准。在这种情况下，会增加儿童患消化系统疾病的可能。

3. 饭前吃冷饮会降低食欲，导致营养缺乏。饭后吃冷饮会使胃酸分泌减少，消化系统免疫功能下降，导致细菌滋生，引起肠道疾病。

碳酸饮料不利于儿童身体健康

1. 超市里五颜六色的碳酸饮料琳琅满目，碳酸饮料的主要成分是人工合成甜味剂、人工合成香精、人工合成色素、碳酸水，加充二氧化碳气体制成的。特别是可乐中含有一定量的咖啡因，对儿童尚未发育完善的各组织器官危害较大，大量饮用甚至可能影响孩子中枢神经系统。

2. 人工合成甜味剂包括糖精、甜蜜素、安赛蜜和甜味素等。这些物质不被人体吸收利用，不是人体的营养素，对人体无益，会引起小孩食欲不振，多用还对健康有害。

3. 常喝碳酸饮料会损害牙齿表面的牙釉质保护层，孩子长龋齿的几率就会增加，甚至波及牙髓。

常吃膨化食品危害儿童健康

1. 膨化食品多为油炸食品，经过加

压、加热等工序后使得食物体积扩大了数倍，并且膨化食品中糖、盐、味精等调味品的含量较多，而对身体有益的营养素含量却很少。如长期食用，不但会影响到孩子的食欲，易出现营养不良，而且食品中过量的调味品对孩子的身体也会产生一定的危害性。

3. 膨化食品属于高热量、低粗纤维的食品，如薯条、薯片、虾条等油炸食品。孩子长期过量食用这类食品，又加上平时运动不足，可能会造成肥胖症。

➡ 常吃营养补品并不好

1. 孩子各脏器的发育尚未成熟，功能也未完善，脾胃功能也薄弱。小孩的生长发育，有其自身的发展规律，不能人为地、随意地加以改变。身体健康的孩子说明脏器功能和生长发育正常，无需施补。

2. 经常给孩子服用补品可能会造成促使小孩假性性早熟，损害了孩子的身心健康，不利于孩子的正常生长发育。

3. 人参、鹿茸等有些补品会引起过敏、中毒现象，甚至造成孩子内分泌失调。

➡ 儿童不宜喝咖啡

1. 大量研究发现，常喝咖啡和含咖啡因的饮料，对儿童身体健康不利。因为它使人兴奋，易引起烦躁不安、食欲下降、失眠、记忆力下降和注意力不集中，甚至可能引发孩子多动症。

2. 儿童如果饮用了过多的咖啡因严重的还会出现肌肉震颤、写字时手发抖的现象。

3. 咖啡因有刺激性，能刺激胃部蠕动和胃酸分泌，引起肠痉挛，常饮咖啡的儿童容易发生不明原因的腹痛，长期过量摄入咖啡因则会导致慢性胃炎。

4. 咖啡因还会破坏儿童体内的维生素B_1，引起维生素B_1缺乏症。

儿童玩具安全常识

儿童玩具种类繁多，主要有形象玩具、技术玩具、拼合玩具、建筑玩具、体育活动玩具、音乐发声玩具、装饰性玩具和自制玩具等。一般的玩具对孩子有一定的教育意义，有利于促进孩子德、智、体、美的全面发展；能满足孩子的好奇心、爱玩和探索的愿望；玩具的多变造型有助于鼓励孩子学习。但是市面上的玩具五花八门，材质和质量也各不相同，即使是质量合格了也不能保证孩子的安全，因为不同年龄段的孩子适合的玩具种类不同。那么下面就来详细分析一下关于儿童玩具各个方面的问题。

八大危险儿童玩具

弹射玩具

1. 弹射玩具指通过外力作用进行弹射击中目标的玩具，比如有子弹的玩具枪、弹弓、飞镖等。

2. 安全提示：一些弹射玩具部件粘合不紧密，即使粘合紧密，弹射物也会在弹射时，爆发很大的能量，并且很容易让孩子受到伤害，比如说各种玩具枪、水枪、飞镖等，因此要让孩子尽可能远离各种危险的弹射玩具。

带绳的玩具

1. 带绳的玩具是指各种系有绳子的玩具，其中包括溜溜球、口哨、拖拉玩具等。

2. 安全提示：绳索最大的危险是孩子在使用过程中可能被勒住而造成危险。因为孩子非常喜欢牵着绳子拉动玩具或甩着绳子玩耍，绳子很容易缠在孩子的手指或脖子上，时间长了轻则造成指端缺血坏死，重则能让孩子窒息。因此在选择带绳玩具时，绳子长度不能超过宝宝的颈部周长，年龄小的孩子最好不要玩这类带绳玩具，特别是对于 18 个月及以下的儿童，一般无逃避危险的能力。

面具玩具

1. 面具玩具多为塑料制品，图案多为卡通人物的形象或动物图案。孩子们非常喜欢戴这些面具扮演各自不同的角色玩耍。

2. 安全提示：有些不合格的面具玩具是用有毒的塑料制成的，含有毒物质，被孩子吸入体内可能造成伤害。有些面具玩具密不透风，在口和鼻子处没有留下足够呼吸的地方，如果孩子长时间佩戴会造成大脑缺氧，使孩子出现头晕、眼花现象，严重时还会造成窒息。因此家长们在为孩子选购面具玩具时，要看这个玩具口腔和鼻腔的进气孔大小是否安全，然后再看这个面具玩具的原材料是否合格，是否含有有毒物质。

气球玩具

1. 儿童气球玩具大多为橡胶或塑料制品，内充空气或者氢气，颜色鲜艳、样式多种多样。

2. 安全提示：气球存在多种隐患。首先，气球爆炸容易给孩子造成伤害，气球碎片一旦进入孩子的呼吸道，很难取出来，直接威胁生命安全。其次，如果是氢气球，如果遇到火焰，还可能引起剧烈的燃烧。因此，孩子玩气球玩具时，家长要多加注意，如果气球爆炸或被孩子抓破，要及时清理干净碎片，以免被孩子吞食。

体积较小的玩具

1. 体积较小的玩具多为积木及其他小饰品，材质大部分是金属或者塑料，也包括扣子、硬币等其他比较常见的日用品，它们多数体积较小、颜色鲜艳，孩子很喜欢，因此危险也较大。

2. 安全提示：体积较小的玩具很容易被孩子吞食而堵塞气管，因此尽量不要给孩子玩体积小、可拆卸、有填充物而缝制又差的玩具，并经常检查孩子的玩具是否有松动的小部件。在选择玩具的时候，要注意其体积必须大于孩子口腔直径才可以购买使用。如果家中有这类玩具，平时要将这些玩具放在安全的地方，不要让孩子轻易拿到。

儿童玩具车

1.儿童玩具车是一种儿童用行驶玩具，种类繁多，主要有自驾、电动、需借助外力推动3种类型。

2.安全提示：一些玩具车的座椅不够安全，没有安全带，无法很好地固定孩子，容易导致孩子跌落受伤。有些儿童自行车链条没有完全密封，容易搅到孩子的鞋带、裤脚或头发等，造成安全隐患。孩子熟练驾驶玩具车后，可能想驶入道路上，一旦孩子有这种举动，后果不堪设想，因此无论给孩子使用哪种玩具车，家长都应在旁边监护，并且教育孩子要在平坦的安全地面行驶，切不可驶入公共交通道路。

音乐玩具

1.音乐玩具是指能发出音乐声的玩具，比如摇铃、冲锋枪等发声玩具。有些还能播放一些音乐和歌曲，有些还可以伴随音乐做一些动作。

2.安全提示：在给小孩选择音乐玩具时，首先应该选择音量适中、悦耳动听的音乐玩具。40分贝以下的声音对儿童无不良影响，80分贝的声音会使儿童感到吵闹难受，导致头痛、头昏、耳鸣、情绪紧张、记忆力减退等症状。另外，玩具里的电池很容易被孩子抠掉，特别注意的是纽扣电池，很容易被孩子吞食，所以购买带电池的玩具时要看电池盒是否有可靠的螺丝固定，保证孩子无法扳开。

毛绒玩具

1.毛绒玩具是指用化纤、毛绒等原料通过剪裁、缝制等工序制作而成的玩具，大多有填充物。

2.安全提示：一些玩具表面甲醛含量和细菌含量超标，由于一些纺织品在生产中添加含有甲醛的整理剂、固色剂、防水剂、柔软剂、黏合剂等助剂，孩子们经常会抱着毛绒玩具睡觉，还会拿毛绒玩具咬着玩，这很有可能使孩子产生诸如呼吸道感染等疾病，严重的还会引起咳嗽甚至哮喘、皮肤过敏现象。一些粘在玩具上的小部件可能刮伤孩子的皮肤，或小部件脱胶被孩子吞到肚子里。因此，家长们在购买毛绒玩具时要精挑细选，买回家后还要定期对毛绒玩具进行清洁和消毒。

 ## 家长如何把关儿童玩具的安全

小孩要在大人的看管下玩玩具

1.要让小孩的游戏区域保持整洁并有人看管他们的游戏过程。如果玩具上标有警告和说明，需要家长看护，一定要按说明做。

2.在孩子做出可能对自己造成伤害的举动时，家长应及时提醒或制止。

确保玩具要适合孩子

1.检查一下玩具的适龄范围，是否与孩子的能力水平相当。玩具上"推荐年龄"的说明可以作为家长为孩子选择玩具的参考。选择适龄玩具时，一定要正确认识孩子的能力和发育水平。

2.有些玩具是专为投掷设计的或者能发射子弹，不适合4岁以下的孩子。甚至有些6岁大的孩子还没有足够的能力玩这些玩具。

注意玩具的细小部件

1. 3 岁以下小孩的玩具特别需要仔细选择，因此在小孩 3 岁之前，玩具的部件都应该比他的嘴大一些，以免发生窒息。

2. 有的小孩到 4 岁还什么都往嘴里放，针对这种情况，家长就要避免给他玩那些含小部件和配件的玩具。

3. 对于细小的玩具家长要注意随时收纳好，放在孩子不容易够到的地方；对于一些大玩具上容易脱落的小部件，家长要格外小心，及时收纳好。

4. 在购买玩具时一定要仔细检查玩具的质量，防止买到破损或容易掉落配件的劣质玩具。

保证玩具质量

1. 家长一定要到正规的商场为孩子选购玩具，选购时可先闻一下有无不良气味，检查一下玩具边角是否尖利。

2. 毛绒玩具的缝合是否安全、接缝是否结实，玩具表面涂漆是否完好无脱落。

3. 毛绒玩具上也不应有扣子、细绳或任何其他孩子能拽下来塞进嘴里的东西。

➡ 各个年龄段儿童适用玩具

玩具不仅仅能满足孩子无穷的好奇心，还能丰富他们的知识，有益于孩子动作的协调。而处于不同年龄阶段的孩子由于生理心理的区别，他们所喜爱和合适的玩具也会有所不同。

0 ～ 3 个月

1. 悬挂玩具。发展视觉、听觉能力。

2. 彩色脸谱或涂片。发展视觉、色彩

及加深对人的认识。

3. 颜色鲜艳的摇响玩具、音乐玩具。这些玩具能帮助孩子把眼神和注意力集中在一件物品上，并习惯于颜色和音响。发展听觉、抓握能力、愉悦心情。

4. 能发出声音的手镯、脚环。发展全身动作、手眼协调、因果关系。

4 ～ 6 个月

1. 抓握类玩具。发展手眼协调能力、因果关系。

2. 电动玩具。发展听觉、认知能力。

3. 能发出声音的填充玩具。发展听觉能力、认知能力、社会行为、身体动作、因果关系。

4. 积木。发展手眼协调能力、精细动作。

5. 让孩子去摸去抓带横杠的算盘珠。

7 ～ 9 个月

1. 不倒翁。发展精细动作、因果关系。

2. 积木。发展精细动作、手眼协调。

3. 皮球、电动玩具。练习坐、爬行等动作，发展认知。

4. 各类成型玩具（娃娃、动物、交通工具等）。发展认知、培养对事物的兴趣。

5. 拖拉玩具。发展解决问题的能力、因果关系、大肌肉动作。

6. 长毛绒动物，身体柔软的布娃娃，体积不要太大，以便孩子小手把握起来不费力，供 8 个月以前的孩子玩。

7. 将镜子和图画挂在摇篮边上或浴池旁边供孩子欣赏。

10 ～ 12 个月

1．积木。发展手部小肌肉。

2．动物玩具、人物玩具。发展语言、认知能力。

3．音乐玩具（玩具琴等）。听觉刺激、促进手眼协调，发展因果关系。

4．小推车、拖拉玩具。练习站立、行走。

5．形状分类玩具。发展形状概念，建立初步分类概念。

1～2岁

1．套叠玩具。发展手眼协调、大小概念、因果关系。

2．大型积木、小塔。促进手部动作发展，发展空间概念。

3．可拉动的玩具，如卡车、带轮动物、拖拉机、马车、手推车、大球等。

4．能发出声响或带有动作的玩具，如毛毛虫、小鸭子、小狗、母鸡等。

5．运动器械（滑梯、秋千、攀登架等）。发展动作、锻炼勇气。

6．串珠——锻炼手部小肌肉、手眼协调，发展坚持性。

7．2岁时孩子喜欢玩沙土玩具，如小铲子、漏勺、小桶和装水玩具，如玩具水勺、喷水壶等。

3～4岁

1．手推车、三轮童车、大皮球。全身运动，动作协调发展。

2．镶嵌、拼图玩具、积木。锻炼小肌肉，发展形状、空间推理能力。

3．动物玩具、电动玩具。发展感知觉、语言能力。

4．角色模仿游戏玩具，如玩具医院用具、玩具家庭用具等，喜欢过家家、抱娃娃，熟悉社会生活。

5～6岁

1．体育玩具（跳绳、圈、户外大型体育器械等）。发展动作技能，锻炼大小肌肉及身体平衡、协调能力。

2．结构玩具（积木、沙、土、树叶等自然材料）。培养思维能力、精细动作能力、创造能力。

3．角色游戏玩具。培养观察能力、合作能力、解决问题能力，增进对社会的认识。

4．智力玩具（棋类、牌类、拼图等）。发展智力，训练思维的敏捷性。

危害儿童 安全的 坏习惯

　　家长们也许都会有一些无意的坏习惯，而这些坏习惯很可能会危害到孩子的安全，因为孩子模仿能力强，而家长是和孩子们最亲密的人，所以这些习惯也许会带给孩子某些安全隐患。而对于这些坏习惯，有些家长自己都是无意识的，所以为了孩子的安全，能避免的就尽量避免，不要让这些可能危害孩子的事情发生。

➜ 让较小的孩子自己爬楼梯

原因分析：年龄较小的小孩摸爬到楼梯上，容易造成小孩滚落。因此，最好在楼梯处装上安全护栏，防止小孩攀爬。

➜ 让儿童单独在床上

原因分析：如孩子在沙发或床上睡觉，经常会翻身，而床和沙发的空间有限，小孩很容易摔到地上，因此不要只留下小孩单独一人，最安全的是装好围栏的婴儿床或儿童床。

➜ 在家中设置玄关

原因分析：家中设置玄关的父母要特别注意爱爬的小孩，有时孩子会从小小的楼梯上摔下而撞到头部，最好用围栏挡住。

➜ 忽视插座隐患

原因分析：小孩如果把小手指或物品插入插座，就有触电或短路的危险。尽量使用安全插座或插座挡板。

➜ 未安装安全挡门器

原因分析：手指被门夹住是儿童常见的意外之一，在开关门时须先确认孩子的方位，为保险起见最好安装安全挡门器。

➜ 放纵孩子在厨房玩耍

原因分析：孩子的好奇心都比较强，而他们在厨房里可以得到满足。但厨房里的器具样样都危险，在孩子未满3岁前，应尽量避免让孩子进厨房，更不可带着孩子炒菜、做家务。

➜ 让孩子单独在阳台

原因分析：别让孩子单独在阳台玩耍，最好在阳台门口加足够高的围栏，使孩子无法通过，此外，绝对不可在阳台上有垫脚的东西，以防万一。

➜ 桌子没有防护

原因分析：可用边角防护套把家里有角的东西套起来，以免孩子撞伤或擦伤。桌上最好不要铺桌布，因为当孩子想拿到桌子上的东西时，就会去拉桌布，很容易被砸到或被热食烫伤。

➜ 让孩子玩电脑游戏

原因分析：电脑的辐射对小孩的神经系统和大脑发育不利，对小孩的视力发育也有不良影响，和大人一起用电脑，因为角度和高度都不对，会影响小孩的颈椎等骨骼和视力的发育。因此，不能让小孩过早接触电脑。

➜ 放纵孩子饮食

原因分析：很多家长放纵孩子饮食，要吃巧克力就吃巧克力，爱吃荤菜就只吃荤菜，严重挑食也不管。这样就会造成小孩体重超标。出现高胆固醇、高血压、高血脂等症状以及其他心血管方面的疾病低龄化现象，所以家长应监督并正确引导孩子均衡饮食。

给孩子过量补钙

原因分析：现在很多家长都会很关注孩子的营养补给，特别是大量的补钙。所以平时除了给孩子喝牛奶，还买很多钙片、钙粉给小孩补钙。钙太多，人体消化不了，还会有副作用。引起钙沉积，造成肾结石、胆道和泌尿系统结石。由于家长给小孩过量、过早补钙而导致小孩患胆结石症已不是新闻。

 ## 经常带孩子逛街

原因分析：一些家长喜欢带着孩子一起逛街。有的家长还喜欢用小推车带较小的孩子出门，认为这样很方便，但小推车的高度正好让孩子处于汽车尾气排放最密集的区域，汽车尾气里含有铅等有害气体。如果经常长时间逛街，无疑会伤害到孩子的健康。在马路上、商场和大型超市里，人多嘈杂、细菌繁多，孩子抵抗力本来就弱，很容易感染细菌，导致疾病发生。

 ## 经常带孩子出远门

原因分析：有家长外出旅游会带孩子同去。在陌生的新环境里，孩子的适应力很差，他们惯常的生活环境被人为改变，生活规律被打乱，在疲劳、饮食不当或者天气变化的情况下，孩子生病的几率很高。比如，腹泻等肠道疾病等。如果在缺医少药、医疗条件差的环境下，情况就更危险，对孩子健康非常不利。

经常给孩子穿新衣服

原因分析：很多家长喜欢给孩子穿新衣服，其实新衣物还比不上其他小朋友穿过的旧衣物。因为旧衣服反而会比较柔软舒适，由于旧衣服经常洗涤，衣服上可能携带的甲醛等有害的化学物质已经被清除。需特别注意的是没有清洗过就给孩子穿的新衣服，有可能引起孩子皮肤过敏。

 ## 让孩子练瑜伽、做健身

原因分析：一些家长认为瑜伽对儿童骨骼的发育有帮助，促进消化的顺畅，也能让小朋友发泄多余的精力和平衡情绪。瑜伽讲究身心合一，这对小朋友来说太深奥了。所谓的儿童瑜伽是通过讲故事、唱歌和游戏的方式，引导小朋友们进入瑜伽的世界。问题是，儿童生性活泼好动，理解能力差，他们中很少能领会其中的意思，更无从体会到这项运动的精髓。时间长了，如果动作做错，更有可能导致骨骼生长错位。

 ## 带着孩子晚睡

原因分析：一些家长有晚睡的习惯，也常常带着孩子晚睡，这样就使孩子也养成了晚睡的习惯。但对于儿童，晚睡可能影响体质的发育、情绪、行为和认知能力。睡眠减少不仅对孩子大脑的结构和功能有影响，而且可降低对感染的抵抗力。孩子体内的生长激素一般在夜间10时至次日2时发挥作用，如果晚睡，会影响他们的生长发育。通过观察显示，晚睡的儿童容易出现注意力不集中、难以管教、身高普遍比同龄儿童矮小等特征。

布置儿童房要注意的细节

现在许多家长都会给小孩专门布置一间儿童房，而设计儿童房时，家长们要在满足孩子童心童趣的同时还要考虑到是否符合孩子身心全面发展的需要，因此有些因素是必须要考虑的，如采光、学习区域、床、整个房间的氛围、空间的布局、家具的选购以及孩子的个性，要给孩子一个让他满意又利于他成长的儿童房，就要做到以下几个方面。

→ 儿童房的特点

儿童房的布置关系到儿童健康、快乐的成长，根据儿童特定年龄设计，儿童房的布置应注意以下三点。

1. 氛围。为了给儿童房间增添浪漫、温馨的氛围，可用一些鲜艳、可爱的饰物或玩具来点缀房间。如有趣的卡通形象、美丽的海底世界、恬静的田园风光等。

2. 色彩。儿童居室应该以明朗的色彩为主。如红、橘红、蓝、绿、黄等。这些色彩明快、饱和度高，易于儿童接受，能

够给儿童带来乐观、向上的生活情趣。

3. 空间。儿童精力充沛，活动量大，所以在摆放家具时，应尽可能地节省空间，好多给儿童以最大范围地留下相应的活动天地。

→ 布置儿童房要注意的细节

儿童房是专属于小孩的一片天地，它也似乎越来越像个小小的童话世界，可是要把小孩的世界装饰得像童话世界的同时，家长们也要保证这个童话世界坚固如城堡。由于孩子小，抵抗力、自制力弱，稍有风吹草动都可能影响他们，即使是细小的影响可能短时间内看不出来，但日久天长，就会潜移默化，聚沙成塔了。有些看似平稳、牢靠的地方，也很容易产生突发性事故。所以，为防患于未然，家长们还应特别注意儿童房的一些细节。

卧室

1. 房间的采光度很重要。因此儿童房最好是向阳的房间，儿童房内的灯具光线要柔和、均匀，充足的照明能使房间更温暖，也能让孩子有安全感。

2. 卧室不能设在机器房边、露台楼下，不要悬挂太多风铃，否则易造成孩子脑神经衰弱。

3. 卧室进门处最好不要有镜子门。

4. 地板不可铺深红色地毯及长毛地毯。

5. 光线应该明亮。主色调忌粉、大红、深黑色，以免孩子形成暴躁不安的个性。

6. 卧室如果小，装潢应简洁，使空间看起来显大为好。

7. 卧室门不要对着厕所门。

墙壁

1．天花板最好是乳白色，不要有夸张的图案和挂饰。

2．墙壁上不要贴太花哨的壁纸，以免孩子心乱、烦躁。

3．墙壁上不要贴奇形怪状的动物画像，以免孩子行为怪异。

4．不要贴武士战斗的图画，以免孩子产生好勇斗狠的心性。

5．同时结合孩子的喜好、性格选择儿童房墙壁颜色。小孩一般都喜欢颜色鲜艳的房间，而各种颜色能激发孩子各种想象。蓝色代表蓝蓝的晴空、广阔的大海，粉红色代表梦幻等。家长可为躁动、易怒的小孩选择蓝色、白色或清新的绿色，而对比较内向的小孩可选择红色、明黄等暖色调颜色。

地板

孩子们大多喜欢奔跑游戏，容易滑倒、摔伤，因此家长在选购儿童房时千万注意不要选购质地太硬、太光滑的地板，大理石就应排除在外。最好不要铺地毯，因地毯容易滋生螨虫，对孩子的健康不利，甚至会引起孩子患上支气管炎、哮喘。儿童房内不要铺装塑胶地板，市面上的有些泡沫塑料制品，如地板拼图，会释放出大量的挥发性有机物质，可能会对孩子的健康造成影响。儿童房最好选用易清洁的强化地板或免除跌打受伤的软木地板。

床

1．不要放置在横梁下。

2．若面向窗户，阳光不宜太强，太强易让孩子心烦。

3．不要放置在阳台上，更不宜靠近阳台上的落地窗。

4．床位头部不要正对房门。

5．床头不要放录音机，以免孩子神经衰弱。

6．选择软度适中的床。由于孩子处在发育期，脊柱骨髓尚未发育完成，睡床过软，容易造成孩子骨髓畸形，因此，孩子的床应以木板床和棕绷床为宜。

书桌

1．色彩的选择。儿童书桌最好是采用较为明亮的色彩，性格较内向而软弱的孩子，宜用色彩对比强烈的家具；性格较暴躁的儿童，宜用线条柔和、色彩文雅的家具。

2．书桌的造型。书桌可以有些漂亮的造型，不过一切事物都是过犹不及，太花哨的造型会分散孩子的注意力，这点也要十分注意。

3．书桌的高度。书桌过低或过高都会影响到孩子的身体发育。

4．书桌摆放的方位不要正对着门，不要面向或背靠厕所浴室，左右也不要与厕所浴室门相对，书桌前也最好不要有高物，以免引起孩子的压迫感。

灯具

儿童房中合适的灯具能够给孩子的起居、学习、生活营造出一个良好的环境。儿童房的灯具应根据位置的不同而有所区别。但注意灯具不要太过于复杂，只要能简单操作即可。电源开关宜采用拉线式，并拴在孩子伸手可及的地方。

1．顶灯要亮，最好用多个小放射灯，角度可以任意调转，这样既有利于照明，又有利于保护孩子的眼睛。顶灯的造型不宜过大。

2．壁灯要柔和。因为壁灯一般装在床头，如果过于明亮会刺激孩子的眼睛。

3．台灯要不刺眼睛。

➜ 选购儿童家具的标准

1．安全

（1）儿童家具边角要圆滑，以防孩子碰伤、撞伤。

（2）固定家具用的铆钉等不要外漏，以防孩子碰伤。

（3）较小孩子的床要有护栏，结实而且还要有一定的高度，以防孩子跌落摔伤。

2．尺寸合适

（1）儿童家具的尺寸要与人体的高度相配合，还要与孩子的年龄与体型相结合，这样才会有益于孩子的健康成长。

（2）购买儿童桌椅，最好具有能够按照身高的变化进行调整的功能。

3．用料环保

（1）挑选儿童家具时要注意它的用料是否环保，因此，最好到资质齐全的厂家购买。

（2）木质是制造儿童家具的最佳材料。

➜ 摆放绿色植物

在儿童房内适当地摆些绿色植物，不仅能起到净化空气、消除污染的作用，还能培养孩子爱护自然、照顾花草的习惯。

但是家长应注意不能在儿童房里摆放过多植物，并应特别注意不能摆放以下几类植物。

1．有花粉或者花粉过多的植物。

婴幼儿对花草过敏的比例要远高于成年人。许多患有哮喘的孩子，在接触花粉后容易诱发哮喘，花粉也容易引起许多过敏性疾病如过敏性结膜炎、过敏性鼻炎、皮肤瘙痒等。而容易引发儿童皮肤过敏的植物有迎春花、广玉兰、万年青等。

2．含有毒素的植物。

众所周知，有些家里常养的花卉虽然好看但确是根茎叶有毒的花草，有的植物对于大人没有危害但对孩子就有危害。孩子尤其是3岁以内儿童活动范围大，好奇心强，加上自主意识差，无法分辨植物是否有毒，很容易"毒"从口入。有毒的植物有水仙、含羞草、虞美人、马蹄莲、夹竹桃、郁金香等。

3．香气浓郁的植物。

花香会刺激神经，引起兴奋，影响睡眠质量，使孩子得不到良好的休息。这样的植物有丁香、夜来香、兰花等。

4．长尖刺的植物。

如仙人掌，刺内含有毒汁，被刺后皮肤会肿痛、瘙痒。孩子好奇心很强，如果不注意很可能被尖刺伤到。此类植物有仙人掌、仙人球、芦荟、月季。

5．悬吊植物、高脚花架等"危险物品"。

此类物品如果不小心掉下，容易砸到孩子。父母们要多长点心眼，这样孩子的安全才能得到保障。

➜ 重视孩子的成长与个性

现在儿童房的设计除了遵守基本的环保健康原则以及给孩子创造一个童话世界

的目的外，还要根据儿童的具体要求和房间功能的划分，将儿童的成长放在首位。孩子的好动和爱玩是与生俱来的天性，而作为自己专属地的儿童房，在安全第一的前提下，首先要考虑的就是结合孩子好动的个性设计与布置儿童房。儿童房的色彩除了孩子的写照外，同时也是家庭中让人愉悦的最好空间，因为环境是塑造孩子的无形教室，孩子就是在它的潜移默化中成长的。

一、将空间规划利用好，让孩子有足够的活动空间。

1. 可以将床靠墙边放，也可以把儿童床设置成类似上下铺的形式，床下留足够大的空间，放孩子的书桌和书柜。

2. 要有储存功能，孩子身体长得很快，衣物越来越多，玩具也很多，还有许多随着孩子的长大永远值得保留的东西，所以要有一个储物柜，有带门的架搁和没有门的两种，没有门的可摆放展示性物品，带门的可储存物品并易于将物品分存在架的顶部、底部和侧面多个方位，更易于存取。

3. 充分利用拐角空间。可以将孩子的衣物、玩具、书籍等分类整齐地收藏。

二、可以给孩子多些趣味性。

1. 做个小滑梯。让孩子在家里也能像在游乐场里一样尽情玩耍。

2. 将储藏柜做成可以攀爬的垂直梯。但储藏柜不宜过高，也可以装上安全护栏，以免孩子摔伤跌倒。

3. 充满趣味性的卡通灯具，可以发挥孩子想象力，有助于激发孩子的创造力。

三、不要忽视摆设。

1. 在儿童房的墙面上可以挂上孩子亲手画的画。

2. 贴上卡通画等孩子平时喜欢的小物件，女孩子的房间可以放上心爱的娃娃，而男孩子的房间可布置一些车模等使房间看起来意趣盎然。

3. 为了减低电子辐射及用电危险，在儿童睡房最好不要放电视机、电脑等电器，也不要放置镜子。

四、预留空间，将游戏、涂鸦等理念植入儿童房中。注重在房间内外培养孩子的情商等心理成长发育。

1. 可以买一块小黑板或特地制作一面涂鸦墙，满足孩子喜欢随意乱画的习惯。让孩子有固定的地方可以写写画画，这样既可以培养孩子整洁的意识，又培养了孩子的兴趣。如果条件允许，可以给孩子特地留出一面涂鸦墙。

2. 家长可采用多种方式参与孩子的涂鸦游戏。例如引导孩子用讲故事的方式描述画面中的情景，还可以让他根据故事情节在原有画面的基础上进一步发挥想象，增添一些新东西。让孩子尝试搭配各种色彩，让他学会亲手创造一个绚丽多彩的想象空间。

五、在儿童房中设置接待区，让孩子学会分享。

1. 在房间的靠墙边或墙拐角处，设计成小客厅的模式，摆上儿童桌椅或小沙发，让孩子跟小伙伴们一起玩耍，可以让他作为小主人招待自己的朋友，同时可以让他享受分享的乐趣。

2. 平时爸爸妈妈来孩子房间，也可以共同分享孩子的小小世界，家长能增进与孩子的感情。

3. 让孩子拥有自己的专属空间，可以从小培养孩子的独立性。

漂亮孩子装扮篇

- 如何为孩子选购新衣新鞋
- 如何打扮出漂亮孩子
- 孩子四季穿衣法
- 如何应对衣物"顽症"
- 孩子打扮误区

如何为孩子选购新衣新鞋

从孩子还没出生开始，家长就在考虑给孩子买衣服了。但是刚刚出生的孩子，皮肤比较敏感、比较娇嫩，而且孩子发育也比较快，那么，家长该怎样为孩子选择衣物？衣服要选择什么样的面料？又要选择什么样的款式才好呢？孩子的衣物、鞋帽的选购不仅复杂而且对于孩子的健康成长来说也非常重要，因此在这里，就给大家列举了一些为孩子选购各种衣服以及鞋子、袜子、帽子等的方法和注意事项。

如何为孩子选购外套

孩子的外套最好不要有容易掉落的饰物，还应选择较简单的设计，以免清洗时造成不便或刮伤孩子，同时也可以避免衣物上的小物件可能会被孩子吞下。

在面料上，除了棉，绒也是一种比较常见的面料。有摇立绒、棉绒等各种绒，购买的时候要注意质量，有些绒是容易起球掉毛的面料，这样是绝对不行的。还有灯芯绒，有些虽然也是全棉的，但是灯芯绒特别容易沾毛，而且很难洗掉。基本上绒面的衣服都容易沾毛，所以，基于舒适度和清洁角度考虑，光面的全棉衣服是最适合小孩子的。

而作为孩子的外套还有一点就是要穿脱方便，式样最好是斜襟、和尚领，也可以是在一边打结，并且胸围可以随着孩子发育而随意放松。此外，由于孩子的脖颈短，容易溢奶，这种上衣便于围放小毛巾或围嘴。而有系扣的地方选用粘带要比纽扣好。

如何选购孩子的羽绒服

纯棉质地的服装一直非常受欢迎，冬季也不例外。像羽绒服的内衬、领口、袖口等都是孩子皮肤直接接触的部位，因此，这些部位是棉织品的羽绒服是不错的选择。而在购买羽绒服时一定要注意其含绒量的多少，有毛皮装饰的就要注意其结实程度，以防劣质毛皮脱落对孩子的呼吸道造成影响。另外，羽绒服上的纽扣和拉链也要注意安装是否合理，不要选择硬装饰过多的服装，以免给孩子活动带来不便。

高科技的防水面料是现在很多冬装都会采用的，这种面料易清洗，很适合喜欢运动的孩子。

如何选购孩子的裤子

孩子的裤子主要有开裆裤和满裆裤两种，这两种裤子分别适合不同年龄类型的孩子。

孩子第一年长得很快，即使是秋天和

冬天，也在不停地茁壮成长，所以，衣服最好是宽松一点的，特别是开裆裤一定要选择宽松一点的。最好还是棉质的，既吸汗，又不会引起皮肤过敏。

孩子的开裆裤主要有两种：侧开口的适合腿还伸不直的婴儿，方便他们穿着；另外一种则是衣服上有一块垂片，可以把尿布别在上面，这对不喜欢给孩子用尿不湿的家长很有帮助，因为它能防止尿布掉下来。这种单片式的衣服最大的优点是可以防止孩子的肚子着凉。需要注意的是，如果是肩上开口的，按扣一定要结实牢固。

对于比较大一点的孩子们来说，衣裤最好是能穿套装，而且最好是带帽子的那种，帽子最好还可以拆卸。1岁以后的孩子已经开始有自己的独立意识，正常情况下也开始慢慢不再需要尿不湿，因此大一点的孩子在选择裤子方面可以穿满裆的，当然也不排除有一些孩子一时无法适应，因此，也可以先准备两条两用的过渡一下，质地当然也要全棉的。

如何选购孩子的内衣

在内衣的选购上，6个月以内的孩子，由于孩子头部还没有发育稳固，家长在选购时，最好选择前开襟的衣服，便于穿着。6个月以后的孩子，脖子已较稳固，可选购套头服装，但由于孩子脖子较为粗短，内衣的领口最好选择开口较大的设计，以免穿上后经常摩擦孩子的脖子。由于孩子的皮肤格外娇嫩，因此，一定要为孩子选择质地柔软、吸汗、透气的内衣，不要有太复杂的设计。还有孩子溢奶的频率较高，所以，内衣一定要多备几套。清洗时，最

好选择不含荧光剂的清洁液，而且要冲洗干净，以免引起孩子皮肤过敏。洗完后，最好能在阳光下曝晒，以达到杀菌的目的。

在孩子内衣的选购上，还有几个需要重视的问题。

首先就是连体与分体的问题，不勒肚子是连体内衣的优点，不会让肚子受凉，穿起来也方便，对于用纸尿裤的孩子来说比较合适。分体内衣则适合用布尿布的孩子，开裆裤换起来会比较方便。

其次就是选择连脚或者不连脚的问题。天热的时候不连脚的内衣较好，不会影响孩子的发育，因为连脚的内衣容易被卡住或者太短影响孩子长高。但是天冷的话，孩子抱起来的时候不连脚的内衣就容易缩上去，露出腿肚子，因此，天冷的时候最好还是穿着连脚的内衣，尺寸可以稍大一点，免得影响孩子蹬腿或长高。如果家长还是对于孩子长高问题有担忧的话，还有另外一种方案就是穿不连脚的内衣，再给孩子配上中统袜和长一点的袜套，这样孩子的保暖和长高问题就都解决了。

再有就是内衣上的绣花问题。现在很多内衣为了美观都会绣花，如果是反面没有内衬的内衣就不适合贴身穿。而且有些刺绣太硬，也不适合孩子穿着。

如何选购孩子的睡衣

给每个孩子准备6～10套睡衣，这样就不会因为孩子尿湿或天气原因致使孩子没有可以换洗的睡衣备用。在睡衣的选择上，可以选择有弹性的连脚睡衣或睡袍。睡袍的好处就是换尿布更方便，大一点儿的孩子穿睡袍也可以更自由地活动。过去

的有些睡衣裤底部的带子有时会缠住孩子的脚趾和脚踝，从而影响血液循环，在这里不推荐选择。在新设计的睡袍中，裹边的塑料带代替了过去的带子，这样就没有松散的端头会影响血液循环，比较有利于孩子的成长发育。还有一种比睡衣重些的是睡毯，睡毯比较适合寒冷的天气，在选购时要注意睡毯一定要保证质量，力求柔软舒适。

如何选购孩子的鞋子

由于孩子成长的速度快，他的脚很柔软，所以给孩子选购鞋子的时候要特别注意是否合脚，以免妨碍孩子的足部发育。

婴儿期的孩子还不会走路，在选购鞋子的时候，一定要选购材质比较柔软、具有保暖性的童鞋。学步期的孩子，合脚、防滑的平底鞋是最佳的选择，2岁以上的孩子活动量很大，不妨选择保护性强的运动鞋。3岁左右的孩子跑、跳的机会较多，可选择扣带设计的鞋子，避免鞋带松脱时孩子摔倒。

在选择符合孩子的脚型的同时，也要注意鞋子要有很好的弹性，能够适度弯曲。鞋的空隙部分以多3厘米左右为原则，不宜过大。在孩子的脚型还没有固定前，不要给孩子买有跟或造型太奇特的鞋子。鞋头要宽阔、厚实，鞋身不宜过大或是带沙眼的，鞋底具防滑性要好，牛筋底是个很好的选择。

给孩子买新鞋，应该选择有良好透气性、吸汗性强的布面鞋、羊皮鞋、软牛皮鞋。

在孩子穿鞋方面有一些误区也是家长们需要特别注意的。

误区一：孩子长期穿着旅游鞋。

大多数家长都以为穿旅游鞋很健康，让孩子成天都穿旅游鞋。其实旅游鞋多采用合成革及二层皮制成，透气性很差。儿童活动量大，脚大部分处于湿热状态，不仅易产生细菌，出现脚臭、脚气，而且严重的还可能导致足底肌肉松弛，无力支撑足弓，削弱足弓抗震能力，甚至出现扁平足。

误区二：习惯光脚穿鞋。

孩子的皮肤很敏感，如果光脚穿鞋，鞋的材质、涂饰剂、胶粘剂等会刺激皮肤，可能引起疾病。有时选择了劣质的拖鞋也会引起孩子的过敏反应，所以，在选择必须光脚穿的鞋时，应到正规商店购买，选择质量有保证的鞋子。

误区三：盲目跟着潮流走。

尖头鞋潮流已经流行了几年，很多家长给女孩也穿上尖头鞋，显得很时髦。但是，尖头鞋会使脚的压力集中于前脚掌，迫使脚拇指外翻。而脚拇指外翻会产生头晕、脑供血不足、血压不稳、头痛、颈椎弯曲、内分泌紊乱等疾病，对孩子的健康更是不利。

如何选购孩子的袜子

孩子喜欢蹬腿，经常一不小心就把鞋子、袜子统统蹬掉，袜子买得紧一点的话又会影响脚部的发育。所以现在有两种选择，一是合脚的船袜，怎么蹬也不会蹬掉，但保暖性差；二是中统袜，但是中统袜很少有9厘米或9厘米以下的，其好处就是袜筒高，小孩子即使蹬也不会一下子全蹬光。

另外，小孩子很容易出汗，太厚的袜

子也不好，因此，单层棉袜比较实用。如果是选择毛线袜则要注意质量，不然会勾到脚趾，而且在袜子的选择上单色比杂色绣花好，绣花的背面有线头，也容易勾到脚趾。

孩子主要需要的几种袜子如下所列：

防滑袜：能避免孩子在跑跳时跌倒，袜的脚底有软胶图案。要注意防滑袜是外穿袜，尽量不要穿在鞋内。

薄棉袜：适合孩子在天热的时候穿，要选择颜色比较浅的。不要选择不透气的尼龙袜和用药物止汗除味的袜子。

纯棉袜：适合春秋穿。最好选用100%的纯棉质地袜。

羊毛袜：适合天冷的时候穿，袜子一定要有很好的弹性，主要材质是毛和棉。不要选择不透气的袜子。

袜子对于孩子来说是非常重要的，因此还有两个特别需要家长注意的误区。

一、走路的孩子不需穿袜子。

孩子调节体温的功能还没有发育完全，散热多，而产热功能差，当外界环境温度略低时，孩子的下肢循环就会不好，小脚变凉，便容易感冒；看着孩子长大，下肢活动增加，小脚乱动乱蹬，容易受到损伤，穿了袜子可以起到减少损伤的作用；孩子的皮肤娇嫩，若接触到有害物质就会增加感染几率，穿了袜子可起到一定的保护作用，还可防止蚊虫叮咬。

二、夏季孩子不需穿袜子。

到了夏天，家里都开了空调，孩子都喜欢光脚在地上走，不穿袜子很容易着凉；有的家长给孩子光脚穿凉皮鞋也是错误的，因为光脚容易受伤，皮肤也会变得干燥，而且鞋的材料和工艺会受到化学物

质的污染，毒物容易通过幼嫩的皮肤进入体内。

 ## 如何选购孩子的帽子

帽子的面料有丙烯酸材料的帽子，有轻型棉质帽子，也有厚型棉质帽。要根据不同季节，选择不同色泽和式样的帽子。冬季气候寒冷，应选择保暖、御寒性能好的帽子，如棉帽、皮帽、绒帽等，非常寒冷的季节应选择能保护脸颊和耳朵的帽子；春秋季可选用针织帽、毛线编织帽、大盖帽等；夏季阳光强烈，对眼睛刺激大，可选用面料轻薄、色泽偏冷、偏浅的大帽沿的帽子，如太阳帽、草帽、布料的各种旅游帽等，这几种帽子，既能反射阳光、降低头部热度，又可遮光护眼、通风防暑。

在选购时需要注意的是帽子不要太小，否则孩子戴不了。也不能太大，不能让帽子盖住了孩子的脸，这样孩子转动头时就不会因帽子过大而阻碍呼吸。

 ## 如何检查童装的质量

如今，孩子的衣服在市场上也是琳琅满目，但是质量却是参差不齐，因此，学会如何正确选购适合孩子的衣服以外，学会如何对市场上的童装进行质量检查也是相当重要和必不可少的。此外，如何正确识别童装标签对于科学地选购孩子衣物也有很大帮助，在此为大家介绍几种质量检查和标签识别的办法。

对孩子衣服质量的检查主要从以下几个方面展开：

一、童装外观质量的鉴别

1．童装表面主要部位有无明显瑕疵。

2．童装的主要缝合部位有无色差和织物"滑移"、织物"排丝"等现象。

3．注意童装上各种辅料、装饰物的质地，如拉链是否滑爽、纽扣是否牢固、四合扣是否松紧适宜等。

4．有粘合的表面部位，如领子、驳头、袋盖、门襟处有无脱胶、起泡或渗胶等现象。

二、缝制质量鉴别

1．目测童装各主要部位的缝制线路是否顺直，拼缝是否平服。

2．查看童装的各对称部位是否一致。童装上的对称部位很多，可将左右两部分合拢，检查各对称部位是否准确。

如何正确识别童装标签

正确识别童装上的各种标识主要要做到以下几个方面：

一、正确认识商标和中文厂名厂址。

这是我们消费者保护合法权益的重要证据之一。因为厂家只有在商品上明确地标注了商标和厂名厂址，才确立了其对该产品负责的义务。无商标和中文厂名厂址的产品，极有可能是非正规厂家生产的产品或假冒伪劣产品，价格一般较低，消费者很容易上当受骗，切忌选择这类产品。

二、服装号型标识。

能表示衣服规格代号的就是衣服的号型标识，与消费者的肥瘦、身高相对应，只有选择适合自己的号型规格的服装，才可能穿着合适。号与型之间用斜线分开，

如上衣 145/68，表示适合高 145 厘米、胸围 68 厘米左右的孩子穿着。孩子服装的选购，要根据孩子的生长发育特点和孩子生性活泼好动的特点，一般应选择稍微宽松一点的衣服，以利于孩子的成长。

三、成分标识。

主要是指服装的里料、面料的成分，各种成分的含量应清晰、准确。有其他填充料的服装还应标明其中填充料的成分和含量。

四、洗涤标识的图形符号及说明。

一般服装的制造商会根据选用的面料，相对应地标注服装的洗涤方法和养护方法，消费者可依据厂方提供的洗涤和保养方法进行洗涤和保养，如出现质量问题，厂方应承担责任。反之，如消费者未按照制造商明示的方法进行洗涤而出现问题，消费者应自负责任。

五、一些同样需要被注意但容易被忽略的标识。

产品上有无产品的合格证、产品执行标准编号、产品质量等级及其他标识。

童装的永久性标识应选择柔软的材料制作，并缝制在童装适当的部位，应注意避免直接缝制在与孩子皮肤接触的地方，防止因摩擦而损伤孩子的皮肤。

孩子服装相关标准参考条例

为孩子选购衣服的家长注意了，因为近年来部分婴幼儿服装抽检不合格，因此，我国出台了新的相关标准条例。从 2008 年 10 月 1 日开始，我国首部《婴幼儿服装标准》正式实施了，标准中凡涉及婴幼儿服装安全方面的条款均为强制性规定。

主要有以下几条：

量化指标：《婴幼儿服装标准》规定婴幼儿服装中的可萃取重金属含量中，砷含量不得超过每千克 0.2 毫克，铜不得超过每千克 25 毫克，最受家长们关注的甲醛含量必须小于或等于每千克 20 毫克。

PH 值：由于婴幼儿的肌肤比较娇嫩，所以国家规定：婴幼儿的服装的 PH 值标准限定在 4.0 ~ 7.5，并禁用可分解芳香胺染料，不得存在异味。

不可干洗：《婴幼儿服装标准》特别强调，因为干洗剂中可能含有刺激婴幼儿皮肤的物质，婴幼儿服装必须在标识上注明"不可干洗"。

除此之外，《婴幼儿服装标准》还强制性规定了优等品、一等品、合格品在色牢度等方面分别应达到合格要求。

如何打扮出漂亮孩子

孩子天生就有一种魔力，他能让每个第一眼看到他的人都露出发自心底的笑容，而一个干净、整洁、漂亮的孩子就更显得可爱和讨人喜欢了。漂亮的孩子同时还能给和睦家庭加分，为家庭带来更多的欢乐。因此，拥有一个健康且漂亮的孩子相信是家长们心底的期盼，接下来就给大家介绍几招扮靓孩子的妙招。

 ## 保持服装的干净整洁

孩子的服装一定要干净整洁。干净整洁是漂亮的第一要素，这样能给人以美感、快乐的感受。如果孩子的衣服整洁，即使质地、式样一般，也会招人喜爱；反之，一个孩子的衣服质地与式样都非常华丽，但看起来皱巴巴的或者脏兮兮的，照样让人觉得不舒服。当然孩子衣服的干净整洁不仅仅与家长有关，还与孩子自身的习惯有关，所以想要孩子干净整洁，你一定要尽早教会孩子讲卫生、爱整洁的好习惯。

 ## 要漂亮也要健康

越有生命力的东西就越具感染力，孩子本来就最富有生命力，他的举手投足都透露着美的感染力，健康活泼的孩子不用过多修饰也会很漂亮。如果家长为了追求时髦，给孩子穿上了颜色过于鲜艳或材料过于坚硬的衣服，引起孩子皮肤红肿、刮伤等各种不适症状的话，孩子的美就更无从谈起了。因此，孩子的衣服一定要环保、没有异味，且不刺激孩子皮肤，这样孩子的衣服才能达到健康的标准。

 ## 给孩子适宜的打扮

孩子穿成人式的服装可以作为一时的

新奇感。从审美上讲，成人就是成人，孩子就是孩子，而且孩子有他自己的审美要素，他的衣服可以短一点，可以更可爱一点、更活泼一点。成人也有自己的特点，比如有人追求艳丽，有人追求华贵，有人追求狂野，有人追求随意，有人追求古典，追求往往是不一样的，所以，把孩子变成小大人也是不实际的。有的妈妈想把孩子变得像大人那样庄重成熟，那就大可不必了。孩子就应该保持天真、自然的个性。

孩子的装扮应适合他们的年龄，利于孩子的生长发育。孩子天性活泼、好动，给孩子的衣着要裁剪得体且美观大方，不要过分讲究质地高档、式样奇异。

➡️ 穿着应有利于孩子生长发育

孩子处于生长发育迅速的时期，因此，穿着打扮应符合生长发育的需要，然而有一些家长却忽视了这一点，只讲漂亮、时髦，如现在孩子穿皮鞋的越来越多，但穿皮鞋不利于孩子的日常运动，何况孩子的骨骼尚在发育中，硬邦邦的设计不利于脚部骨骼的发育，因此，孩子穿鞋以穿布鞋和旅游鞋为宜。

衣服上面的线条要剪掉。曾经就发生过因为布丝把手缠绕得影响血液循环，时间一长就造成肢体的坏死状况。所以，在这方面妈妈应该特别细心，一定要注意纽扣、缝边、缝线这些细致的问题。

还有孩子的衣服也不适宜太小太瘦，有些这样的成人款妈妈穿出来好看，便在选择孩子的衣服时跟成人装一样很紧身，这样孩子伸胳膊的时候不方便，会造成对孩子肢体的危害。

➡️ 孩子衣服的装饰品不能太多

应尽量减少孩子衣服上的装饰品。因为孩子比较活泼好动，如果戴着过多的装饰品进行爬、跑、跳、攀登、做游戏等活动，不仅孩子的活动将会受到限制，在孩子游戏的过程中还可能因为这些装饰品致使孩子受伤，即使孩子能自己很好地避免伤害，那活动过程中的畏手畏脚也会让孩子的自然美立马减色。而且孩子因为过多关注自己的服饰和避免伤害，在游戏过程中的乐趣也会大大减弱，影响孩子的身心健康发展。

➡️ 孩子服装的色彩要鲜明、协调

孩子服装的色彩不仅要鲜明，还要协调，但色彩对比也不能过于强烈，以免孩子眼花缭乱。

给孩子选择衣服的色彩时，首先要从肤色上做判断。

大多数家长都会按照自己的喜好给孩子买衣服，其实孩子们对颜色有着原始的敏感和独特的喜好，所以为孩子选购服装，也要从孩子的形体及肤色上做判断，如果肤色较暗，应首选高明度、高纯度服装，色彩鲜艳醒目，从而显得活力十足。如果肤色亮一些的话，对色彩的适应范围就宽一些，如穿粉色、黄色、红色，人会显得活泼、亮丽。

学龄前的孩子对色彩已经有了感觉和要求，如果能在服装上点缀些有趣的小动物图案或色彩鲜艳的其他装饰图案，会引起孩子的穿着兴趣，给孩子带来无限的快乐。

在注重色彩与孩子的肤色相适应的同

时，还要注意孩子的体形与童装色彩的搭配。

如果孩子的体形比较肥胖，选择衣服的时候就要选深色或冷色系的服饰，如灰、黑、蓝等冷色或暗色的衣服，因为这样穿起来有收缩作用，可以弥补孩子身体的缺陷；如果孩子的体形比较瘦弱，那么，我们可以选择一些暖色的衣服，如绿色、米色、咖啡色等，这些颜色是向外扩展的，能给人们一种热情的感觉。

当然，童装的搭配没有固定的模式，太按照程式化去搭配看上去会显得没有生气、呆板，但变化太多了，又容易显得很杂乱，唯一的宗旨是配色美、造型好看，穿上去舒服自然便可。

➔ 服装的式样要简单

选择童装应首先考虑到孩子爱玩的天性，玩耍的时候，服装的舒适程度是很重要的一个因素，应以宽松自然的休闲服装为主要特征。

经常看到有些孩子穿得衣服虽很漂亮，但太过烦琐，不太适合运动，这些都会使行动尚不灵敏的孩子活动起来十分不便，在客观上会减少孩子锻炼的机会。相反，如果穿着适宜，孩子活动自如，运动量也会增加，这样更有利于提高他们机体的抗病能力，增强体质。而且小孩子身体正在发育，穿着外观精致、洒脱、宽松的休闲类衣服，平时做游戏、运动等，都很方便；既有利于身体的发育，还能给人一种温柔可爱、舒适、随意的感觉。

当然在选择童装的时候，我们能利用一些搭配诀窍来补充一些孩子体形的不足。

比如，长得比较胖的孩子，给他们选择上衣时就要选择无领或圆领的衣服，例如：圆领T恤衫、小吊带裙等；裤子的话，则不能太过于宽松，在夏秋季，穿收腿的七分裤或九分裤为好，这样穿着，给人感觉这个孩子不会太胖，例如：一条裤筒较窄的裤子，让体形瘦长的孩子穿上之后，就显得身材纤细、匀称；而腿粗的孩子穿上之后，就会显得臃肿，这样的孩子，不妨给他选一件薄而略长的上衣遮住臀部，下身再配一条较修长的直筒裤，这样穿着，就会给人一种身材修长的感觉。而且童装没有落不落伍一说，关键在于我们如何搭配。

在童装式样的选择上，还有几点是需要引起注意的：

1. 童装以方领口、圆领、小尖领为好。

2. 衣服最好在前面开襟，纽扣不宜过多，便于儿童自己穿、脱衣服。

3. 选择宽腰式的衣裙，以便把儿童挺腹、无腰的外形掩饰住，并能起到宽松、凉爽的作用。

4. 童裤可选择日光裤、田鸡裤等。

注：许多家长喜欢给孩子穿连袜裤，这种裤子如果太短，会影响孩子下肢的活动，不利于孩子的发育。

5. 选择上衣时，袖子不宜过长，袖子太长，孩子的手臂活动不方便，不能做些精细的动作，减少了手指活动的机会，对孩子的大脑发育不利。

➔ 买衣服前最好先让孩子试穿

如果方便的话，给孩子买衣服一定要先试穿，每个孩子都有自己不同的肤色、体形、气质和风格，同样一件衣服穿在不同孩子身上效果绝对不一样。

当然很多时候购买孩子的衣服时无法试穿，这种情况下家长一定要根据孩子身高买，而不要去轻信店家关于哪个年龄的孩子能穿多大衣服的建议，每个孩子的成长发育速度都不一样，因此，一定要根据身高买，最好还要拿件孩子平常穿的衣服，量一下衣服尺寸，如衣长、袖长、裤长等，然后再买比平常穿的大一点点即可。孩子生长比较快，如果想明年能穿的话则要再大一码，不过建议大家购买孩子的衣服时还是穿着刚刚好最合适。

不同年龄孩子的穿衣亮点

各年龄段的孩子各有不同的特点，也有各自不同的穿衣需求，接下来给大家介绍不同年龄的孩子穿衣要点。

1岁以下的孩子特别娇嫩，成长特别快也是他们最大的特点，因此各个月龄的孩子都有各自不同的要求。而1岁以上的孩子的衣服选择就没有那么大的限制了，接下来就主要给大家介绍一下1岁以下的各个月龄的孩子的穿衣方法吧！

1.1～3个月孩子的衣服选购

1～3个月的孩子，由于他们的体温调节功能还不完善，皮肤特别娇嫩，抵抗力差，同时活动较多，出汗多，皮脂腺分泌多，如选择得不合适，有害物质易通过娇嫩的皮肤侵袭孩子，增加感染的机会。所以，为1～3个月的孩子科学地选择服装，对孩子的身心健康有重要意义。

①衣服的质地

不仅要选择保暖的，衣料还要柔软、吸湿性好，颜色以浅色为主，最好选择比较好洗涤的棉质衣料。夏天用花布，其他季节可用薄绒布。

而化纤品、毛织品对孩子皮肤有刺激性，容易引起荨麻疹或过敏性皮炎，因此，穿这类材料的衣物不要直接接触皮肤。

②衣服的式样

应以简单、宽松的式样最好。要求穿脱方便，不要太紧、太小。因为新生儿四肢常呈弯曲状态，袖子过于窄小则不容易伸入，宽松度以不妨碍活动为准。而且1～3个月的孩子颈部较短，衣服应选择没有领子、斜襟的式样，最好前面长些、后面短些，以避免大小便污染。

衣裤上不宜钉扣子或按扣，以免损伤孩子的皮肤或被误服，可用带子系在身侧。衣服的袖子、裤腿应宽大，使四肢有足够的活动余地，并且便于穿脱、换洗。孩子的胸腹部不要约束过紧，否则会影响胸廓的运动或者造成胸廓畸形。

2.4个月孩子的衣服选购

大多数年轻的家长，在为新生婴儿选衣服时总是犹豫不决，不知道该买什么样的好。有的妈妈选择耐磨、经洗、易干的化纤布料做衣服，而且设计了兜盖、别针、扣环等袋饰。那么，到底应选择什么样的服装好呢？

4个月的孩子在娇嫩程度上跟1～3个月的孩子很类似，因此根据孩子皮肤细腻、容易受损伤、体表面积相对比成人大的特点，孩子的内衣应选择质地柔软、通透性能好、吸湿性强的棉织布料，样式设计也要简单、大方，易穿易脱。化纤布料对孩子的皮肤有刺激性，容易引起皮炎、瘙痒等过敏现象。孩子的外衣则可选择适当的化纤布料，因为化纤布料易洗、易干，鲜艳的颜色可以刺激孩子眼底神经的发育。衣服的设计还要防止束胸，以免影响孩子的发育。

4个月以后的孩子可以自己在床上活动了，因此，为了孩子的安全舒适着想，衣服款式的设计要科学合理，尤其内衣不宜有大纽扣、拉链、扣环、别针之类的东西，以防损伤婴儿皮肤或吞到胃中。可适当选择布带代替纽扣，但要注意内衣布带不要弄到脖子上，防止勒伤孩子。

大部分家长都会选择用松紧带来作孩子衣服的裤带，要注意的就是要经常检查。因为孩子腹壁脂肪薄，伸缩性大，如果空腹时裤带系得合适，吃饱奶后，肚子鼓鼓的，裤带就显得紧了。由于婴儿期是腹式呼吸，不科学的系带会影响呼吸，长期下去会造成肋缘外翻、胸壁畸形，甚至影响发育。裤带的松紧最好按饱腹时的标准，并在裤腰两侧缝一条布带，以备空腹时防止裤子掉下来。为了不影响孩子的正常呼吸，孩子穿背带裤最理想，但注意背带不要太细，以3～4厘米宽为适宜，可略长一点儿，孩子长高后可随时放长带子，不致于影响其生长发育。

3.5～6个月孩子的衣服选购

当孩子成长到5～6个月的时候，长大了的孩子已经不能适应原来的孩子装了。这时的孩子身体长了，也胖了，运动量也明显增多了，他们的小手也总是喜欢拽点什么。这时，系带子的孩子装常让他拽得七扭八歪。但是，孩子的小脖子依然很短，穿衣时也不会配合，所以穿套头衫

还太早。这时的孩子就比较适合穿连体的肥大的"爬行服"和开襟的暗扣衫，以方便其活动。

夏天，孩子可以穿背心短裤，这样比较方便适宜。当天气开始变冷的时候，家长就要给孩子准备夹衣、毛衣和棉衣。为了穿脱方便，毛衣最好要选开衫，袖子也不要太瘦。

衣服的面料也是需要讲究的，孩子衣服的面料最好是纯棉的。棉织物不仅透气性能好，还柔软、吸汗、价廉。丝、毛、麻虽然也是天然织物，但由于丝与毛织物都含有蛋白质成分，对有些过敏体质如患婴儿湿疹的孩子是不适宜的。对于过敏体质的孩子，毛衣最好用腈纶线编织，虽然保暖性能稍差，但不会引起过敏刺激，而且它柔软、易洗涤，价格也便宜。

衣服的安全性能也是特别重要的，5～6个月大的孩子，已经能自己动手往嘴里放吃的东西了，衣服上的扣子可能会被孩子误食，因此，这时衣服最好不要钉扣子。即使有扣子，也要经常检查扣子是否牢固，同时，扣子的位置也应以不会硌伤孩子为原则。另外，衣服上的装饰物要少，装饰性的小球一定要去掉，因为孩子好奇心强，他们常会玩这些小球或放在口中。还要经常检查孩子的内衣裤有无脱下的线头，以免孩子的小手、小脚被内衣的线头缠伤。

4.7～9个月孩子的衣服选购

孩子开始学走路和爬行的时期是7～9个月的时候，这个时期他们特别好动，容易出汗，生活不能自理，衣服易脏易破。所以，在春秋季节，外衣面料要选择结实、

易洗涤及吸湿性、透气性好的织物，如涤棉、涤棉混纺等，而纯涤纶、腈纶等布料虽然颜色鲜艳、结实、易洗、快干，但吸湿性差，易沾尘土、脏污。而在夏季，穿着这类衣服孩子会感到闷热，会生痱子，甚至发生过敏反应。应选择浅色调的纯棉制品，基本原则是吸湿性好及对阳光具有反射作用。

由于内衣会直接接触孩子娇嫩的皮肤，他们的新陈代谢快而且出汗多，体温调节机能又比较差，所以，内衣应选择透气性好、吸湿性强、保暖性好的纯棉制品。还应注意，新买的内衣要在清水中浸泡几小时，清除衣服上的化学物质，以减少对孩子皮肤的刺激和机械性磨伤。内衣不宜有纽扣、拉链及其他饰物，以防弄伤皮肤。衣服款式以舒适、宽松为宜。

背带裤对于7～9个月孩子来说，是很合适的穿着，虽然它的样式简单但风格很活泼。自己缝制时要注意裤腰不宜过长，臀部裤片裁剪要简单、宽松，背带不可太细，以3～4厘米为宜。裤腰松紧带要与腰围相适合，避免过紧。购买有松紧裤腰的背带裤时，要注意与孩子胸围、腰围相适合，避免出现束胸束腹现象。因为这样会影响孩子的肺活量及胸廓和肺脏的生长发育。实践证明，胸廓变形的孩子易患呼吸道疾病。爸爸妈妈为孩子穿脱衣服时，要经常认真进行检查。

有些爸爸妈妈为了美观漂亮，一年四季都给孩子戴一顶漂亮帽子，其实这样做不正确。除冬天户外活动及盛夏遮阳外，一般尽量少戴帽子，以加强孩子的御寒能力，减少疾病的发生。

5.10～12个月孩子的衣服选购

10～12个月的孩子已经慢慢开始会爬、会走了，他们可以活动的地方也日渐扩大，对周围世界充满了好奇。所以，为孩子选做衣服既要考虑其特点，又要注意此时孩子年龄的需求。

①大多数家庭都是妈妈给孩子选择衣物的，妈妈们喜欢买一些漂亮衣服用于特殊的场合，但不必为此花大量的钱。其实买些经济实惠的衣服，或亲手缝制将更有乐趣。另外，孩子活泼、好动，衣服易脏，换得也勤，因此，一定要有足够的衣服才能应付孩子的需要。

②给孩子购买或亲手缝制衣服时要注意，尺码应该比孩子常穿的稍微大一些，这样不会影响孩子的生长发育。

③衣料的颜色应选择不易褪色的，少选白颜色。因为白色容易脏，而且洗涤时容易被别的颜色浸染。

④前面开口向下或宽圆领的衣服最好，因为孩子不喜欢被衣物遮住脸部。

⑤领口有松紧扣的衣服耐穿，孩子长大了衣服不合适，往往是因为头不能穿过领口，如果用松紧扣领的衣服，仅需要解开纽扣孩子的头便可穿过。

⑥婴儿罩衫和连衣裤仍适于本年龄段的孩子，也比较容易制作。10～12个月的宝宝穿背带裤和连衣裙都很适合他们，这也是学步的理想服装款式。

→ 孩子服装搭配要点

想要孩子健康又漂亮，怎样搭配也很重要，接下来就给大家介绍几招孩子服装搭配要诀，它们可以让你的孩子更加娇美、帅气又可爱。

1. 白色是最好的陪衬

白色足以衬托任何颜色，所以，只要穿上白色的上衣，不管下装是什么颜色，它的靓丽感都不会被冲淡，反而会更加出彩，因此，白色是最能搭也是最好搭的陪衬。

2. 善用红色白色搭配

红色很明丽耀眼，而白色又可以衬托任何颜色，能衬托出孩子天真纯洁的气质。如果把红色与白色搭配在一起，一点不会冲淡红色的靓丽，反而会让红色更鲜艳。

3. 有可爱的点缀

一身都是灰色就显得太朴素了，如果点缀一些可爱的小动物或是其他可爱的饰物，就能把孩子天真活泼的气质完全衬托出来。

4. 选择有花色图案的面料

衣服上面的小花图案要漂亮但不扎眼，穿在小女孩身上还能衬托出小女孩的俏皮美丽。

→ 给孩子穿衣服的小技巧

家长给孩子选购和搭配衣服已经是一件很费心费神的事了，选好配好后还有一件很重要的事情就是父母应该如何给孩子穿衣服。孩子年幼娇嫩，又充满活力活泼爱动，生活起居不仅不能自理还会因为不太配合而给父母带来一些小麻烦，因此，

学会如何给孩子穿衣服也是一门很大的学问，在这里就给大家介绍几点家长该如何给孩子穿衣服的小技巧。

先将衣服平放在床上，然后把新生儿平放在衣服上，将他的一只胳膊轻轻地抬起来，先向上再向外侧伸入袖子中，将身子下面的衣服向对侧稍稍拉平，再准备穿另一只袖子，这时抬起另一只胳膊，使肘关节稍稍弯曲，将小手伸向袖子中，并将小手拉出来，再将衣服带子系好就可以了。

也可以先让新生儿躺在床上，家长将手先从衣服的袖口伸到袖子里，从衣服的袖子内口伸出来，另一只手将新生儿的小手抓住并送入大人袖子里的手中，再将小手拉出来，用同样的方法将另一只袖子穿上。在拉小手时要注意动作一定要轻柔、慢慢拉，以免损伤新生儿的手臂。

给孩子穿裤子则比较容易，大人的手从裤脚管中伸入，拉住小脚，将裤子向上提，即可将裤子穿上了。

穿连衣裤时，应该先把连衣裤旁边的口子解开，然后平放在床上，让新生儿躺在衣服上面，先穿裤腿，再用穿上衣的方法将手穿入袖子中，然后扣上所有的纽扣即可，连衣裤较方便，穿着也较舒服，保暖性能也很好，是非常适合孩子的款式。

→ 学会让孩子快乐穿衣

给孩子穿衣时，他经常会不愿意穿，这时候你可以对他说："把小手伸过来让妈妈亲一下。"孩子伸过手来，你就真的亲一下小手，然后趁机把胳膊放入袖子里，夸奖他做得真好，孩子会因此感到高兴，

觉得穿衣服是件快乐的事。

让孩子自助穿衣

很多孩子经常会在家长给他穿衣服的时候闹情绪不配合，这时候你就可以通过让孩子自己选择今天要穿什么衣服来转移孩子选择穿还是不穿的注意力。除此之外，让孩子穿自己喜欢穿的衣服，会让孩子觉得穿衣服是一件自助式的乐事。

家长给孩子穿衣服的时候还应该注意以下两点：

1. 3岁的孩子就应该给他穿满裆裤了，这时期的孩子活动范围大、接触到的环境也很多，小屁屁经常暴露在外容易感染或者患上肠道寄生虫病。

2. 给孩子穿衣袖的时候，可以教会孩子把手握成拳头，这样容易穿过袖子，不致于让小指头被袖子牵绊。

长到3岁左右的孩子，身体的协调性相对好了一点，能够配合家长穿衣服，这个时候就应该培养他自己穿衣服了。如何教孩子穿衣服，这是孩子装扮道路上的最后一仗，家长可要做好思想准备，这可是一场名副其实的"持久战"。

孩子装扮口诀

一、学穿衣，讲步骤

1. 在教孩子学穿衣前，要把各种衣物穿着的难度大致了解一下，由浅入深。大致而言，"脱"比"穿"容易，套头的会比开襟的上衣容易，穿比实际衣着尺码大一点的衣服或鞋袜，也会比较容易练习。

2. 光纸上谈兵是不行的，还得实战演习，将每个步骤联系起来，从"脱"开始，在家长的帮助下一步步完成练习。

3. 每次穿衣行动，都要留下最后一步让孩子独立完成，这样孩子会比较容易获得完成工作的成就感。

二、"布娃娃"，帮忙练

当孩子想试试自己穿衣服的时候，家长可以让他先给布娃娃穿衣服，这样既培养了孩子动手的能力，又能让孩子明白穿衣服的步骤。他每完成一步就要表扬他，并耐心给他一些提示，让他多练习，从简单入手，慢慢来，别指望太快，孩子还小，最终总能学会的。

三、亲示范，快模仿

比较清闲的早晨，妈妈可以和孩子一起起床穿衣服，妈妈可以给孩子做示范，孩子事事都喜欢模仿家长，妈妈一边自己穿衣服一边让孩子模仿自己的动作，不仅能够培养孩子穿衣服的兴趣，让孩子了解穿衣服的顺序，也能让孩子学会快速穿衣服。

四、看一看，分前后

让孩子分辨衣服的前后尤为重要。教孩子穿衣服的时候，可以让孩子观察："你看，小熊在前面。"同时也可以在家里放置一些穿衣服的学习图书，让孩子能从阅读中直观地体会到穿衣服的步骤和讲究。

小贴士：

1. 如果可以的话，在衣服的某些位置做一些明显的记号。这样可以引导孩子正确地掌握衣服的前后方向。

2. 穿内裤和裤子也可以用这种提示方

法。可以在孩子的裤子上，大约肚脐的位置缝上一颗扣子，让他知道裤子的扣子应该要和肚脐一样在前面。

孩子四季穿衣法

一年四季里，孩子对穿衣的要求也不一样。孩子年龄越小，散热越快，因而穿着要求暖和些。夏季天气炎热，不仅要少穿，而且衣料及式样还要通风透气。冬季服装虽然由多层组成，但在室温能保持恒定的情况下，应当分室内服装和室外服装，也就是说室内和室外不能穿一样多，否则容易引起感冒。这个部分主要为大家介绍孩子在应对四季不一样的天气里该怎样正确地穿衣服。

➡ 春季穿衣法

春天是个迷人的季节，有温和的暖阳，有和煦的春风，有冒芽的小树，有嫩绿的小草，还有彩色的小花和盘旋鸣唱的小鸟。在万物复苏的春光里，妈妈们千万不要以为被厚重衣物包裹了整个寒冬的孩子也可

以马上减少衣服了，其实暖暖的春风也是有寒意的，因此，在春天里，孩子们的衣服应该这样穿。

首先，一定要给孩子穿上贴身衣裤。

有的妈妈认为，被汗液或尿液弄湿的内衣，不如不穿，只要穿上很厚服装就可以保暖。殊不知柔软的棉内衣不仅可以吸汗，而且还能让空气保留在皮肤周围，阻断体热丢失，孩子因此不易受凉生病；而不穿贴身棉内衣的孩子由于体表热量丢失得多，身上摸上去总是冰凉凉的，尤其是下半身，很容易感冒。

其次，要给孩子穿一件轻薄的小棉衣。

虽然已经是春天，气温回升很快，但是对于天气的转变孩子还是适应不了那么快，所以，孩子还应穿得稍多一些。而小棉衣既挡风又保暖，还要比多穿几件厚衣服能御寒，孩子穿上也不会嫌热，而且活动灵巧方便。

另外，穿多少衣服才合适呢？

一般说来，6个月以内的孩子因体表面积相对较大散热多，但身体产热能力却不足，所以，寒冷时外出还是应该注意多穿衣。但如果穿得太多，孩子一旦吃奶、活动或者环境温度增高便会出汗不止，这样衣服被汗液湿透，反而容易着凉，同时也降低了身体对外界气温变化的适应能力而使抗病能力下降。判断孩子穿得多少是否合适，可经常摸摸他的小手和小脚，只要不冰凉就说明他的身体的温度适宜。

到了1岁左右的孩子，尿片尿兜还是要准备的，男孩还应准备一些汗衫、T恤、半短裤、长裤；女孩则穿汗衫、稍厚布料的裙装，或是汗衫加T恤。天气较凉时，可以加上漂亮的毛背心，或是西式坎肩，

也可将 T 恤改为薄毛衣等加以调节。妈妈们可以花点心思来帮孩子进行俏皮多变的打扮，这样既能保暖，又能让孩子展现出不一样的活泼可爱。

夏季穿衣法

到了炎热的夏天，随着气温的升高，孩子身上的衣服也应该逐渐减少。为了让家中的孩子过个凉爽舒适的夏季，一些妈妈们认为让孩子穿得越少就越好，而爷爷奶奶们则是怕孩子着凉，依旧将孩子裹得严严实实的，其实这两种做法都不恰当。要让既冷不得又热不起的孩子安度夏天，家长需要掌握好以下孩子穿衣加减法则。

孩子穿衣加减法的总原则：根据环境气候的改变，做到及时加减和局部加减。

一、及时加减原则

夏天的时候早晚温差大，室内外也有一定的温差，这时就需要妈妈们依照温度的变化，及时为孩子添加或减少衣服。如：在炎热的户外，孩子穿着过多会大量出汗，汗水挥发不及时容易引发痱子等皮肤病，这时，不要因为孩子年纪还小，抵抗力弱就担心给孩子减衣服。由于夏季早晚一般比较凉爽，孩子皮肤对温差变化的适应能力较弱，所以，早晚外出时妈妈们要记得替孩子披上一件薄外套，以免孩子着凉。

一般来说，孩子在夏天只要穿着单衣即可，而衣料应该以宽松、柔软、轻薄、透气性强的全棉类为佳。需要注意的是，夏季洗后的衣服经过太阳曝晒会变得僵硬、粗糙，会让孩子穿着不适，尤其是夏天妈妈们可以在洗衣的最后一次漂洗时加入孩子专用的衣物护理剂，能有效理顺衣物纤维，使晾晒过后的衣物保持柔软顺滑。

二、局部加减原则

主要是指妈妈们在给孩子加减衣物时，不必从头到脚整套加减，只需在重要的部位进行加减就可以了。

春夏过渡期，妈妈们还要特别注意，在给孩子减少穿衣量时，要注意循序渐进地减，从长袖减到短袖再减少到无袖，让孩子娇嫩的皮肤有一个适应期，千万不能因为天气过热就把孩子一下子脱光光。另外，因为孩子的皮肤比成人更加敏感，妈妈们在减少孩子整体穿衣量的同时，在一些重要部位反而要给孩子增加衣物。比如，夏季带孩子外出活动时，妈妈们需要为孩子加上一顶宽檐的遮阳帽，罩上一件浅色长袖薄衫，以避免孩子遭受阳光的毒害。孩子在睡觉时腹部容易着凉，妈妈们务必要给孩子盖上毛巾被，把孩子的腹部保护好。在室内尽量不要让孩子光着脚走在地板上，因为孩子的脚心对温度特别敏感，所以即使是在夏天在室内也要给孩子穿上小袜子。夏天让孩子待在空调房中的时间不宜过长，空调的温度应保持在28℃左右，与室内外温差不大于5℃为宜。平时妈妈们可以摸摸孩子的双手和双脚，如果摸上去不凉，就表示孩子的穿着是适度的。

从另一个方面来说，整体而言，夏天孩子的衣服以100%纯棉布料最好，质地为较薄的针织、棉布衣裤，都很适合夏天穿着。到了1岁半，可以不穿尿片、尿兜，但是应准备较多的裤子随时代替尿片，只要裤子被尿湿或弄脏，就要立即更换。男孩子可以穿无袖上衣，配开裆短裤。女孩子可以穿单色配有彩色花边的裙装，或是小花裙也很好看。

当然，还有一点需要注意的就是夏天在不同的地点应该有不同的穿着。

首先，在普通家居的时候，最好是纯棉短衣裤穿着。

家居不开空调冷气，仅用门窗通风，室内温度一般在30℃左右，稍微活动一下会出汗，通常孩子是极少安静的，除非是睡着。穿短裤短袖、短装连体衣等短装打扮，既透气、吸汗又舒适，还很方便孩子活动。

其次，在室内空调环境里，最好给孩子穿真丝衣裙，以免孩子着凉。

夏季冷气空调场所，一般温度维持在18～25℃，短时间停留人体感觉舒适，时间一长会感觉冷，尤其是免疫力较弱的幼小孩子。真丝衣物质地柔软、舒适，具有良好的吸湿性及放湿透气性。在潮湿的环境中，可以吸收潮气，吸收人体排出的汗水和新陈代谢物，带走人体的热量；而在干燥的环境中，吸收了汗水的真丝又能放湿、排汗，非常的透气。在合适的温度下感觉爽滑透气，舒适宜人。

如果孩子是在户外运动，那最好的穿着就是吊带背心配长袖外套加宽边帽。

夏天的阳光特别强，紫外线又强烈，孩子娇嫩的皮肤不适宜直接照射到，在室外温度虽高，但因空气流通，建议穿吊带或背心，外面配长袖敞开穿，既能遮挡阳光，又不至于太热，另外别忘记戴顶宽边软帽。

当孩子在草地玩耍的时候，牛仔衬衫加卡其布的长裤是最好的搭配。

户外的蚊虫荆棘对孩子幼嫩的皮肤是个很大的威胁，在准备郊游之前，厚厚的卡其布牛仔长裤和长袖衬衫是必备的服装，牛仔裤厚实不怕被蚊虫叮咬，席地而坐也不会太脏，长袖衬衫遮阳又防蚊，还美观时尚。

带孩子水边嬉戏的时候，就给孩子准备好泳衣加大浴巾吧。

炎热的夏天，水边永远是人们最爱去的游乐场所，更是孩子的最爱，妈妈们就要花点心思了，提前为孩子准备一套可爱舒适的泳衣，出门之前穿在身上。外面套上平时的衣服，到了目的地，一脱即可。另外，建议带一条大浴巾，既可以在孩子嬉水结束后快速擦干孩子身上的水分，防止着凉，又可以当大围巾保暖，晒阳光浴的时候，还可以撑开来充当遮阳伞。

当孩子要去幼儿园上学的时候，妈妈应该给孩子多带一件衣服。以免气温突降，孩子的保暖工作做得不够，导致孩子生病着凉。

孩子要上幼儿园去了，该给他穿什么衣服呢？妈妈们要注意的是，无论如何打扮，完成之后一定要多带一件，比如穿裙子带长袖衣服，穿长袖带短袖，以应付天气变化和园内气温调节，若保暖工作做得不充足，很容易导致孩子受寒气入侵而着凉生病。

夏天孩子穿着还有几个误区需要家长们特别引起注意。

误区1：夏季给孩子穿白色等浅色衣服最凉快。

纠错：人们总认为在炎热的夏天，穿黑色衣服比白色衣服更热。这是因为，人体的热量可以通过辐射、传导、对流和蒸发的方式向外散发。虽然黑色衣服比白色衣服吸热多，但吸收的热量可以成为衣服内空气对流的动力，就像夏季午后，地面受热容易形成局部对流甚至带来雷阵雨一样，衣服内的空气对流，可以将皮肤表面的汗液和部分热量带走，人体自然感觉凉爽。

误区2：夏天给孩子穿黑色衣服最防晒。

纠错：夏天防晒最好穿红色衣服，再戴一顶遮太阳的帽子就可以保护周全了。这是因为大气中的臭氧每减少1%，照射到地面的紫外线就要增加2%，而皮肤癌的发生率则增加4%左右。太阳七色光谱中红色光波最长，可大量吸收日光中的紫外线。而其他颜色就相对较弱，所以，夏天穿红色衣服可以吸收、过滤掉更多的太阳紫外线，从而减轻紫外线对皮肤的损害。

误区3：夏天剃光头、不带帽子最凉快。

纠错：许多家长都认为光头更凉快，其实孩子一旦剃成光头，就等于失去了遮阳挡物的天然安全屏障，意外伤害、蚊虫叮咬、各种细菌在头皮上的感染机会大大增加。如果细菌侵入孩子头发根部，还会破坏头发毛囊，严重时会影响头发的正常生长。所以，带孩子外出时，最好戴一顶透气性好的遮阳帽，既可以挡住强烈的日光照射，使眼睛、皮肤感到清凉舒适，还能防止中暑。

误区4：夏天穿小背心、吊带裙更凉快。

纠错：最好不要在阳光下穿着很少的衣服。因为孩子的皮肤里用来遮挡紫外线的黑色素细胞发育还不够成熟。外出的时候，孩子如果长时间穿着过于暴露的服装，

可能会使皮肤晒黑、晒伤。另外，如果温度超过35℃，孩子穿得过少，非但不会感到凉快，反而觉得更热，还容易中暑。

→ 秋季穿衣法

秋天到了，又开始慢慢加衣服了，除尿片、尿兜外，基本上和春天相同，要给男孩准备汗衫、T恤、半短裤、长裤，女孩则穿稍厚的裙装，或衬衫配裙子。温度较低时，可套上背心、外套，或是把T恤换为毛衣。

→ 冬季穿衣法

冬天，天气开始变冷，在穿衣的整体要求上，要给孩子穿着柔软、舒适的纯棉内衣、厚质T恤及棉质长裤。如果十分寒冷，可改穿纯棉针织内衣加毛衣。孩子的运动量多于成人，跑跑跳跳比较容易出汗，千万不可以穿得过多，否则，更容易造成孩子感冒。而且要考虑到有暖气的房间与户外的温差，这样才能更好地调节衣物。带孩子到户外游戏时，必须准备手套、帽子、大衣，以防冻伤。为孩子买新衣时，别忘了买一顶温暖舒适的帽子，出门时给他戴上，可以起到保暖的作用，防止刮风后受凉感冒，对减少全身热量的散发也很重要。

冬季孩子外出需要特别注意，以下是孩子冬季外出穿衣要领。

一、保持孩子的袜子干爽

如果袜子潮湿了，袜子纤维中的空气会被水分挤掉，由于空气是一种非常好的隔热体，比水保暖性高20倍，因此，袜

子潮湿时就会使孩子的脚底发凉，反射性地引起呼吸道抵抗力下降而易患上感冒。妈妈要从孩子一生下来就给他穿袜子，在冬天则应选用纯羊毛或纯棉质地，并选择对脚部皮肤有养护作用的袜子。

二、鞋子面料要温暖，大小要合适

如果鞋子买得太大，就会空出一个较大空隙，使得脚上的热量大量散失；反之鞋子如果过小，与袜子的棉絮、纤维绒毛挤压结实，从而就会影响鞋内静止空气的储存量而不能很好地保温。正确做法是鞋子稍稍宽松一些，质地为全棉，穿起来很柔软，这样的话鞋子里就会储存较多的静止空气而具有良好的保暖性。

三、要给孩子头上戴帽子

帽子能够维持人体一部分的体温，因为孩子的体温会由头部散发大概25%的热量。帽子的厚度要随气温降低而加厚，但不要给孩子选用有毛边的帽子，因为它可能会刺激孩子皮肤。此外，不要给患有湿疹的孩子戴毛绒帽子，以免引起皮炎，应该戴软布制作成的帽子。

四、不要经常给孩子戴口罩或用围巾护口

经常这样做会使孩子上呼吸道对冷空气的适应性降低，缺乏对伤风、支气管炎等疾病的抵抗能力。而且，因围巾多是羊毛或其他纤维制品，如果用它来护口，一是会使围巾间隙中的病菌尘埃进入孩子的上呼吸道，二是如果羊毛等纤维吸入体内，可能诱发过敏体质的孩子发生哮喘症，而且还会因围巾厚，堵住孩子的口鼻影响正常的肺部换气。

五、给孩子穿一件轻薄的小棉服

跟春天一样，小棉服既挡风又保暖，要比多穿几件厚衣服还御寒，而且活动灵巧方便。因为小棉服内层与外层中间夹着膨松的棉花，它可以吸收很多空气，由皮肤体温散发的热量先穿透棉服内层，然后渗入中层的棉花中，由多层空气吸收并且围护在皮肤四周，而棉服外层则不易让冷空气入侵，因此，有着良好的保暖作用。而厚外衣没有更多的吸收容纳暖空气的空间，挡风尚还可以，但御寒保暖则就比小棉服差多了。

六、孩子的毛衣要选购儿童专用毛线毛衣

因为孩子肌肤柔软娇嫩，一点点刺激也会引起皮肤过敏，所以在选购时毛衣是最要紧的考虑因素。现今市场上有专为孩子生产的毛线，它所含的羊毛与普通毛线中的羊毛不一样，非常细小，并且很柔软，保暖性又好，十分适合孩子穿着，妈妈还须注意，不要选择含马海毛的毛线，因为它容易脱毛，吸入到孩子气管和肺内会引起疾病。

七、绒衣绒裤不要贴身反穿

绒衣绒裤基本上都是采用起绒针织布制作的，反面柔软、蓬松，保暖性很好，有的妈妈会因此给孩子反穿。然而，如果反面穿着，这些绒毛很快会因汗液和皮脂的缘故，变得黏结、发硬，若是洗涤时再用力搓揉，就会使这种情况更为加重，保暖作用因此而减弱。需要记住的是洗涤时应用双手轻轻去除多余水分，毛面向外晾

晒，晒干后用手轻轻揉一下，就会使毛面保持蓬松柔软状态，切不可用力去揉。

八、孩子穿衣避免太紧

孩子的衣服千万不能穿得过小过紧，也不要用绳子之类的把衣物绑起来。如确实要固定衣物，最好用较粗的绳子轻绑，因为松紧带会影响孩子的正常呼吸，还可能引起胸廓肋骨外翻畸形。此外，包得太紧，限制婴儿活动，不利于运动发育。包裹后手指不能触摸周围的物体，限制婴儿的触觉发展。所以，孩子穿衣服和大人是一样的，只要手暖、脚暖、不出汗，对孩子来讲就是最舒服了。

→ 冬春交替穿衣法

冬春交替季节，气温变化比较大，孩子的适应能力不是很强，自身一时无法调节到很好的状态来应对天气变化，因此，在这个季节，家长就要多为孩子费心，来为孩子仔细谋划冬春交替的穿衣方法了。

在冬春交替的季节，穿衣的第一要点就是"下厚上薄"。

古代的养生家指出，春天穿衣服讲究"下厚上薄"。现代医学研究表明，人体的上部血液循环较下部差一些，所以下部易受到寒冷空气的侵袭。因此，在乍暖还寒的早春二月，应当注重对孩子的下部，尤其是腿脚的保暖，以免感受风寒。

第二要点就是要把握好时机。

春天气候容易多变，在冷空气来临前，妈妈要适当给孩子增添衣物。恰到好处地"捂"，可将感冒、消化不良等病拒之门外。

第三就是要根据气温高低及时加减衣服。

面对时而温暖如春风，时而阴雨绵绵的天气变化，妈妈应及时为孩子加减衣服。当昼夜温差大于8℃时就需要"捂"，为孩子添加衣服，以免受寒。随着气温的回升，不能减衣太快，待气温持续回升后，也要再多捂一段时间，体弱的孩子应持续长一些为妥当，让孩子的身体逐渐得到调节，以适应气候的变化。当气温持续在15℃以上且相对稳定时，就可以不"捂"了。

第四是父母一定要为孩子做到"三暖二凉"。

三暖：一是背暖。背部保持合适的温度有助于孩子体内温度适宜，可预防疾病，减少受凉感冒的机会。二是肚暖。腹部保暖，最好给孩子戴个棉肚兜，既能维护孩子胃肠道的功能，促进对食物的消化吸收，又能防止肚子因受凉而引起的腹痛、腹泻等症状。三是脚暖。脚部皮下脂肪层薄，保温性能差，又远离心脏，血液循环较差。足底的神经末梢非常丰富，对外界寒冷最为敏感。双脚受寒后，就会通过神经反射，引起上呼吸道黏膜的血管收缩，血流量减少，抗病能力下降，易患感染性疾病。因此，注意脚部的保暖，孩子的小脚暖和了，才能保证全身温暖，抵御寒冷，防病保健康。

二凉是指心胸和头部要保持凉快。孩子的热量有25%是经由头上发散的，假如头部捂得太严实，容易引起头晕头昏、烦躁不安。所以，在室内、风和日丽的天气，要保持头微凉，才能使孩子神清气爽。心胸微凉，是指给孩子上身穿的衣服不要过于厚重臃肿，以免胸部受压，影响正常的呼吸与心脏功能。

最后就是脱穿衣服一定要视情况而定。

一般来说春天的早晨天气还比较凉快，但是到中午气温就升高了，这个时候家长不能马上将孩子的衣服脱掉。当孩子玩得满身出汗时，也不要立刻脱衣服，应该用毛巾把胸背上的汗擦干，让孩子安静下来，待汗水完全下去时再脱外衣。

应对温差穿衣法

天气在一年四季的变化，气温也在从早到晚的转变，所以，温差时时都存在。孩子娇嫩柔弱的身体禁受不住自然天气的折腾就容易着凉感冒，此时，家长应该对温差问题引起重视了，应对温差如何给孩子穿衣也变得尤其重要。

一、应对温差衣物准备要点

应对温差首先要做的就是衣物的准备。气温变化较大，就要为孩子多准备一些衣服，多备几件长袖的单衣，以便经常换洗。还应准备几件毛线衣、毛线裤，最好是细的纯毛毛线织成的，以防孩子对腈纶线过敏。外衣可用棉布、绒布、灯芯绒布做成单衣或夹衣。外衣的式样可以是和尚领，也可以是娃娃领长袖开襟的上衣，领子不要太高，以免摩擦到孩子的下颌或颈部，尤其是口水、奶水将领子弄湿后变硬，穿起来很不舒服，会刺激皮肤发红甚至发生糜烂，对流口水多的孩子更不适合。毛线衣也可做外衣，但领口最好低矮一些，或织成斜领，穿时应将外衣或内衣的领子翻在毛线衣的外面，这样孩子会感觉更舒服一些。内衣可以用棉布做成和尚领式样，也可做成小翻领式样，能翻到外衣外面。

二、穿着衣服的厚薄程度应酌情而定

在温差变化很大的季节，衣服的厚薄程度对于孩子来说也是非常重要的。早晨起床时可以先看看天气，再决定给孩子穿什么衣服，假如不是天气突然转变，不要轻易、随意给孩子穿太多衣服，早上多穿一件马甲是不错的选择。可以试着与孩子穿一样厚薄的衣服，静坐时不感到冷，孩子就不会冷，孩子虽然没有大人耐寒，但一般运动较多，即使睡着了也不安静。1岁以内不会走路的孩子相比已经会走会跑的孩子，穿衣要多一些。不活动或活动量少的孩子适量穿多些。

家长可以根据实际的气温变化和感觉以及天气预报，有计划地给孩子增减衣服，以孩子不出汗、手脚不凉为标准。穿得过多，不但会影响孩子自身耐寒锻炼，还会让孩子更容易患上感冒等疾病。正常情况下，孩子的体温一般会比老年人和成年人高，那些不会走路、抱在怀中的孩子能够接受妈妈的体温；大一些的自身活动增多，并不觉得冷。如果活动量很大，穿得太多会使孩子一动就出汗，若不能及时擦干、换上干爽的衣服，更容易着凉生病。

三、在户外别忘带薄外套

家长一定要记得在户外别忘带上孩子的薄外套。家长带孩子一起出门的时候，一定得带上外套和长裤，哪怕只是前往距离特别近的地方，都要经过短暂的户外道路，此时更应该给孩子做好防风保暖的工作。

特别提醒：在孩子的衣着方面，其中最重要的一项就是——帽子。帽子的功能

很多，白天可以遮阳，天凉了可以保暖、保护头皮。保护好孩子的头部，孩子受凉的几率便会大大降低。

如何应对
衣物"顽症"

孩子的健康成长是家长最关心的问题，但是总有一些家长无法解决的衣物顽症在威胁着孩子的健康与安全，让家长尤其担心。在这里就给各位带孩子的家长介绍一下几种常见的衣物顽症的应对方法。

➡ 如何防止衣服产生静电

静电会导致血液中的碱性浓度升高，导致钙质减少，这对于在发育期的孩子实在是个大忌讳。还有，静电吸附的大量尘埃中含有多种病毒、细菌与有害物质，它们会使孩子的皮肤起斑发炎，抵抗力弱的孩子甚至有可能引发气管炎、哮喘和心律失常等疾病。

有些妈妈们为了好清洗、耐穿而购买纯化纤面料的衣物，其实是错误的做法。孩子的衣服尤其是内衣，是贴身穿着的，要选购全棉等天然面料。洗涤的过程中应该适当加入一些衣物护理剂，这样会起到润滑织物纤维，减少它们之间的摩擦，从而减少静电的产生。可能有些细心的妈妈担心用这类洗涤产品是否会刺激孩子的皮肤？其实不用担心，目前，市面上已经有一些专门针对孩子敏感皮肤而研制的衣物护理剂。

➡ 怎样避免孩子的皮肤过敏

学龄前的孩子，皮肤水嫩嫩的吹弹可破，他们的皮肤真皮与纤维组织都相对较薄，角质层还没有发育成熟。花花绿绿的世界对孩子的吸引力太大了，可如此幼嫩的皮肤又怎能抵挡得住衣物的摩擦和干燥的环境呢？

这个年龄阶段的孩子也是最好动的，所以，常常使得衣物的伤害性变得更强。很多人都知道，衣物穿着一段时间后，由于污垢的累积和纤维的老化，衣物将有可能变得刚硬甚至变形。而这种变形对于孩子来说无疑是有影响的。通常孩子的皮肤仅有成人皮肤的1/10厚度，衣物一旦发生变形，其与孩子的摩擦将变得更加频繁，皮肤受损的几率自然大大增加。常见的因为衣物变形而引起的孩子皮肤过敏的症状是瘙痒难忍，更严重的情况则可能出现脱皮或发炎。

质地不一样的衣物洗涤的时候需要有不同的处理方法，例如羊毛织物在30℃以上的水溶液中要收缩变形，故洗涤的温度不宜超过40℃，全棉衣物也需柔顺护理，才能保证持久不变形。对于变硬变僵的衣服，通过添加衣物护理剂会让它们分外柔顺，这是妈妈们值得借鉴的妙招。谨记！要让孩子穿得舒适，而不要让孩子迁就衣物。

怎样处理衣服上的细菌

家长总是希望孩子穿得既漂亮又活泼，特别是那些新妈妈们，特别热衷于为孩子添置新衣，但是，一件衣服买回家之前，你知道它要经过多少人的手吗？

我们一起来算一算吧！制作一件衣服需要经过裁剪、缝制、熨烫、检验、包装、运输等环节，一个流水线下来，衣服经过无数个人的手，也沾上了无数的细菌。对于那些皮肤抵抗能力还相对较差的孩子来说，这些细菌将有极大可能造成皮肤问题，严重的甚至还可能引起腹泻或伤口感染。

常常听到妈妈们说："每次新衣服买回来洗晒过后才穿，可是孩子还是会经常出现皮肤过敏啊、感染啊这些问题，真是很让人着急！"是的，现代妈妈既要工作，又要照顾家人，有时为了图省事，常常会把孩子的衣服和家长的混在一起洗涤。可是你有没有想过，这种不恰当的洗衣方式也有可能让孩子的衣服感染上各种成人衣物上的细菌，而细菌也会通过衣物传染到孩子娇嫩的皮肤上。对于成人来说，一些低过敏性细菌引起的伤害不值得一提，而对于孩子来说，他们自身的免疫系统尚未完善，抵抗力较弱，因此，较容易出现皮肤过敏症状，如红斑、红疹、丘疹、水疱，甚至脱皮等。成人衣物上所沾染的细菌正在成为孩子娇嫩皮肤的最大潜在威胁。

孩子的皮肤娇嫩，所以，他们的衣物应该特殊对待，在这里，专家提醒家长们：

孩子衣物应单独洗护，同时，对于新购买的孩子衣物必须单独洗涤、充分护理后，才能让孩子穿上。

怎样让衣服亮丽如新

孩子的衣服特别容易脏、乱、旧，想要恢复靓丽，就要对付以下 3 个顽症：

1. 衣物经过洗涤后会变得僵硬。这是因为经过洗涤后的衣物，里面的纤维就结在一起了。僵硬的衣物不仅失去了原本的质感，其粗糙的表面与孩子皮肤长时间接触摩擦很容易引起孩子皮肤红肿，对孩子皮肤造成伤害。在最后一遍漂洗孩子衣物时可以添加一些孩子专用的衣物护理剂，例如金纺推出适用于娇嫩及敏感型皮肤的"纯净温和型"护理剂，可以理顺衣物纤维，让其恢复柔软触感。另外，妈妈们还要记得经常把孩子的衣物拿出来晒晒太阳，阳光中的紫外线能起到一定的杀菌作用，而且经过阳光的洗礼，衣服会变得松松软软，孩子穿起来就更加舒适了。

2. 洗完的衣物总是皱巴巴的，理不平整。其实，衣物经过反复穿着、洗涤后难免会显得皱巴巴的，这是因为衣物纤维原本顺滑的排列被打乱，纤维的方向变得杂乱无章。这样的衣服穿在孩子身上，其视觉效果肯定大打折扣。这时妈妈们就需要衣物护理剂的帮助了，因为衣物护理剂能理顺衣物纤维，使其更为平整易于熨烫。孩子们穿上平整服帖的衣服就会显得特别精神。

3. 衣物颜色变旧，没有光泽。妈妈们经常抱怨，刚买的新衣服才洗了几次，颜色就黯淡很多，看上去很旧。这是因为在洗衣时附着在衣物纤维上的颜色被洗掉的缘故。其实只要在洗衣的最后一遍漂洗时添加衣物护理剂就可以有效避免衣服色彩的"流失"了，因为衣物护理剂可以在每根纤维的表面形成一层保护膜，而这层保护膜的作用就是"锁住"衣物原本的色彩。妈妈们就不用再为衣物洗后褪色而犯愁了。

家长们都希望自己的孩子能健康、聪明、漂亮，这是毋庸置疑的，但是并不是所有家长都能用正确的态度来对待孩子打扮这件事，也许有的家长很重视，也许还有一些家长觉得无所谓。不管家长是抱着怎样的态度，孩子还是需要装扮的，现在就给大家介绍家长在孩子打扮方面容易出现的一些误区以及正确处理的方法。

孩子打扮误区主要有以下两个方面，我们分点阐述。

第一，家长对于孩子打扮抱无所谓的态度。

这样的家长们认为社交只是成人间的往来，他们经常将孩子置于一边，不加过问，对孩子的衣着打扮也因此随随便便，不加修饰。其实对于参与社交活动的家长们来说这是一种不礼貌的行为，因为社交场合的衣着打扮本身就是一种礼仪。

另外，这类家长忽视了孩子的独立地位，也是对其自尊心的一种伤害。

第二，家长对孩子过分重视打扮。

比如给孩子烫头发、化妆等，让孩子穿得大红大紫，打扮得像个"小大人"，导致孩子失去了应有的天真稚气。或者将孩子打扮得臃肿不堪，使活泼好动的孩子难以忍受。还有就是视孩子为自己的附属品，穿名牌服装，戴高档首饰，以此作为显示自己财力的一种手段来进行炫耀，滋长了孩子的虚荣心，也影响了孩子与小朋友的交往。

从另一个层面来说，孩子装扮的误区也体现在具体的修饰上，以下情况是家长们需要注意的。

1. 不宜给孩子涂口红

口红是用羊毛脂、蜡质和染料制成的。它能吸附空气中沾有病菌的灰尘，进入体内会使机体致病。口红本身的染料多为酸性曙红，能破坏细胞中的脱氧核糖核酸，从而损害孩子的身体健康。

2. 不宜烫发

孩子的头发不仅细而且柔软，加热后头发的角质受到损伤，使头发变黄变脆失去光泽。烫过的头发不易梳洗，会影响汗液蒸发，易繁殖细菌。

3. 不要戴耳环、耳坠之类的饰品

我们都知道，戴耳环要在耳垂上打孔，

由于耳朵距大脑很近，孩子发育不成熟的脑神经会因打耳孔而受到不良刺激。

4. 不宜穿高跟鞋

小女孩的脚部骨踝还没能发育成熟，太早穿高跟鞋，会使脚骨依着高跟鞋的角度骨化，久了会造成脚痛症和趾骨骨折。女孩的盆骨要到 20 岁左右才能完成组合过程，过早地穿高跟鞋，由于全身重量大部分落在脚掌和脚趾处，造成骨盆侧壁被迫内收，影响婚后分娩。

5. 不宜穿喇叭形的裤子

喇叭裤的臀部包得很紧，会影响身体的血液循环；而喇叭裤的裤脚又肥又长的，会影响行走、奔跑或跳跃等活动。而且绷得太紧的裤裆时常摩擦刺激孩子的生殖器官，以致影响外生殖器生长发育，或感染引起炎症等。

6. 不宜服装成人化

一些家长觉得把孩子装扮得和大人一样就是美，其实恰巧相反。小男孩西装革履，女孩子旗袍、长统靴，或是什么"高领衫""王子裤"等，种类繁多。孩子被打扮成小大人，失去了天真活泼的味道。还有些家长给孩子穿上长袍、马褂，戴上瓜皮帽，后面拖条小辫子，犹如"出土文物"。这种衣着不但影响和限制了孩子的活动，同时影响了孩子的心理健康，而且毫无美感，相反，把孩子的个性给隐藏了。

7. 注意保暖

尤其是春节期间，温度依然很低，而且多变，再加上外出走亲访友的时候比较多，因此，家长为孩子选购春节新衣时仍宜以保暖型为主，不宜太过"洋气"与单薄。

小孩子穿上新衣都会特别高兴，再加上孩子生性好动，就会很容易出汗，这个时候不宜立即脱太多的衣服。家长应准备一块棉质的毛巾，及时为孩子擦干身上的汗渍，否则风一吹很容易感冒。家长要根据气温及孩子的活动情况及时为他们增减衣服。好多家长有这样的经验：不管在屋里还是屋外，只要保持孩子的小手不凉就行了。这条经验可以供家长适应采纳。

最后一点就是对孩子的心理影响了。

随着经济的逐渐发展，人们的生活条件越来越好，加上现在大多数孩子都是独生子女，因此，许多家长为孩子购买新衣时，也多选择一些名牌，这本无可非异。但小家伙们在一起却较起了劲，比谁的衣服牌子高档、谁的衣服价格昂贵。于是，缠着家长要买更好衣服的现象出现了。这可不是好事，它无形中滋长了孩子的攀比心理，不利于孩子的心理健康发展。因此，家长们应做好孩子的教育工作，使孩子从小养成良好的购买新衣的心理状态。

旅游技巧篇

- 如何制订旅游计划
- 旅游常备物品
- 出门前的注意事项
- 旅游过程中应该注意的地方
- 旅行中的健康保健
- 野外险情的预防和处理
- 旅游归来消除疲劳的方法

如何制订旅游计划

旅游计划一般包括旅游费用、时间、方式、交通工具等。

➜ 旅游费用的计算

如何计算出既节约又不影响旅游质量的旅游费用呢？应从费用的几个主要方面，如交通费、景点门票费、食宿费、购物费等来计算。

1. 善用时间差节约

我们都想旅游的实惠有质量，那么首先在时间差上要善于利用。

①淡季出游。一般来说，景点都分淡季和旺季，淡季旅游时，因游人少不仅坐车方便，而且一些宾馆在住宿上也有优惠，折扣上高的可达50%以上。在吃的方面上，饭店也会有不同的优惠。由此可见，淡季旅游比旺季旅游在费用上的支出起码要节省30%以上。

②计划好出游的往返时间，采取提前购往返票的方法。无论坐飞机、火车还是汽车，提前购票都会有一定的优惠。为了揽客一些航空公司已作出提前预订机票可享受优惠的规定，且预定期越长，优惠越大。

③精心计划好玩的地方和所需的时间，尽量把日期排满。

2. 善玩减少支出

出门旅游，一个最主要的目的是玩，同时在玩好的基础上能省钱是最好不过的。那么，如何玩呢？

首先对旅游对象的景区要大致的了解，从中了解这个景区最具特色的地方在哪里，对景点进行必要的筛选，必去的地方是哪几处，对重复建造的景观就不必去了，因为这些景点到处都有。

其次是除旅游景区外，空出一点时间，去闲逛那些不需要花钱买门票，但却能让你玩出好心情的地方，如逛古街、看看城市的风土人情，这些不但能长知识，还能陶冶性情。

➜ 如何选择旅行社

参加旅行社、集体旅游、独自旅游、居家旅游等都是旅游的各种方式，这里就针对选择旅行社方面给大家介绍应注意哪些问题。

首先，旅行社要选择正规旅行社，看清项目再比价格。

旅行社采取的最有效的手段就是价

格，但作为消费者，不能光看价格的高低，还要问清旅行全程包括的服务项目，了解所有的旅游路线、项目及各项费用，同时更要求将这些内容在合同上全部注明，以免引起争议。

其次，选择旅行社一定是手续齐全、管理规范和具有相应资质的。

旅游者在报名时需注意以下几点：

1. 核查组团单位的性质，若在门市部、接待站报名，就要向其总社进行核实。

2. 交完款项后一定要拿盖有旅行社公章的正式发票，切忌收取白条、收据或单独盖有部门公章的票据。

3. 出境旅游，旅游者应选择具有出境业务资格的组团社。因为国际旅行社向旅游局交纳的质量保证金是160万元人民币，而国内社只交10万元人民币。万一出现纠纷就要动用保证金来赔偿消费者，160万元和10万元的差距就很明显了。另外一些境外旅行社驻华联络处（代表处），是非经营性的旅游办事处，它的业务范围只是旅游方面的咨询和联络，选择这样的旅行社，旅游者的权益很难得到保障。

如何选择旅游时间

1. 旅游具有时令性

旅游应"当令"、"应时"、"知情"。许多景物在一年四季表现出不同的美，而有些景点则又有特殊的季节性，它的最好景致只在某一特定季节和时间才呈现出来。

气候作为一种旅游资源，既有其造景性，又有其育景性。因此，旅游季节与气候的选择至关重要。

春季，万物复苏、生机勃勃、诗意盎然，最适合踏青，而这其中以长江中下游地区为最佳去处。现代化大都市上海、古韵浓郁之南京、美妙宜人之西湖及周围景点，都是赏春妙处；浙江一带，绵绵细雨映衬下的竹木花草、亭台楼榭相互交织，韵味十足。

若要体味春之意境，春城昆明、大理苍山洱海、热带植物王国西双版纳、腾冲火山奇观可谓最佳选择。

夏季，炎热逼人，旅游可作为一种积极、健康的避暑方式，在享受大自然凉爽宜人的惬意时，亦可饱览秀丽风光，怡情养性，真是一举多得。夏季，旅游多为山地、滨海及北方地区。巍巍北岳、奇秀黄山、仙峰三清山、人间福地龙虎山等为山地避暑胜地；大连、北戴河、山海关、青岛等是海滨好去处；五大连池、镜泊三绝——长白山的天池、瀑布和森林，也是夏季选择的热点。

秋季，秋高气爽，丹桂飘香，又是一年出游的好时节。北京香山之红叶、一望无际的内蒙古大草原、天府之国四川、山水甲天下的桂林等均为秋季的旅游佳地。

冬季，祖国大部分地区"千里冰封，万里雪飘"。但海南却别是一番天地，包括香港、澳门、台湾等处在热带地区的地方，可作为冬季旅游的首选之地。如若爱雪，也可前往沈阳、长春、哈尔滨等地赏雪、玩雪。

2. 节假日旅游

热门景点，节假日旅游的人多，因而旅游者的吃、住、行、游、购、娱都会受到一定影响，且可能会人满为患影响旅游时的心情，最佳的选择是尽可能避开节假日去热门景点。但事实是难以完全避开的，为此，我们以主要节假日外出旅游为例，介绍应做好哪些方面的旅游准备工作。

①春节旅游地选择

春节期间旅游有很多优势。一来，乘车、住宿都很方便且实惠（一些宾馆想趁春节做红生意会竞相推出优惠，实行打折住宿）。二来，旅游项目丰富且更有意义。一些大景区针对春节旅游市场的不断繁荣，有计划、有组织地举办一些有意义的庆祝活动。如浙江之江雁荡山、大龙秋景区、灵岩景区、灵峰夜景都魅力无限，能给旅游者带来无限美好的回忆。

春节，作为中国的传统节日，其庆祝方式因地而异、因民族而异，人们可以借此机会体味异地他乡过年的滋味。如汉族人可到少数民族聚居地去品味、感受他们的新年气氛，别是一番人生体验。又如去香港，看一看美不胜收的香港岛、繁华的九龙、异彩纷呈的新界及香港的岛屿，感受香港的春节。选择有特色的旅游点，可提高旅游质量。

春节，是一个喜庆、热闹的节日，此时出游提倡随团旅游。随团人多，能时刻体会一种大家庭的温馨和热闹。并且在食宿上还可以得到特别的优惠，相对来讲更经济实惠。因此，春节前到旅行社做好咨询，选择好最佳旅游路线，让全家在旅游中过个幸福开心的春节。

②短期节假日旅游地选择

短期节假日，时间短，最好选择郊游或近程风景点，不然旅游就成了一种受罪，无法享受旅游的乐趣。如天气好的周末，可去郊外野餐或踏青，既可感受自然的气息，又可舒缓一周紧张的心情。同时，也是邀朋聚友的好机会，边侃边赏，何等惬意。

③寒暑假旅游地选择

暑假较为炎热，一般最热为 7 月中旬至 8 月中旬，所以暑假旅游最好避开此时段，且去一些避暑胜地，如雁荡山、大龙秋景区、灵岩景区、灵峰景区、羊洞景区等。

寒假较冷，但并非无处可去。哈尔滨就是一个值得冬天去的好地方，这里尽显冬天的韵味，冰灯、冰雕、太阳岛、松花江、亚布力滑雪场等都是不错的风景。

如何选择交通工具

外出旅游，选择何种交通工具，是旅游前必须规划好的。可以根据旅游的景点和自身的经济情况及时间等来综合考虑。飞机速度快，省时，但费用高，工薪族不能以其为主要交通工具；火车、轮船比较经济，但速度慢，浪费时间，增加疲劳，降低兴致，不过费用少，一般家庭能够承担得起。条件允许，可选择飞机，增强观光效率。若是经济型旅游，可以选择铁路、水路交通为主。

为了出行安全，在这里给大家补充一点旅游必备小常识。以下几类人群不适合坐飞机：

1. 传染性疾病患者。如传染性肝炎、

活动期肺结核、伤寒等传染病患者，在国家规定的隔离期内，不能乘坐飞机，其中水痘病人在损害部位未痊愈时，也是不能乘飞机的。

2. 精神病患者。如癫痫及各种精神病人，因航空气氛容易诱发疾病急性发作，故不宜乘飞机。

3. 心血管疾病患者。因空中轻度缺氧，可能使心血管病人旧病复发或加重病情，特别是心功能不全、心肌缺氧、心肌梗死及严重高血压病人，通常认为不宜乘飞机。

4. 脑血管病人。如脑栓塞、脑出血、脑肿瘤这类病人，由于飞机起降的轰鸣、震动及缺氧等，可使病情加重，禁止乘飞机。

5. 呼吸系统疾病患者。如肺气肿、肺心病等患者，因不适应环境，如果有气胸、肺大泡等，飞行途中可能因气体膨胀而加重病情。

6. 做过胃肠手术的病人，一般在手术10天内不能乘坐飞机；消化道出血病人要在出血停止三周后才能乘飞机。

7. 严重贫血的病人。血红蛋白量水平在50克／升以下者，不宜乘飞机。

8. 耳鼻疾病患者。耳鼻有急性渗出性炎症及近期做过中耳手术的病人，不宜空中旅行。

9. 临近产期的孕妇。由于空中气压的变化，可能致胎儿提早分娩，尤其是妊娠35周后的孕妇，更不宜乘飞机。

背上背包去旅行，是一种释压怡情的好方式。为了让旅行更惬意舒畅，请您在出行前先好好地为自己的旅行制定一个完善的计划。

旅游常备物品

 ## 旅行证件

1. 个人身份证，12岁以下孩子乘坐飞机应携带好户口簿。

2. 夫妻旅行，需带好"结婚证"，同时，车票、机票、信用卡等也务必妥善保管好。

3. 如果有军官证、记者证、学生证等证件，可以带上备用，有些旅游景点可以享受优惠政策。

4. 如果要去边境地区旅行，需提前办好边境通行证。到国外去旅行，还需有护照和签证。

 ## 服装

1. 旅行服装要点：舒适、方便、保暖、透气。

2. 备用两套内、外衣换洗，保持个人清洁，御寒衣物可根据个人体质和旅游区气候酌情携带。

3. 夏、秋季节，我国南北温差不大，

无需带太多衣物；如果到山地旅游则要注意增带御寒衣物；喜欢游泳的游客也可以带上游泳衣、裤。

4．冬季，我国南北温差较大，可根据旅游方位决定所带衣物。

5．棉、羊毛、亚麻衣服不适合旅游携带，易干的衣服便于路上换洗；某些织物可以防潮，在海上划船、漂流时，容易打湿衣服，这些服装可以尽量保证身上既干又保暖。

6．外出旅行免不了需要清洗衣物，如何使衣物快干有妙招：如果不是厚重衣物，只要用宾馆提供的大毛巾紧紧将衣物包裹起来，吸干水分，然后再把衣物挂在通风处，就很容易干了。

→ 鞋袜

1．旅游鞋袜要点：鞋子要合脚，且具有柔软、防滑、结实、高帮等特点；袜子要吸汗、透气性能好。

2．柔软的鞋子走路轻快，可以防止腿脚扭伤和疲劳；防滑的鞋子顾名思义，可以在危险地段起到防滑作用；结实的鞋子能够适应长途旅游的需要；高帮鞋不易进杂物，还可避免鞋口磨脚、掉鞋等麻烦。

3．袜子应以线袜为宜，线袜不仅具有较好的吸汗作用，还可以减少脚与鞋的摩擦。

4．如果要长时间走路，还要带上滑石粉，洒在鞋上，可以使脚避免出汗或长皮疹。

→ 书籍资料

1．要携带好旅游指导书、景点资料介绍书、列车时刻表等交通资料，当然，还可以适当带上些休闲图书。

2．带上签字笔、日记本，在旅行途中及时撰写旅游日记，也是件很有意义的事情。

3．除此之外，还应带上通讯录、名片等，以备不时之需。

→ 照相机、小DV

照相机是很多旅行者旅游必备的物品之一。它可以将沿途的秀丽风景、人文景象、家人或朋友在一起的感动瞬间一一记录下来，不失为旅游的一大乐事。如果条件允许，最好还能带上一个小DV，这样记录的旅程更为生动、更为全面。不过在出行前一定要检查是否携带了存储卡、充电器、专业防护工具等。

→ 背包

旅行离不开背包，背包是最重要的旅游工具。旅行背包要点：方便携带，耐磨实用。

1．结实耐用。长途旅游时，一个人所带必需品的总重约为10kg，有时可能更多。但是一般的背包是不能长时间负荷这样一个重量的，如果背包不结实，在路上一旦有损坏，会因此带来不必要的麻烦。所以，出发前一定要选择一个结实耐用的背包，并且要特别检查一下背带与背包的连接处是否牢固，各个接缝是否有开线的地方。

2．背提两用。背，可使双手处于放松状态，利于行动；提，可使肩膀得到休息，胸部得以放松。这样交替使用，既可减轻负担，又可延长背带的使用期限，如果一方损坏，还可以采用另外一种方法补救。

3．适当容量。背包不要过大，也不能太小，同时还要有一定数目的口袋，能够做到专袋专用，便于查找物品。

4．防水防盗。防水防盗功能也是必不可少的，这样既可以避免被雨淋湿，也能够起到保护物品的作用。

医药包

旅游路上，医药包是必不可少的。出行前，向医生咨询需要准备的药品以及基本的医疗、保健知识。

携带要点：少而精，尽量不要携带水剂药品。

一般需要常备的药品有以下几种：

1．防暑类药物：藿香正气丸、人丹等。

2．肠道感染类药物：黄连素等。

3．解热、镇痛类药物：板蓝根等。

4．抗病毒药物、感冒咳嗽药、晕车药、晕船药。

5．消化系统类常用药：胃舒平、三九胃泰等。

6．呼吸系统类常用药：速效伤风胶囊、复方甘草片等。

7．外伤药：红花油、碘酒、绷带、创可贴等。

8．苏打水、止血棉塞、驱蚊剂等。

9．女性朋友应根据自己所去的旅游地点和自己的身体状况来准备药品。

太阳帽

旅行时，帽子是很好的造型助手，它们能让简单的服装变得丰富起来，让人眼前一亮。在某种程度上，它们还是防晒好手。

常见的遮阳帽有简单的遮阳帽、中性风格的鸭舌帽、乡村草帽、马术帽、网球帽和爵士帽等。

1．简单的遮阳帽

风格特色：能全方位保护你的脸免受紫外线侵害，而且简单舒适。

适合发型：马尾辫

2．中性风格的鸭舌帽

风格特色：焕发出迷人的生机，雅痞的风格结合女性的柔美，这种矛盾的冲突令人着迷。

适合发型：利落短发

3．乡村草帽

风格特色：优雅浪漫、经典纯真、随意个性。

适合发型：编织发辫

4．网球帽

风格特色：动感十足，洒脱率性。

适合发型：马尾辫

→ 围巾

如果将行李整理出来，发现旅行箱还有多余的空位，那么可以带上几种不同质地的围巾，它们绝对是你快速变靓的法宝。

你可以把它们用在肩膀上、脖子上、头上或者腰上，每个部位都可以搭配出极佳的效果。

如果只能带一条围巾，那么可以选择百搭的灰色或是和所带服饰反差较大的大围巾，这样能给人跳跃的感觉。最关键的是，它们还能抵挡住过强的冷气和应付突然变化的气候。

→ 太阳眼镜

在旅行过程中，可能长时间处于太阳的直射下，眼睛肯定会受到侵害，这时，太阳眼镜就必不可少了。

1. 太阳眼镜能防止眼睛被强烈的太阳光灼伤，更主要的是能阻隔紫外线，保护眼睛不被紫外线侵害，一般在镜面或吊牌上有注明防 UVA、UVB 及 CE 等标志的太阳镜才能确保阻隔一定的紫外线，起到保护眼睛的作用。

2. 太阳眼镜还能提升气质、凸显明星范儿。彩色墨镜异常流行，时尚又潮流。但如果你觉得彩色太难驾驭，不妨依旧选择黑色——这是永远不会过时的装扮。

→ 晴雨伞

旅游时难免会遇到不可预测的天气变化，所以，带一把晴雨天都可用的便携式折叠伞是很有必要的。

1. 既可以用来避雨，又能拿来遮阳。

2. 还能作为留影时拍照的巧妙道具。

3. 将伞放在方便拿取的地方，如背包的侧袋、顶袋或主袋顶部。

→ 防晒霜

防晒霜是户外旅行的必备护肤品，能够保护皮肤不被户外强烈的阳光晒黑、晒伤。

出门前的注意事项

→ 巧妙整理行装

1. 整理旅行包时，先放大物品，再放小物品。

2. 重的物品放在旅行包的最底层。

3. 棉质及毛质衣物可以卷成筒状放入旅行包内，节省空间。

4. 容易损坏的物品可用衣物包裹起来。

5. 东西应紧密放置，这样不容易受损。

6. 最后检查所有物品是否带齐。

➜ 安全存放贵重物品

如果全家人都去旅行，家中无人留守，那么就要把家中的贵重物品放在安全的地方或交由信任的人保管。

➜ 托人照看家中动植物

如果全家人都去旅行，家中无人留守，而家中又养有动植物，那么，可将其托付给邻居或亲友代为照看。

➜ 检查家中所有的开关

1. 出门前一定要检查自来水龙头、煤气开关等有没有关好。
2. 检查家中所有的电源插头是否已拔掉。
3. 检查门窗有没有锁好。

➜ 了解出行地点的天气变化

出行前，一定要关注一下要旅行地的天气及变化情况，及时做好应对措施。

户外出行，十招教你看天气：

1. 远山可见，天晴；近山模糊，天雨。因为空气干燥，天气晴朗，远山才看得清楚。
2. 可以很清楚地听到列车的声响，会下雨。因为天气阴沉时，白天与晚上的温差变化小，声音传播的远。
3. 看到猫洗脸，可能会下雨。因为将下雨时，湿度增大，跳蚤在猫的身上活跃起来，猫不得不用前脚洗脸。
4. 青蛙鸣叫不停，会下雨。因为青蛙皮薄，能够清楚地感受到湿度的变化，如果青蛙比平时鸣叫得更激烈，就表示湿度增大，会下雨。
5. 早晨见蜘蛛网上有水滴，天会放晴。因为天气好的时候，白天与晚上的温差会变大，遇到冷空气的水蒸气，就变为小水滴。
6. 鱼跃出水面，会下雨。因为远处天气变坏的信息迅速传到水中，鱼因感受到变化而跳跃起来。
7. 燕子低飞，会下雨。因为天气转坏时，昆虫多靠地面飞行，燕子想吃昆虫，所以低飞。
8. 面临海岸，冬天有雷鸣时，西北季风吹来，会降大雨。
9. 蚯蚓钻出地面，会下雨。因为将下雨，空气中的湿度增加，地面变暖，蚯蚓就会钻出地面来。
10. 霜受到朝阳照射，发出灿烂光彩，会天晴。因为霜的成因是夜晚寒冷，与白天温差大，白天温度高，会天晴。

旅游过程中应该注意的地方

➜ 听从导游的安排

1. 一定要注意听从导游的安排，记住

集合的时间和地点。

2. 认清自己所乘坐的车型、车牌号和颜色。

3. 不要迟到，因迟到造成的后果由个人负责。

→ 防止火灾事故的发生

1. 旅行时，为了防止火灾事故的发生，不要携带易燃、易爆物品。

2. 不要乱扔烟头和火种。

3. 遵守交通运输部门、酒店等有关安全管理规定及各种法律、法规。

→ 从容应对交通事故

1. 旅行时乘坐的车、船在行驶的途中，如果遇到交通事故，要听从导游的安排及指挥，不要慌张。

2. 发生人员伤害时，应尽力自救或施救。

3. 注意保护现场，避免损失扩大。

→ 危险地区结伴而行

旅游时，有时会经过一些危险区域，如陡坡密林、悬崖蹊径、急流深洞等，在这些危险区域，要结伴而行，千万不要独自冒险前往。

→ 尊重民族民俗习惯

我国是一个多民族的国家，许多少数民族有不同的宗教信仰和习俗忌讳。俗话说："入乡随俗。"在进入少数民族聚居区旅游时，要尊重他们的传统习俗和生活中的禁忌，切不可忽视礼俗或由于行动上的不慎而伤害到他们的民族自尊心。

名寺名庙，分布较广，它们是旅游者颇爱光顾游览的地点，但旅游者在游历寺庙时有四忌须牢记心头，以免引起争执和不快。

一忌称呼不当

对寺庙的僧人、道人应尊称为"师"或"法师"；对主持僧人称其为"长老"、"方丈"、"禅师"；喇嘛庙中的僧人应称其"喇嘛"，即"上师"意，忌直称为"和尚"、"出家人"，甚至其他污辱性称呼。

二忌礼节失当

与僧人见面常见的行礼方式为双手合十，微微低头，或单手竖掌于胸前、头略低，忌用握手、拥抱、摸僧人头部等不当之礼节。

三忌谈吐不当

与僧人、道人交谈，不应提及杀戮之辞、婚配之事以及提起食用腥荤之言，以免引起僧人反感。

四忌行为举止失当

游历寺庙时不可大声喧哗、指点议论、妄加嘲讽或随便乱走、乱动寺庙之物，尤禁乱摸乱刻神像，如遇佛事活动应静立默视或悄然离开。同时，也要照看好自己的孩子，以免因孩子无知而做出不礼貌的事。

→ 警惕上当受骗

社会上有一些偷、诈、抢的坏人，因此，"萍水相逢"时，切忌轻易深交，勿泄"机密"，以防上当受骗造成各种损失。

→ 爱护文物古迹

旅游者每到一个地方，都应自觉爱护文物古迹和景区的花草树木，不在景区、古迹上乱刻乱涂。

→ 防人之心不可无

自助旅行者要注意，不要轻信他人，也不要轻易与陌生人结伴。所谓防人之心不可无，出门在外，当以安全为主。言行切忌招摇，以免引人注意，发生不测。

→ 严防误食中毒

不要随意采食野果和菌类，以防误食中毒。

→ 严防高山反应

在高海拔地区旅行，要注意的是不宜进行剧烈运动，不可急速行走，不能跑步，更不宜做体力劳动。饮食方面，少饮酒，多食蔬果，以防发生高山反应。

→ 严防中暑

户外旅行时，在阳光强烈的情况下，要注意做好防晒措施，以防中暑。

夏季气温高，排汗多，外出旅游最易中暑。那么，夏季外出旅游时，怎样才能有效预防中暑呢？

→ 预防中暑小常识

1. 穿浅色衣服：夏季外出旅游时，应穿浅色衣服，如白色或素色。因为浅色衣服吸热慢、散热快，穿着凉爽，不易中暑。

2. 戴隔热草帽：草帽的原料一般为空心，能起到隔热的作用，另外，草帽对阳光还有一定的遮射作用。因此，夏季外出旅游最好戴一顶草帽。

3. 中午要休息：夏季外出旅游时，出发时间可以早些，到了中午就休息，下午三四点钟以后再进行旅游活动。

4. 多喝盐开水：夏季炎热，高温下，人体出汗过多，体内盐分减少，体内的渗透压失去平稳，从而出现中暑。多喝些开水或盐茶水，可以补充体内失掉的盐分，从而起到防暑的作用。

5. 带防暑药物：旅行途中，有时会遇到多变的天气。忽冷忽热的气温最易引起感冒，闷热的天气最易出现中暑。因此，夏季外出旅游时应带好防暑药物，如人丹、清凉油、万金油、风油精、十滴水、薄荷绽、霍香正气水等。

6. 带维生素营养药品：外出旅行时，因为日程紧张、旅途劳累而无法保证饮食质量，使人体缺少维生素，皮肤变得干燥、浮肿、暗淡无光，由此导致缺水而引起的中暑。因此旅行时，随身携带一些维生素营养药品，随时随地补充维生素，是防止中暑的好方法。

7. 带爽身粉和风油精等。爽身粉和风油精除了有芳香气味外，还有杀菌、消毒的作用。夏季天气炎热，旅行时极易出汗，可常洗温水澡，洗浴后将爽身粉扑打在多汗部位，可使皮肤舒适、凉爽；登山野营、风餐露宿，难免要忍受蚊虫叮咬的痛苦，将风油精搽在蚊虫叮咬处，能起到杀菌、消毒、止痒、消肿的作用，同时，还能抗旱、防脱水。

夏季旅游时不宜食用的食物

1. 鲜花：夏季鲜花盛开，千万不要认为鲜花都是可以用来泡茶或酿酒的，因此贪食不了解的花。如夹竹桃的花果里含有多种糖甙毒素；花叶万年青的花和叶中含有草酸、天门冬毒素，食用以后都会出现不同程度的中毒反应。

2. 韭菜：韭菜馅的饺子很多人都爱吃，但是韭菜的有机磷农药残留量在最近的国家抽检中相对较高，有机磷农药大量进入人体后，会引起神经功能紊乱，中毒者出现多汗、语言失常等症状。所以，食用韭菜前，一定要先用淡盐水浸泡半天以上。

3. 蚕豆：初夏，新蚕豆陆续上市，家族里有蚕豆病史特别是三岁以下的男童，一定要禁止食用新鲜蚕豆。一旦误食，如果出现黄疸显著和血红蛋白尿等症状，即为急性溶血性疾病，应立即向医生求助。

4. 腌酱菜：腌酱菜是很多家庭钟爱的食物，但这些小菜在制作过程中，普遍使用苯甲酸和山梨酸等人工合成防腐剂，如果食用了指标超过国家标准的腌酱菜，将对人体造成极大的伤害。千万注意，一定不要购买无照摊贩的食品。

照看好老人和孩子

如果是与老人和小孩一起出游，那么，年轻的旅行者一定要注意，要时刻照看好老人和小孩。

住宿地方的选择

1. 选择高档旅馆的低档床位，切勿选择低档旅馆的高档床位。

一般来说，由于建筑布局的原因，高档旅馆总有一些条件其实并不差的低档床位，其价格可能还低于普通招待所的床位。但由于高档旅馆整体服务设施齐全，餐厅、浴室、舞厅等对全体旅客开放，环境比较好，因而能以较低的价格享受到高档的服务。相反，低档旅馆整体设施差，有些甚至连餐厅和浴室都不具备，所以即使住高档床位，也会为环境嘈杂、生活不便而烦恼不已。

2. 选择旅游景区相对集中的城郊旅

馆，切勿住车站、码头附近的旅馆。

有些旅客从上下车、船方便着眼，认为住车站、码头附近出行更方便一些，殊不知有很多的坏处。一是价高：这些旅馆往往比同级旅馆高出 20%～30%；二是环境嘈杂：24 小时都有旅客进进出出，窗外车、船鸣叫，走廊人声喧哗，使人无法休息。而在景区相对集中的郊区旅馆，环境既安静又优美，游玩也方便，还可以省去一些路费。如果经济条件许可的话，可以去住宾馆、饭店。宾馆、饭店条件好，服务周到，房价也比较公道，可以尽情享受。

3. 无论住处好坏，先只付一天房费。

如果要续住，第二日 12 时之前再付一天的房费，不要怕麻烦。这样，不论计划有变，还是见"好"思迁，都不会有损失。

➡ 购物的注意事项

外出旅行，总要买些地方特产或纪念品，体验一下异地的消费情趣，是游人的普遍心理。怎样在旅途中购物，也是一门学问。

一、以地方特色作取舍

买有地方特色的商品，这些商品不仅正宗、有纪念意义，而且还有价格优势。如杭州的龙井、海南的椰子、云南的民族服饰、西藏的哈达等，购买后留作纪念或送给亲朋好友，都称得上是一件快事。

二、以小型轻便为首选

有些有地方特色的商品，体积庞大，而且十分笨重，不适宜随身携带，不宜购买。旅途中，游山玩水、乘车坐船并不轻松，行李越少越好。有些物品还可能易碎，稍不小心就会中途摔坏，因此不必为此花冤枉钱。

三、切忌贪便宜

在一些风景区，经常有人兜售假冒伪劣商品，如珍珠、瓷器、茶叶、药材等，游客可要禁得住价格和叫卖的诱惑。有时自以为捡了便宜，回来后经过一番鉴别，大呼上当者也不在少数。而且，退货的可能性几乎为零，游客只有自认倒霉的份了。

四、相信自己的判断

现在的旅游市场虽然经过净化，但是，还是有不少的导游想尽办法把旅游团带到给回扣的商店，任意延长购物时间，乐此不疲地为游客介绍、选购物品，其实这一系列的安排是一个大陷阱。在异地购物一定不要盲目轻信别人，切忌冲动从众，而要相信自己的判断，管住自己的钱袋，学会自我保护，做个成熟的旅游者和消费者。

旅行中的健康保健

→ 如何应对旅行中的急症

在旅途中，经常会遭遇到一些紧急的状况，比如昏厥、扭伤、疼痛等。面对这些突发状况，我们该如何应付呢？

1. 昏厥晕倒

遇到突然昏厥的患者，一定不要随意搬动患者，首先观察其心跳和呼吸是否正常。如心跳、呼吸正常者，可轻拍患者并大声呼唤使其清醒。如无反应则说明情况比较复杂，应使患者头部偏向一侧并稍放低，取后仰头姿势，然后，采取人工呼吸和心脏按摩的方法进行急救。

2. 关节扭伤

马上用冷水或冰块冷敷 15 分钟，千万不要搓揉按摩，然后，用绷带或手帕扎紧扭伤部位，也可用活血、散瘀、消肿的中药外敷包扎，争取及早康复。

3. 心源性哮喘的急性发作

旅途中的奔波劳累，常常会引发或加重心源性哮喘的突然发作。如果发病，病人首先应采取半卧位，并用布带轮流扎紧患者四肢中的三肢，每隔五分钟一次，可减少进入心脏的血流量，减轻心脏的负担。

4. 心绞痛

有心绞痛病史的患者，外出游玩之前，应准备好急救药品。如发生心绞痛后，切忌不要慌张，首先应让其坐起来，不可搬动，并迅速给予硝酸甘油含于舌下，同时服用麝香保心丸或苏冰滴丸等药物，以缓解病情。

5. 急性胆绞痛

在旅游途中，人们常常会尝试一下当地的小吃，往往容易摄入过多的高脂肪和高蛋白饮食，容易诱发急性胆绞痛疾病。发病时首先应让患者静卧于床，迅速用热水袋在患者的右上腹热敷，也可用拇指压迫刺激足三里穴位，以缓解疼痛。

6. 胰腺炎发病

有些人在旅游过程中，看到路边的美食就忍不住，喜欢不停的尝试，走到哪里就吃到哪里，暴饮暴食而诱发胰腺炎。发病后，应严格禁止饮水和饮食。然后，用拇指或食指压迫足三里、合谷等穴位以缓解疼痛减轻病情并及时送医院救治。

7. 皮肤过敏

如果身上出现红疹并伴有瘙痒，应该

立刻停止旅游，擦拭随身携带的抗过敏药物，待皮肤康复后再继续旅行。

8. 食物中毒

旅行过程中，随身携带的食物可能会因为天气炎热而变质，不小心吃下去会造成腹痛、腹泻，这时候应该喝些盐水，也可以马上采取催吐的方法将食物吐出来。

➡ 预防旅途过程中上火

在旅行途中，经常会因为诸多的原因而引发上火的情况，嘴里可能会长一些泡泡，还疼得厉害。为了不让上火的焦虑影响到你的旅途心情，你可以随身带一些洗净的水果，在旅行饮食中不合口的时候拿出来吃，以防上火和便秘。

还应该注意：

1. 饮食品种要以松软稀酥、易于消化和吸收的食品为主。

2. 多摄入水分，以补充机体上火发热时水分的丧失，并可促进新陈代谢，生津利尿，加速毒素的排泄和热量的散发。

3. 不吃辛辣燥热的食品，如辣椒、干姜、生蒜、胡椒、浓茶、烟草、烈酒、咖啡、大葱等，以免生热助火、灼伤津液、加重病情。

4. 食用寒凉清热食物，如绿豆、茄子、冬瓜、丝瓜、苦瓜等。

➡ 预防和应对脚部磨出水泡

袜子能够减少摩擦，如果怕走太多路

而脚起泡，可以试试多穿一双袜子。袜子最好不要选用纯棉质制品，纯棉的袜子比尼龙的更容易形成血泡。袜子的质料以合成纤维为佳，这类质料比羊毛或棉制品更能保持脚部的干爽，从而降低起水泡的机会。要记住，徒步走长线切不可不穿袜子。使用滑石粉、痱子粉或防汗喷雾剂，也可在脚上薄薄地涂上一层凡士林等，这些东西都有助于保持脚部的干爽，减少摩擦，起到防止起水泡的作用。

一旦脚上起了水泡，千万不要弄破它，弄破不但会使疼痛加重，而且易感染。重要的是降低其引发的痛楚，避免患处的面积扩大及预防感染。在这里介绍一种处置方式：在创可贴的中央剪出一个和水泡大小及形状相同的洞，套贴在水泡上，如此垫平水泡四周，然后再在水泡及剪孔的创可贴面上再封上一层创可贴，这样就能让水泡不再受摩擦了。

如果水泡实在是太大了，痛楚令你无法忍受，那就把积聚于患处的液体排出来，以缓解水泡所构成的压力。标准的做法是：首先用消毒酒精洗净患处，再用一根烧红后冷却的钢针在水泡的边缘位置刺一小孔，轻轻把水泡内的液体挤出。然后涂上消毒药水或软膏。最后用胶布或敷料把伤口遮盖起来。要注意的是，切忌剪去泡皮。

要是水泡不小心弄破了，形成了创伤，那就要进行消毒、包扎，并垫上清洁的软布。时间长了水泡中的液体会被肌肤慢慢吸干。大部分的水泡会在 1 ~ 2 星期内被完全吸收。新的皮肤长出后，旧的皮肤会自动脱落。一般无需特别的护理就能自行痊愈。

如何消除旅行中的疲劳感

旅途中，由于运动量比较大，常常容易疲劳，对于消除疲劳，以下一些做法还是颇有效果的。

1. 颈部伸展坐姿，双手抱头，两肘内颊夹，稍用力下压使颈部前屈，然后颈部用力尽量后仰，做8次，每次静止1～2秒。

2. 肩部伸展坐姿，十指交叉上举，掌心朝上，然后由慢到快用力后振10次。

3. 胸背伸展坐姿，两臂屈肘前平举含胸低头，然后两臂向侧后平行伸展，抬头挺胸，做10次。

4. 体侧伸展坐姿，一手插腰，另一手臂伸直上举，上体稍侧屈，手臂用力向侧上方伸展5次，然后换另侧做，每次静止1～2秒。

5. 腰腹伸展坐姿，两手抱头，体前屈，然后上体后仰，肘关节外展，尽量把身体伸直，保持3～4秒，慢速做5次。

6. 腿部伸展坐姿，双腿屈膝置于胸前，然后两腿同时伸直，脚尖前伸10次，每次静止1～2秒。

旅行中睡眠的忌讳

1. 忌仰卧

仰卧时，舌根部往后坠会影响呼吸，也容易打鼾，如果把手放置在胸前会压迫心肺，导致噩梦。最理想的睡姿是右侧屈膝而卧，此方法可使全身肌肉松弛，血流增多，呼吸通畅。

2. 忌睡前思绪万千

睡前不要想太多烦心的事，否则会导致失眠。睡前可以听听轻音乐、看看报纸杂志之类的。

3. 忌饮酒饱食

睡之前不要吃得太饱，以免肠胃撑胀，难以消化，这样会影响睡眠质量。人在睡着的时候，血液流动比较缓慢，如果摄入高脂肪、高胆固醇食物过多，容易发生动脉硬化、高血压、冠心病和肥胖症。

最好在睡前先散散步，俗话说"饭后百步走，活到九十九。"在旅行中要养成良好的生活和饮食习性。

4. 忌交谈

睡觉之前进行交谈，会使人的思维处于兴奋状态，大脑得不到安宁，就会入睡困难，导致失眠。

5. 忌开灯睡觉

如果睡觉的时候开着灯，人面对着强烈的灯光不仅会影响入睡，严重的还能导致入睡不深，易醒、做梦。

6. 忌蒙头睡

空气不易流通，这样会使人吸入大量二氧化碳，甚至发生呼吸困难和窒息。

7. 忌迎风睡

人在睡觉的过程中不能长时间对着电风扇吹，因为人在睡眠时，不仅生理机能较低，而且抵抗力也较弱，容易生病。

8. 忌张口呼吸

张着嘴呼吸，空气没有经过鼻腔的"过滤"处理，有污物的气体和冷空气会直接刺激咽喉，容易引起咳嗽、发生感染。

→ 旅行中的饮食讲究

在旅游途中，一定要吃好、吃干净。可着重注意以下方面：

1. 不要过多地改变自己的饮食习惯，平时怎样吃，在旅途中也怎样吃，而且要注意荤素搭配，多吃水果。

2. 来到风景圣地，当地的名吃是一定会去品尝的，但是要注意，稍做品尝即可，不可贪食，注意消化能力。

3. 各地的风味小吃都不一样，特产瓜果也各有特色，大家吃的时候不要忘记考虑是否会有水土不服的问题。

4. 海边吃海鲜应注意：

①为了减少因为吃海鲜而引发的食物中毒情况，在选购时应尽量选择活的，死物最好不要买来吃。有甲壳的海鲜，在烹调前要用清水将其外壳刷洗干净。贝壳类海鲜烹煮前，在淡盐水中浸约1小时，让它自动吐出泥沙。浸泡时间不宜过长。

②海鲜生吃，先冷冻再浇点儿淡盐水。对肠道免疫功能差的人来说，生吃海鲜具有潜在的致命危害。您可以将牡蛎等先放在冰上，再浇上一些淡盐水，能有效杀死这种细菌，这样生吃起来就更安全。

③海鲜不宜下啤酒。食用海鲜时最好不要饮用大量啤酒，否则会产生过多的尿酸，从而引发痛风。吃海鲜应配以干白葡萄酒，因为其中的果酸具有杀菌和去腥的作用。

④海鲜忌与某些水果同吃。海鲜中的鱼、虾、藻类等都含有比较丰富的蛋白质和钙等营养物质。如果把它们与含有鞣酸的水果，如葡萄、石榴、山楂、柿子等同食，不仅会降低蛋白质的营养价值，而且鞣酸还会刺激肠胃，会引起人体不适，出现呕吐、头晕、恶心和腹痛、腹泻等症状。所以，海鲜大餐之后最好不要马上吃水果。海鲜与这些水果同吃，至少应间隔2小时。

⑤关节炎患者少吃海鲜。因海参、海带、海菜等含有较多的尿酸，被人体吸收后会在关节中形成尿酸结晶，使关节炎症状加重。

⑥吃海鲜后，1小时内不要食用冷饮、西瓜等食品，且不要马上去游泳。

5. 忌饱餐后乘车

由于途中疲劳或汽油味的刺激容易发生晕车。轻者出现恶心、不适，重者眩晕、呕吐、腹痛。因此，旅游乘车前不宜吃得过饱，但也不宜空腹，最好吃一些宜消化的清淡食物。

6. 喝水有讲究

一是外出旅游，要喝适量的淡盐水。人在旅途中运动后，容易出汗，人体大量排汗时，汗液带走了不少无机盐，如钠、钾、镁等，因此，在旅途中喝一些淡盐水，十分有必要。1克盐加500毫升水可补充机体需要，同时也可防电解质紊乱。

二是在旅途中喝水要次多、量少，旅途口渴不能一次猛喝，应分多次喝水，每小时喝水不能超过1升，每次以100～150毫升为宜，间隔1小时。

三是饮水的温度。夏日旅游，人体的体温通常较高，大量吃冷饮容易引起消化系统疾病，因为此时肠胃由于血液循环加快，肠胃相对缺血。不要喝5℃以下的饮料，喝10℃左右的凉开水最好，可达到降温解渴的目的。

四是适量补充糖水也很重要，由于在旅途中，跋山涉水等剧烈运动会消耗大量的热量，体内贮存的糖量无法满足运动的需要。因此，参加大运动量和过长时间的运动时，适当喝些糖水，以及时补充体内能量消耗。

五是外出旅游途中，切记不要喝生水，以免感染疾病。

旅行过程中注意补充营养

旅行过程中，会有一些剧烈的运动使你汗流浃背，很多矿物质会随着汗水丢失，主要是钾和钠，身体中存储着大量的钠，而且钠也很容易从食物中得到补充。钾元素在体内含量比较少，运动后可以选择如香蕉、橘子等含有丰富钾元素的食品进行补充。

锌是另一个可以从汗液和尿液当中流失的元素，锌对于健康非常重要，身体内需要保证有足够的锌。牡蛎、牛奶、羊肉等食物含有较多的锌，也可服用含有锌的复合维生素片来补充锌。

铬能够促使身体消耗脂肪，协助身体调节血糖，充足的铬能够提高人的锻炼效果。食物中含有较多铬元素的包括葡萄、蘑菇、花椰菜、苹果、花生等。如果不能进食足够的富含铬的食物，则需要通过铬胶囊来补充铬。

运动需要消耗大量的能量，维生素B_2可以帮助人体利用从食物中得来的能量，可通过牛奶、绿色蔬菜、牛肉等食品来补充维生素B_2，当然也可以用复合维生素片来补充维生素B_2。

旅游时泡温泉的注意事项

1. 不要泡得过急，不要从水温太烫的池开始，要从水温较温和的池水开始浸泡。

2. 不要泡得过热过久，即不要在烫身的池水中每次浸泡时间超过10分钟，要及时让身体上胸露出水面或离水休息。

3. 不要泡得过深，即不要在过胸的水位每次浸泡时间超过10分钟，要在较温和的池水中及时交替浸泡或身体及时露出水面歇息后再浸泡。

4. 温泉温度高，浸泡后会有出汗、口干、胸闷等不适感，这是血液循环过快的正常反应。此时调换凉水浸泡或出水静养稍许，并多喝水即可舒缓。

5. 患有心脏病、高血压者应约伴一同浸泡，如有不适应立即出水静养。

6. 饥饿时不可浸泡，空腹易致疲劳，须饭后小睡或稍休息再行浸泡。

7. 酒后须熟睡养息后才能浸泡，否则沐浴刺激血行，致使体力消耗殆尽，恐生意外。

8. 长途跋涉疲劳过度，不可骤然入温泉，须稍事休息，待体力恢复后再行浸泡。

➡ 高原旅行的注意事项

1. 对进入高原者，应进行严格全面的体格检查。凡有明显心、肝、肺、肾等内脏器质性病变、严重高血压患者，均不宜进藏。

2. 年龄超过 40 岁、身体较胖者或体弱者亦不宜去。因过度肥胖会加重高原缺氧反应，且易激发高原心脏病等。

3. 若患有重感冒等，最好在平原地区医治好再进藏，否则会使高山反应加重，甚至诱发肺水肿等。

4. 初去高原者，最好是夏秋季进藏，可使高山反应相对减少，而冬季的寒冷可加重机体的缺氧。最好是乘坐汽车进藏，以逐步适应。

5. 初到高原或间隔时间进入高原后，在最初几天内，尽管避免剧烈的运动和活动，少跑跳，应适当卧床休息。

6. 高山气候即使是夏季也是早晚凉、中午热，因此保暖问题就很重要。秋季应带毛衣、毛裤、棉衣，冬季应穿皮大衣、毛皮靴等，预防感冒和上呼吸道感染。

7. 初入高原者应多吃米食。尤其是加糖的甜粥可抑制恶心、呕吐，供给酸性饮料可利于纠正碱中毒、补充能量和水分，

因气候干燥，机体对水分的需求十分迫切，可经常饮些茶水或原汁饮料。每次可饮 1 ~ 2 口，多饮几次。酥油茶可有效抵御高山恶劣气候，还应多吃蔬菜、水果、瘦肉、巧克力糖等富含维生素、蛋白质和高热能的食物。

8. 旅游者还应准备防风沙和日光的墨镜。高原太阳直射，紫外线非常强烈，对视神经可造成不同程度的损害，也可防"雪盲"。

9. 患高原适应不全症者，睡眠应采用半卧位，以减少右心的静脉回流和肺毛细血管充血。若觉心肺不适最好先吸氧，预备氧气袋在身边，高山反应夜间加重，可预备些强心、利尿、扩张血管的药，还可准备一些安眠、止疼、晕车类药等，最好是中药。

10. 组团旅游必须配备熟悉高原病症的医护人员，并应准备抢救措施。医护人员的身体亦应健康。

➡ 秋季登山注意事项

1. 先了解好登山旅游路线，计划好休息和进餐地点，最好有熟人带路，防止盲目地在山中乱闯。

2. 对山上的气候特点应有所了解，争取在登山前得到可靠的天气预报。带好必须的衣物以备早晚御寒，防止感冒。登山以穿旅游鞋为宜。

3. 休息时不要坐在潮湿的地上和风口处，出汗时可稍松衣领，不要脱衣摘帽，以防伤风受寒。进餐时应在背风处，先休

息一会儿再进餐。

4.登山时思想要沉着，动作要缓慢，尤其是老年人和体弱的人更要注意这一点，走半小时就休息10分钟，避免过度疲劳。

5.旅游登山，不是为了竞争，只是为了游乐。旅游攀登，要不计速度，只求逍遥。或沿石级扶梯，或寻林阴小路，缓慢而行，观风景，览古迹，边谈边游，妙趣横生。

6.要尽量少带行李，轻装前进。对于老年人来说，应带手杖，这样既省体力，又有利于安全。行路要稳，时刻留神脚下。在爬山时要注意力集中，并注意脚下石头是否活动，以免踏空。在陡坡行走时，最好采取"之"字形路线攀登，这样可减低坡度。

7.在山中遇到雷雨，不要到山顶或高树下躲避，以防雷击伤人；也不要在山沟低洼处躲避，以防山洪伤人。最好在山腰洞穴中避雨。

8.下山不要走得太快，更不能奔跑，这样会使膝盖和腿部肌肉感受过重的张力，而使膝关节受伤或肌肉拉伤。

9.在登山时，还要时时预防腰腿扭伤，因此，在每次休息时，都要按摩腰腿部肌肉，防止肌肉僵硬。

➜ 露营注意事项

1.应尽量在坚硬、平坦的地上搭帐篷，不要在河岸和干涸的河床上扎营。

2.帐篷的入口要背风，帐篷要远离有滚石的山坡。

3.为避免下雨时帐篷被淹，应在篷顶边线正下方挖一条排水沟。

4.帐篷四角要用大石头压住。

5.帐篷内应保持空气流通，在帐篷内做饭要防止着火。

6.晚间临睡前要检查火是否熄灭，帐篷是否固定结实。

➜ 潜水注意事项

1.下水时水温一般都会低于体温，可能会患感冒。下水之前先做淋浴，能使身体适应水温。如果你睡眠不足，身体过于疲劳或情绪激动，都不适宜潜水。

2.恶心、呕吐：鼻子呛进脏水就会这样。赶快上岸，用手指压中脘、内关穴，如果有仁丹，也可以含上一粒。为预防肠炎，还可吃几瓣生蒜。

3.皮肤发痒、出疹：主要因皮肤过敏所致。立即上岸，服一片息斯敏或扑尔敏，很快就会好转。

4.头痛：原因很多，可能是呛水或身体寒冷、慢性鼻炎、暂时性脑血管痉挛而引起供血不足。这时应迅速上岸，用大拇指在头顶百会、太阳及列缺穴按揉，然后用热毛巾敷头，再喝一杯热开水，即可好转。

5.腹痛腹胀：潜水产生腹痛腹胀一般是因为刚吃过饭或者是空腹。这时应上岸仰卧，用拇指尖点压中脘、上脘或足三里，同时口服3～5毫升水，并用热手巾敷腹部。

6. 头晕脑涨：主要原因是因为潜水的时间太长，人体的血液聚集于下肢，脑部缺血，机体能量消耗较大，身体过度疲劳。立即上岸休息，全身保温，并适当喝些淡糖盐水。

7. 眼睛痒痛：可能是由于水不干净而引起的。上岸后可以马上用淡盐水冲洗眼睛，然后用氯霉素或红霉素眼药水点眼，临睡前最好再做一下热敷。

8. 抽筋：例如水太凉或待在水里时间太长，还有个人心理紧张，都有可能引起抽筋。所以，下水前的准备活动应当充分，在水里时间别太长。一旦出现抽筋，千万不要慌乱。比如脚趾抽筋，就马上将腿屈起，用力将足趾拉开、扳直；小腿抽筋，先吸足一口气，仰卧在水面，用手扳住足趾，并使小腿用力向前伸蹬，让收缩的肌肉伸展和松弛；手指抽筋时，手握成拳头，然后用力张开，如此反复，即可解脱。

9. 耳痛、耳鸣：引发的原因有可能是耳朵灌水或鼻子呛水，只要把水排出来就好了，排水方法有：①将头歪向耳朵进水的一侧，用力拉住耳垂，用同侧腿进行单足跳；②手心对准耳道，用手把耳朵堵严压紧，左耳进水就把头歪向左边，然后迅速将手拔开，水即会被吸出；③用消毒棉签送入耳道内将水吸出。

➡ 其他要注意的健康细节

1. 经常用肥皂水洗手。

2. 尽量喝包装水、煮开的水或是碳酸饮料，避免生饮自来水或添加冰块。

3. 食物要煮熟、煮开、剥皮，否则就不要吃。

4. 适当使用驱虫剂，并尽量在黎明和黄昏时穿长衫长裤。

5. 不要赤脚行走。

6. 放置过久的食物不应再吃，选择卫生品质良好的餐馆。

7. 购买商店的饮料时应注意看封口是否完好，瓶子是否干净。

8. 买东西要注意有效日期、内容是否完整、商标是否清楚，避免食入过期及不明之物。

9. 食用或选购摊贩食物应注意其卫生情况，不要因小失大。

10. 若有不适应尽快通知领队，及时看医生。

➡ 旅途中如何美容

在旅游的时候，因为饮食不规律、身体也很疲倦，再加上风吹日晒，人的皮肤尤其是面部皮肤容易遭受侵袭损坏，影响美容和健康，因此，在旅途中特别需要美容。

1. 旅途中巧打扮

早晨起床后，可以先用温水把脸上的油脂污物洗去（在水中可加入少许盐），再用冷水洗脸，可增加皮肤的弹性，洗后进行化妆，如搽点护肤霜、涂点口红、洒点香水，不过要以淡妆为佳，不宜浓妆。

2. 巧用常见的蔬菜水果美容

可就地取材，选用最常见的西红柿、胡萝卜、黄瓜等新鲜蔬菜，或者选用柠檬、香蕉、梨子等水果，切成片状或糊状，贴在脸部、颈部，片刻后取下，稍加按摩，使皮肤吸收有益的营养物质。

3. 旅游途中多喝水

多喝水可补充面部皮肤由于缺水而失去的水分，因此在旅途中要记得多喝水，是美容必不可少的保障（最好是盐水或糖水）。

4. 多吃水果益皮肤

水果中富含多种矿物质和维生素群，可通过有机体的生化作用，为皮肤的美容提供丰富的营养。

5. 不忘记用山泉水洗脸

旅游途中常常会到有山泉的地方去，千万记住要多用山泉水洗脸。山泉水不仅污染少，而且含有多种矿物质，对皮肤极为有益，可增强皮肤韧性和弹力，防止产生皱纹和皲裂。

6. 休息时按摩面部

旅途中，在休息的时候，我们可以静心闭目养神，并且对脸部进行轻轻按摩，有利于皮肤恢复弹性，保持美容。

7. 旅游营养食品的补充

在旅游过程中，各地的名胜古迹、奇山秀水虽然让人心旷神怡，但也由于四处奔波、体力消耗过度而造成极度疲劳。因此，在旅游活动期间，游客除了应保证充足的睡眠之外，千万别忘了营养食品的及时补充。

野外险情 的预防和 处理

➜ 如何避免雷击

在野外活动的过程中有可能会遭受到雷电的危险性。但是也不用过分担忧，我们可以通过采取科学有效的措施可降低这种危险性：

①预知打雷和雷击。如果在户外的时候看到乱积云在慢慢变大，不久就会变成雷云，这个时候就要赶紧到安全地方躲一躲。收音机中有刺耳的杂音、忽下大粒雨滴也是打雷的预兆。

②跑向低地。

③远离高树或密叶树林。

④远离铁塔，去除身上的金属物，装入塑料袋中。

⑤如在水域活动，要赶紧上岸。

⑥不要聚集在一起，应分散开。

⑦小屋内、汽车内、岩背阴处或凹处也是很好的躲避之处，但注意不要靠墙。

如何应对落石

虽然是一块小石头，但是当它由高处落下的时候也可能会严重伤害人体，甚至导致人死亡。因此在山间行走时，一定要注意是否有落石标志，要仔细观察，分辨浮石，一般讲在多石头的地方，浮石的颜色比周围石头新；通过易发生落石区域时，应戴好安全帽或用厚衣服蒙住头，快速通过；尽量提早发现落石，及时避让，避免意外伤害；行走中不小心踏落石头时，要立刻喊出声，通知下面的同伴。

如何应对雪崩

山体发生雪崩对人和物的威胁非常大。因此，进行野外生存训练时，首先要向当地住户打听哪些地方有潜在危险，以避开经常发生雪崩的地区。由地貌特征也能判断雪崩常发地区，如山坡上有雪崩大槽、山坡上方有悬浮的冰川、山脊上有雪檐等。雪崩前，有雪块、冰片落下，这时要确认冰落的方向，然后再决定逃离方向。一旦来不及逃脱而卷入雪崩，手脚要快速地像游泳一样运动，尽量使头部浮在雪上，同时抛出身上携带的一些物品作为标识物，以便别人知道你被雪埋的具体位置，及时营救。

如何应对溺水

当你在江河湖海中遇到难以驾驭的复杂水情时，千万不要慌张着急而六神无主，首先要想办法让自己浮在水面上，保持浮姿，任水冲流，并注意水波流向，再一点一点由水平方向往岸边移动。在拯救溺水者时，首先考虑用竹竿、树枝、绳索拖拉，或者用大木头、塑料桶等能很好地浮于水面的物体作为浮具实施间接救护，实在无法解决问题了才入水施行直接救护。如果被救上岸的溺水者神志不清，就要采取急救措施，实施心肺复苏术。

如何应对迷路

在山林野外，尤其是在荒无人烟的深山密林中行走时，稍不留神就容易发生迷路，这时要保持沉着冷静，然后采取适当的措施。

①回到你能识别的地方。要注意在行进的过程以及休息间歇要多注意周围的明显标志和风景，一旦迷失方向，最好回到自己认识的地方，用罗盘和地图确定所处的位置及目的地方位，重新开始行走。折返时不要直走下坡路，因为下坡路视野小，方向不易确认，这是很危险的。

②做好路标。在山野行进过程中要留意以前走过的人留下的用树枝、塑料带或石头做的记号。走在前面开路的人，遇到特殊状况时，要做标志通知后面的人。

③如果迷路以后发现天色已晚或者从

山崖上摔下受了伤，不能动弹，没有办法按照预定时间到达目的地，这时应做深呼吸，保持镇静，不要贸然离开，在原地露宿，减少体力消耗，同时想办法发出求救信号静待救援。

 如何应对被蛇咬伤

首先需要判断是否被毒蛇咬伤。从外表看，无毒蛇的头部呈椭圆形，尾部细长，体表花纹多不明显，如火赤练蛇、乌风蛇等，毒蛇的头部呈三角形，一般头大颈细，尾短而突然变细，表皮花纹比较鲜艳，如五步蛇、蝮蛇、竹叶青、眼镜蛇、金环蛇、银环蛇等（但眼镜蛇、银环蛇的头部不呈三角形）；从伤口看，由于毒蛇都有毒牙，伤口上会留有两颗毒牙的大牙印，而无毒蛇留下的伤口是一排整齐的牙印；从时间看，如果咬伤后15分钟内出现红肿并疼痛，则有可能是被毒蛇咬了。

被毒蛇咬伤后的急救：

1. 咬伤后，尽量减少活动，以减慢人体对蛇毒的吸收和蛇毒在人体内的传播速度。

2. 记住伤口的形态，详细告知急救的医务人员，如果把蛇打死，则带上死蛇，以便医务人员及时、正确地进行治疗。

3. 被毒蛇咬伤后，应立即用柔软的绳或带结扎在伤口上方，以阻断静脉血和淋巴液的回流，减少毒液吸收，防止毒素扩散。

4. 应急排毒，立即用冷茶、冷开水或泉水冲洗伤口，有条件的话可用生理盐水、肥皂水、双氧水、1/1000 的高锰酸钾溶液、1/4000 的呋喃西林溶液冲洗。

5. 施行刀刺排毒，用清洁的小苗刀、痧刀、三棱针或其他干净的利器挑破伤口，不要太深，以划破两个毒牙痕间的皮肤为标准，或在伤口周围的皮肤上，用小苗刀挑数孔，刀口如米粒大小，这样就可防止伤口闭塞，使毒液外流，刀刺后应马上清洗伤口，从上而下向伤口不断挤压约15分钟，挤出毒液。

6. 如果伤口里的毒液不能畅通外流，可用吸吮排毒法，采用拔火罐、针筒前端套一条橡皮管来抽吸毒液，无工具时可直接用嘴吸吮，但必须注意安全，边吸边吐，每次都用清水漱口。内服、外敷药物，具体用什么蛇药，应根据当时当地能立即采到为原则，灵活运用。

避免被蛇咬，在山野中行走时，不要随便将手插入树洞或岩石空隙等蛇在白天的休息之处，手中持一小棍或树枝，行走时"打草惊蛇"也是一个行之有效的避免被蛇咬的方法。

求救信号的发放与识别

遇难时想要获救，首先要做的是与外界取得联系，让外面的人知道你的处境。SOS(Save Our Soul)是国际通用的求救信号，可以在地上写出或通过无线电发报，也可用旗语通讯方式打出或者通过其他方式发出代码。另外，几乎任何重复3次的行动都象征着寻求援助。如点燃3堆火，制造3股浓烟，发出3声响亮的口哨或3次火光闪耀。如果使用声音或灯光信号，在每组发送3次信号后，间隔1分钟时间，然后再重复发送。

1. 烟、火信号

一般来说，通常是燃放3堆烟、火，

这是国际比较通用的求救信号。简单来说，就是将火堆摆成三角形，间隔相同最为理想，可方便点燃。在白天，烟雾是良好的定位器，所以，火堆要添加胶片、青树叶等散发烟雾的材料，浓烟升空后与周围环境形成强烈对比，易受人注意。在夜间或深绿色的丛林中亮色浓烟十分醒目。添加绿草、树叶、苔藓和蕨类植物都会产生浓烟。黑色烟雾在雪地或沙漠中最醒目，橡胶和汽油可产生黑烟。

由于信号火种不可能燃烧一整天，应随时把信号火种所需要的燃料准备妥当，使燃料保持干燥、易于燃烧，一旦有任何飞机路过，就尽快点燃救助。白桦树皮是十分理想的燃料。为了尽快点火，可以利用汽油，但不可直接倾倒于燃料上。要用一些布料做灯芯带，在汽油中浸泡，然后放在燃料堆上，将汽油罐移至安全地点后才能点燃。切记在周围准备一些青绿的树皮、油料或橡胶，以放出浓烟。

2．地对空信号

寻找一大片很开阔、能见度高的开阔地，设置容易被空中救援人员观察发现的信号，信号的规格以每个长 10 米，宽 3 米，各信号之间间隔 3 米为宜。"I"——有伤势严重的病人需立即转移或需要医生；"F"——需要食物和饮用水；"II"——需要药品；"LL"——一切都好；"X"——不能行动；"→"——按这一路线运动。

3．其他信号

①光信号。可以利用阳光和一个反射镜或玻璃、金属铂片等任何明亮的材料即可反射出信号光。持续的反射将产生长线和圆点，这是莫尔斯代码的一种。②旗语信号。左右挥动表示需救援，要求先向左长划，再向右短划。

→ 夏季自驾游注意事项

很多自驾游爱好者都喜欢在暑假期间，开着心爱的车，带上刚刚放假的孩子和一直忙碌的妻子去游山玩水。不过，高温酷暑与雷电多发的季节里，需要比平时更加注重驾驶安全。这里支了几招，为夏季出行的旅友保驾护航。

→ 防高温爆胎

夏天是个很容易爆胎的季节，因为路面温度往往要比实际气温高很多，长时间的高速行驶，胎内气压就会随温度的升高而快速上升，从而易造成爆胎。为此，首要的一条是轮胎应按标准气压充气，以防气压过低或过高引起爆胎。此外，行车途中要经常停靠服务区检查轮胎，发现胎温、胎压过高时，应赶紧找阴凉处休息，待轮胎温度自然降低后再上路。需要注意的是，给轮胎降温降压时，要让其自然降温，不可采用往轮胎上泼冷水等手段，否则会缩短轮胎使用寿命。

高温下轮胎使用注意事项：

①定期更换轮胎。即使一组轮胎的质量再好、再耐用，它也不可能使用一辈子。当轮胎逐渐磨耗、钢丝层渐渐疲劳、胎面老化之时，性能必然减弱。

②千万不要超载，要注意轮胎的承受能力，也不要把适应一般道路的轿车用轮

胎拿去越野或参加比赛。

③留意爆胎前的预兆，如转向盘突然不正常摆动、轮胎冒烟等。

④如果发生爆胎千万不要立即停车，这个时候应该先控制好转向盘，缓收油门；用逐渐减挡的方法，利用发动机牵阻来降低车速，直至将车停住；需要打方向维持平衡时，要避免反向推动方向盘力度过大，推动的力量只要能消除爆胎引起的偏离度就可以了；打开应急灯，并在认清后方路况后，靠路边停车；转弯时后轮爆胎，车尾会向外侧甩去，这时更要不断修正转向盘。

驾车安全守则

1. 经常在城市里行车的车友，如果去自驾游，一般对城市之外的路况都比较陌生，装一部汽车导航仪是个不错的选择，它可以大大减少行车时选择道路的压力。此外，和熟悉行程路线、路况的朋友同行也是不错的选择。

2. 车内应常备降温用的饮用水、毛巾、风油精、人丹等。为了对付夏天刺眼的太阳光，一副合适的太阳镜也是必不可少的。但需注意不要选颜色太深的墨镜，因为墨镜的暗色能延迟眼睛把映像送往大脑的时间，使司机作出错误判断，导致事故发生。

3. 炎炎夏日，开车的人很容易犯困，切记不要疲劳驾驶。如果途中出现口苦、头晕、无力等中暑现象，应立即停车休息。如果是出省或单程400公里以上的自驾游，最好由2个或2个以上的驾驶员轮替。如果是一人驾驶，则要坚持"看景不行车，行车不看景"的规则，防止发生意外。

4. 夏天天气容易多变，如果下大雨就会降低行车者的视距，而狂风则会吹倒大树或电线杆，雷电风暴来袭时，最好选择就近服务区躲避。

5. 经过乡村路段时，要提高警惕，减缓车速，特别注意那里的孩子们，他们的安全意识要比城市孩子差点；遇到农民晒粮食或铺有农作物秸秆的路面，不可急刹车以防止侧滑，通过后要停车检查以防秸秆缠绕在底盘上引发危险。

6. 车内不宜使用气体打火机，灭火器更是自驾游的必备"武器"。盛夏热浪滚滚，有些司机有抽烟解乏的习惯，点燃香烟，便把气体打火机顺手放在发动机罩上，这是非常危险的。一次性使用的气体打火机，其盛装液态气体的塑料容器，在受到重击或40℃以上高温时，气体会受热膨胀。塑料壳体会因受击和受热而发生爆炸，引起火灾。

7. 空调使用要适宜。夏天炎热的天气，让很多行车者都喜欢整天开着空调，其实适当使用空调，比全天开着空调更健康、舒适。出行前，不妨清洗一下空调，将"潜伏"的细菌揪出来；早晚时分，开会儿车窗，吹吹自然风；即使是中午，间断地开启车窗，更有利于保持车内空气清新。

8. 要经常查看汽车仪表，它是爱车的情况反映表。自驾游的过程中要及时给油箱加满油，随时注意水温表的变化。山区道路行车时，要注意防止发动机过热。

旅游归来消除疲劳的方法

洗澡

洗澡能使人体的毛细血管扩张，可清除人体表的代谢污物，有效消除疲劳。但要注意回到住处或活动后，要稍事休息，待心律恢复到平时正常的状态后再入浴。水的温度以40℃左右最好，一般洗15～20分钟即可，不宜过长。

睡前热水泡脚

用热水泡脚是个不错的选择，有解乏安眠的作用，泡脚的时候，水温可以比平常的稍微高一点，以自身感觉微烫为宜。泡脚可以使血管扩张，血流加速，增强血液循环。

按摩

旅途中，一般都会消耗比平常过量的体力，由于过度运动而造成肌肉群产生乳酸堆积，按摩有助于乳酸尽快被血液吸收。方法是用手捏或用拳头轻轻敲打小腿、大腿、手臂、双肩及背部，使肌肉得到放松。在一天的旅行结束以后，很多人以睡眠或无所事事的坐着作为恢复体力的方式，其实这是一个误区。

一般人们在旅游归来的第二天都会选择在家休息，经过专家论证，这种做法是错误的，剧烈活动的第二天不要休息，一定要保持前一天一半的运动强度，给身体一个缓冲期，才能有效解除疲劳，尽快恢复体力。

最后，专家还特别提醒女性朋友们，旅游归来后一定要给自己做一次体检，主要是检查一下自己是否被传染上某些疾病，是不是度过了一个健康的假日，之后就可放心地投入到工作中。

饮食

旅游归来，用规律而充分的饮食来帮助自己恢复体力是非常有效的。

1. 热茶：由于茶里面含有咖啡因的成分，它可以有效地增强呼吸的频率和深度，促进肾上腺素的分泌而达到抗疲劳的目的。咖啡、巧克力也有类似作用。另外，热茶中的茶咖啡碱对控制下丘脑体温中枢的调节起重要作用，再加上芳香物质挥发过程中也起了散热作用，可以带走体内大量的热量和废物，使体温下降。

2. 高蛋白食物：由于人们在旅途中消耗了太多的热量，因此就会产生疲劳感，故应多吃富含蛋白质的豆腐、牛奶、猪肉、牛肉、鱼、蛋等。

3. 维生素：旅途中作息不规律，因此人体内也积存了很多代谢产物，而 B 族维生素和维生素 C 有助于把它们尽快处理掉，故食用富含 B 族维生素和维生素 C 的食物，能消除疲劳。

4. 饮用活性水或纯净水：水中含有大量的氧气，能快速缓解身体的疲劳感。

5. 碱性食物：多食用碱性的食物，比如新鲜的瓜果、蔬菜、乳类、豆制品和含有丰富蛋白质与含维生素丰富的动物肝脏等。这些食物经过人体消化吸收后，可以迅速地使血液酸度降低，中和平衡达到弱碱性，使疲劳感消除。

➜ 不妨做一些放松体操

1. 颈部伸展坐姿。双手抱头；两小臂贴于脸颊；稍用力压，使颈部前屈；然后颈部用力尽量后仰；做 8 次，每次静止 1 ~ 2 秒。

2. 体侧伸展坐姿。一手插腰；另一手臂伸直上举；上体稍侧屈；手臂用力向侧上方伸展 5 次；然后换另侧做，每次静止 1 ~ 2 秒。

3. 肩部伸展坐姿。十指交叉上举；掌心朝上；然后由慢到快用力后振 10 次。

4. 胸背伸展坐姿。两臂屈肘前平举，含胸低头；然后两臂向侧后平行伸展，

抬头挺胸；做 10 次。

5. 腰腹伸展坐姿。两手抱头；体前屈；然后上体后仰；肘关节外展，尽量把身体伸直；保持 3 ~ 4 秒，慢速做 5 次。

6. 腿部伸展坐姿。双腿屈膝置于胸前，然后两腿同时伸直，脚尖前伸，做 10 次，每次静止 1 ~ 2 秒。

➜ 让愉快的心情延续下去

1. 归来的车上或者飞机上与人轻松聊天或者闭目养神。

2. 找一部言情片或者喜剧片来欣赏一下，是以前看过的也行；或者听听自己喜欢的歌曲，让自己亢奋的心情平缓下来。

3. 不要被旅途中快乐的度假记忆和个人懒惰的心理所迷惑，告诉自己要回到原来的生活中。

4. 给自己冲一杯浓咖啡或者是沏一杯喜欢的茶，就那样坐在家里，什么也不干，什么也不想，静静地呆一会儿。

5. 不妨在休息的时候给同事或朋友看看旅途中拍摄的照片，讲讲趣事，分发带回来的小礼物，把旅游的好心情带回来。

6. 把度假旅游的好处和心情同工作的劳动价值联系起来，找回原有的生活节奏。